U0269826

Excel 财务应用

吴仁群 编著

中国水利水电出版社
www.waterpub.com.cn
·北京·

内 容 提 要

本教材除了介绍会计、财务相关理论知识外，还重点通过大量实用性很强的实例探讨了 Excel 在会计核算、会计统计分析和财务管理的应用。本教材共分 8 章：会计核算、财务统计、财务预测、融资决策、投资决策、流动资金管理与控制、财务预算和财务分析。

本教材内容实用，结构清晰，实例丰富，可操作性强。本教材可作为高等学校电算化会计课程的使用，也可作为会计相关专业的培训和自学使用。

图书在版编目（ＣＩＰ）数据

Excel财务应用 / 吴仁群编著. -- 北京 ：中国水利水电出版社，2017.8
ISBN 978-7-5170-5775-8

Ⅰ．①E… Ⅱ．①吴… Ⅲ．①表处理软件－应用－财务管理 Ⅳ．①F275-39

中国版本图书馆CIP数据核字(2017)第212703号

书　　名	**Excel 财务应用** Excel CAIWU YINGYONG
作　　者	吴仁群　编著
出版发行	中国水利水电出版社 （北京市海淀区玉渊潭南路 1 号 D 座　100038） 网址：www. waterpub. com. cn E - mail：sales@waterpub. com. cn 电话：(010) 68367658（营销中心）
经　　售	北京科水图书销售中心（零售） 电话：(010) 88383994、63202643、68545874 全国各地新华书店和相关出版物销售网点
排　　版	中国水利水电出版社微机排版中心
印　　刷	北京瑞斯通印务发展有限公司
规　　格	184mm×260mm　16 开本　18.75 印张　445 千字
版　　次	2017 年 8 月第 1 版　2017 年 8 月第 1 次印刷
印　　数	0001—2000 册
定　　价	**39.00 元**

前 言
PREFACE

　　Excel 软件快捷的制表功能、强大的函数运算功能和简便的操作方法是企业经营管理的好帮手。操作者无需高深的电脑专业知识，只要熟悉本专业的知识，通过灵活运用，就可以解决很多工作中的问题，提高工作质量和工作效率。企业的管理人员利用 Excel 软件强大且方便灵活的数据处理功能，只要掌握其操作方法，不必编程，也不必购买专门财务管理等管理软件，便可进行财务管理中的许多计算和分析处理。Excel 辅助财务管理应用是一种成本低、效率高、使用方便、值得提倡的计算机应用技术。掌握 Excel 软件在企业财务活动量化分析的应用对许多财务工作者和相关专业的学生来说是非常必要的。

　　本教材探讨 Excel 在会计核算、财务统计和财务管理（包括财务预测、融资决策、投资决策、流动资金管理与控制、财务预算和财务分析）等方面的应用。

　　本教材主要由吴仁群编写，郭峰、吴逸伦、郭杰、肖志鹏、刘硕、何志勇和孙媛媛参与了部分章节的编写工作。本教材在编写过程中，参考和借鉴了书后所列参考文献部分内容，在此对这些文献的作者表示崇高的敬意和真诚的感谢。

　　由于编者水平有限，书中难免存在不当之处，恳切希望各位读者批评指正。

编 者

2017 年 3 月

目录
CONTENTS

第1章 会 计 核 算

1.1 会计核算基础

1.1.1 会计核算基础概念

1.1.1.1 会计凭证概述

1. 会计凭证含义及作用

会计凭证是指记录经济业务，明确经济责任的书面证明，也是登记账簿的依据。填制和审核会计凭证，既是会计工作的开始，也是会计对经济业务进行监督的重要环节。

会计凭证在会计核算中具有十分重要的意义，主要表现在以下几方面：

（1）填制和取得会计凭证，可以及时正确地反映各项经济业务的完成情况。

（2）审核会计凭证，可以更有力地发挥会计的监督作用，使会计记录合理合法。

（3）填制和审核会计凭证，可以加强经济管理中的责任感。

2. 会计凭证类型

会计凭证按其填制的程序和其在经济管理中的用途，分为原始凭证和记账凭证。

（1）原始凭证。原始凭证是指在经济业务发生时取得或填制的，用以证明经济业务的发生或者完成情况，并作为原始依据的会计凭证。原始凭证必须真实、完整、规范、及时和正确，还必须有经办人的签字。此外原始凭证只有经过审核后，才能作为记账依据。这是保证会计记录的真实和正确，充分发挥会计监督的重要环节。审核内容主要包括三个方面：①合法性、合规性、合理性审核；②完整性审核；③正确性审核。

（2）记账凭证。记账凭证是指会计人员审核后的原始凭证，用来确定经济业务应借、应贷会计科目分录而填制的，作为记账依据的会计凭证。记账凭证在记账前需经过审核，审核的内容主要如下：

1）记账凭证是否附有原始凭证；所附原始凭证的内容和张数是否与记账凭证相符；所附原始凭证的经济内容是否与记账凭证核对一致。

2）应借、应贷的账户名称和金额是否正确；账户对应关系是否清晰；所用的账户名称，账户的核算内容，是否符合会计制度的规定。

3）记账凭证中的有关项目是否填列齐全，有关人员是否签名或盖章。

1.1.1.2 日记账概述

日记账是按照经济业务发生的时间先后顺序，逐日、逐笔登记经济业务的账簿。按其记录内容的不同可分为普通日记账和特种日记账。

普通日记账是用来登记全部经济业务情况的日记账。将每天所发生的全部业务，按照经济业务发生的先后顺序，编制成记账凭证，根据记账凭证逐笔登记到普通日记账中。如企业设置的日记总账就是普通日记账。

特种日记账是用来记录某一类经济业务发生情况的日记账。将某一类经济业务，按照经济业务发生的先后顺序记入账簿中，反映某一特定项目的详细情况，如各经济单位为了对现金和银行存款加强管理，设置现金日记账和银行存款日记账，来记录现金和银行存款的收、付和结存业务。

一般日记账的格式详见表1.1。

表 1.1 　　　　　　　　　　　　　日 记 账

日期	凭证号	借/贷	科目代码	摘　要	余额

1.1.1.3　总分类账概述

总分类账是按一级科目分类，连续地记录和反映资金增减、成本和利润情况的账簿，它能总括而全面地反映企事业单位的经济活动情况，是编制会计报表的依据。一切企业都设置总分类账，其格式详见表1.2。

表 1.2 　　　　　　　　　　　　总 分 类 账

会计科目：×××　　　　　　　　　　　　　　　　　　　　　　　　　　第 1 页

2013 年		记账凭证		摘　要	借方	贷方	借贷	余额	期末余额
月	日	种类	号数						
1	1			期初余额					

1.1.1.4　会计报表概述

会计报表是综合反映企业经营成果和财务状况的书面文件，它是会计核算的最终结果，也是会计核算工作的总结。

1. 编制会计报表的目的

编制会计报表的目的是向会计报表的使用者提供有用的经济决策信息，这些信息包括企业的财务状况、经营业绩及现金流量的资料。会计报表的使用者主要有：①投资者；②债权人；③政府及其机构；④潜在的投资者和债权人。

2. 编制会计报表的作用

编制会计报表的作用主要有：

(1) 会计报表提供的经济信息是企业加强和改善经营管理的重要依据。

(2) 会计报表提供的经济信息是国家经济管理部门进行宏观调控和管理的依据。

(3) 会计报表提供的经济信息是投资者和债权人决策的依据。

3. 会计报表的分类

会计报表可根据需要，按照不同的标准进行不同的分类。

(1) 按照反映内容的不同，会计报表可以分为动态会计报表和静态会计报表。动态会计报表是反映一定时期内资金耗费和资金收回的报表，如利润表是反映企业一定时期内经营成果的报表；静态会计报表是综合反映一定时点资产、负债和所有者权益的会计报表，如资产负债是反映一定时点企业资产总额和权益总额的报表，从企业资产总量方面反映企业的财务状况，从而反映企业资产的变现能力和偿债能力。

（2）按照编制时间不同，会计报表可以分为月报、季报、半年报和年报。

（3）按照编制单位不同，会计报表可以分为单位会计报表和汇总会计报表。单位会计报表是指由企业在自身会计核算的基础上，对账簿记录进行加工而编制的会计报表，以反映企业本身的财务状况和经营成果；汇总会计报表是指由企业主管部门或上级机关，根据所属单位报送的会计报表，连同本单位会计报表汇总编制的综合性会计报表。

（4）按照各项目所反映的数字内容不同，会计报表可以分为个别会计报表和合并会计报表。个别会计报表各项目数字所反映的内容，仅仅包括企业本身的财务数字；合并会计报表是由母公司编制的，一般包括所有控股子公司会计报表的有关数据。

4. 会计报表的质量特性及要求

国际会计准则委员会在 1989 年 7 月公布的《关于编制和提供财务报表的框架》中，对会计报表的质量特性做了规范，指出会计报表的质量特性是指财务报表提供的信息对使用者拥有的那些性质，主要包括可理解性、相关性、可靠性和可比性。

在我国，编制会计报表的基本要求是便于理解、真实可靠、相关可比、全面完整和编报及时。

5. 常用会计报表

常用会计报表应当包括资产负债表、利润表和现金流量表。

（1）资产负债表。资产负债表是企业在特定时日编制的反映企业财务状况的静态报表。其目的在于提供财务状况信息资料，通过资产、负债、所有者权益的构成及相互关系反映企业财务状况，即：①反映资产、负债、所有者权益的总额；②反映企业资本来源结构；③反映企业的偿债能力和付款能力；④反映企业财务状况的变化趋势。

通常国际上流行的资产负债表的格式有账户式和报告式两种。

账户式的资产负债表是根据"资产＝负债＋所有者权益"将表分成左右两方，左方反映资产，右方反映负债和所有者权益，按其构成项目依据流动性质（变现能力由强到弱）分类列出并形成左右双方总额相等，其格式详见表 1.3。

表 1.3　　　　　　　　　　　**资产负债表（账户式）**

编制单位：　　　　　　　　　　　年　　月　　日　　　　　　　　　　　单位：元

资产	行次	金额	负债及所有者权益	行次	金额
流动资产			流动负债		
长期资产			长期负债		
固定资产			负债合计		
无形资产			实收资本		
递延资产			资本公积		
其他资产			盈余公积		

续表

资产	行次	金额	负债及所有者权益	行次	金额
			未分配利润		
			所有者权益合计		
资产合计			负债及所有者权益合计		

报告式的资产负债表是以"资产－负债＝所有者权益"为依据自上而下集中列示资产、负债、所有者权益的报表格式，其格式详见表 1.4。

表 1.4　　　　　　　　　　　　资产负债表（报告式）

编制单位：　　　　　　　　　　　年　　月　　日　　　　　　　　　　　单位：元

资　　产	
流动资产	××××
长期资产	××××
固定资产	××××
无形资产	××××
递延资产	××××
其他资产	××××
资产合计	××××
负　　债	
流动负债	××××
长期负债	××××
负债合计	××××
所有者权益	
实收资本	××××
资本公积	××××
盈余公积	××××
未分配利润	××××
所有者权益合计	××××

（2）利润表。利润表是反映企业一定期间生产经营成果的会计报表。利润表把一定时期的营业收入与其同一会计期间相关的营业费用进行配比，以计算出企业一定时期的净利润。通过利润表反映的收入和费用等情况，能够反映企业生产经营的收入情况及费用耗费情况，表明企业一定时期的生产经营成果；同时，通过利润表提供的不同时期的比较数字（本月数、本年累计数和上年数），可以分析企业今后利润的发展趋势和获利能力，了解投资者投入资本的完整性。由于利润是企业经营业绩的综合体现，又是进行利润分配的主要依据，因此，利润表是企业会计报表中的主要报表。

利润表的基本格式见表 1.5。

表 1.5 利 润 表

编制单位： 年 月 单位：元

项目	行次	本月数	本年累计
一、主营业务收入	1		
减：折扣与折让	2		
主营业务净收入	3		
减：主营业务成本	4		
主营业务税金及附加	5		
二、主营业务利润	6		
加：其他业务利润	7		
减：存货跌价损失	9		
营业费用	10		
管理费用	11		
财务费用	12		
三、营业利润	13		
加：投资收益	14		
补贴收入	15		
营业外收入	16		
减：营业外支出	17		
四、利润总额	18		
减：所得税	19		
五、净利润	20		

（3）现金流量表。现金流量表是反映企业一定会计期间现金和现金等价物（以下简称现金）流入和流出的报表。现金流量表应当按照经营活动、投资活动和筹资活动的现金流量分类分项列示。经营活动是指企业投资活动和筹资活动以外的所有交易和事项。投资活动是指企业长期资产的购建和不包括在现金等价物范围内的投资及其处置活动。筹资活动是指导致企业资本及债务规模和构成发生变化的活动。现金流量表的作用主要表现在：

1）能够说明企业一定期间内现金流入和流出的原因。

2）能够说明企业的偿债能力和支付股利的能力。

3）能够分析企业未来获取现金的能力。

4）能够分析企业投资和筹资活动对经营成果和财务状况的影响。

5）能够提供不涉及现金的投资和筹资活动。

现金流量表的基本格式见表 1.6。

表 1.6 　　　　　　　　　　　　　　　**现 金 流 量 表**

编制单位：　　　　　　　　　　　　　年度　　　　　　　　　　　　　单位：元

项　　目	行　次	金　　额
一、经营活动产生的现金流量		
销售商品或提供劳务收到现金		
收到的租金		
收到增值税销项税额及退回的增值税		
收到增值税以外的其他税费返还		
收到的与经营业务有关的其他现金		
现金流入合计		
购买商品支付的现金		
接受劳务支付的现金		
经营租赁支付的现金		
支付给职工以及为职工支付的现金		
支付的增值税		
支付的所得税		
支付的除增值税、所得税以外的其他税费		
支付的与经营活动有关的其他现金		
现金流出合计		
经营活动产生的现金流量净额		
二、投资活动产生的现金流量		
收回投资所收到的现金		
分得股利收到的现金		
分得利润所收到的现金		
取得债券利息收入所收到的现金		
处置固定资产的现金净额		
处置无形资产收到的现金净额		
处置其他长期资产收到的现金净额		
收到的与投资活动有关的其他现金		
现金流入合计		
购建固定资产支付的现金		
购建无形资产支付的现金		
购建其他长期资产支付的现金		
权益性投资支付的现金		
债权性投资支付的现金		
支付的与投资活动有关的其他现金		

续表

项　　目	行　次	金　　额
现金流出合计		
投资活动产生的现金流量净额		
三、筹资活动产生的现金流量		
吸收权益性投资收到的现金		
发行债券收到的现金		
借款收到的现金		
收到的与投资活动有关的其他现金		
现金流入合计		
偿还债务所支付的现金		
发生筹资费用所支付的现金		
分配股利所支付的现金		
分配利润所支付的现金		
偿付利息所支付的现金		
融资租赁支付的现金		
减少注册资本支付的现金		
支付的与筹资活动有关的其他现金		
现金流出合计		
筹资活动产生的现金流量净额		
四、汇率变动对现金的影响		
五、现金流量净额		
附注：		

项　　目	行　次	金　　额
1. 不涉及现金收支的投资和筹资活动：		
以固定资产偿还债务		
以投资偿还债务		
以固定资产进行长期投资		
以存货偿还债务		
融资租赁固定资产		
2. 将净利润调整为经营活动的现金流量		
净利润		
加：计提的坏账准备或转销的现金流量		
固定资产折旧		
无形资产摊销		

续表

项 目	行 次	金 额
处置固定资产、无形资产和其他长期资产的损失（减收益）		
固定资产报废损失		
财务费用		
投资损失（减收益）		
递延税款贷项（减借项）		
存货的减少（减增加）		
经营性应收项目的减少（减增加）		
经营性应付项目的增加（减减少）		
增值税增加额（减减少）		
其他		
经营活动产生的现金流量净额		
3. 现金及其等价物净增加额		
货币资金的期末余额		
减：货币资金的期初余额		
现金等价物的期末余额		
减：现金等价物的期初余额		
现金及其等价物净增加额		

1.1.2　会计循环

　　财务会计必须对企业的交易和事项进行会计处理，以便最终为会计信息使用者提供财务报告。会计处理包括许多具体的会计程序，并要依次完成一定的基本步骤。在财务会计上，这些依次继起、周而复始的以记录为主的会计处理步骤称为会计循环。会计循环的程序如图 1.1 所示。

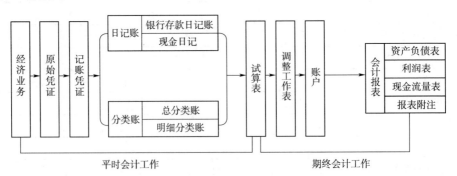

图 1.1　会计循环的程序展开图

　　从图 1.1 可知，会计循环一般包括以下几个过程：

（1）编审凭证。经济业务发生后，会计首先要取得、编制原始凭证，并审核其合法性、合规性等。

（2）编制分录。对每笔经济业务列示其应借记和贷记的账户及其金额，并填入记账凭证。

（3）记账。根据记账凭证所确定的会计分录，在分类账中按账户进行登记。

（4）试算。将分类账中各账户的借方总额、贷方总额和期末余额汇总列表，以验证分录及记账工作是否有错。

（5）调整。根据经济业务的最新发展，定期修正各账户的记录，使各账户能正确反映实际情况。

（6）结账。会计期间终了，结算收入、费用账户，以确定损益，并列示资产、负债、所有者权益账户余额，以结转到下期连续记录。

（7）编制报表。会计期间结束，将期间内所有经济业务及其结果汇总编制成资产负债表、利润表和现金流量表，以反映企业的财务状况、经营成果、现金流量等。必要时，还要作恰当的注释、说明。

1.2 使用 Excel 进行会计核算

1.2.1 使用 Excel 进行会计核算的基本思路

1.2.1.1 使用 Excel 进行会计核算与手工会计核算程序的差异

手工核算程序包括记账凭证核算程序、科目汇总表核算程序、汇总记账核算程序以及日记总账核算程序等。在手工核算方式下对数据进行的分类整理是通过将记账凭证的内容按会计科目转抄到日记账、明细分类账以及总分类账的形式来实现的。各种核算形式的根本出发点都一样，就是减少转抄的工作量，因此适应不同企业的特点而产生了各种各样的核算程序。但这些核算形式，只能在一定程度上减少或简化转抄工作，而不能完全避免转抄。同一数据的多次转抄不仅浪费时间、精力和财物（存储纸张等），而且还易造成错误，为了减少这类错误则必须增加一些核对工作，如编制试算平衡表、进行明细账和总账的核对等。在使用 Excel 进行会计核算时，登账的环节完全可以取消，即平时不记现金日记账、银行存款日记账、明细分类账及总账，只将记账凭证保存在一起，在需要时对记账凭证按会计科目、日期等条件进行检索、编辑直接输出日记账、明细账、总账甚至会计报表。由于计算机处理速度相当快，因此检索和编辑的时间很快，能快速得到各种账簿和报表资料；由于计算机不会发生遗漏、重复及计算错误，因此某些手工方式下的核对环节不复存在。

1.2.1.2 使用 Excel 进行会计核算的思路

Excel 是一种非常优秀的表格处理软件，提供了强大的表格处理函数和功能，借此我们可以编制各种类型的报表。使用 Excel 进行会计核算的过程如图 1.2 所示。

从图 1.2 可知，使用 Excel 进行会计核算包括以下几个过程：

（1）编制会计分录表。根据实际发生的经济业务编制生成会计分录表（即记账凭证

图 1.2 使用 Excel 进行会计核算过程示意图

表），并对此进行审核。

（2）生成科目汇总表。将会计分录表中所有具有相同一级科目名称的科目汇总生成一张科目汇总表。

（3）编制调整分录表。在编制现金流量表时需要按现金产生的原因调整会计分录表中有关科目，即将现金区分为经营活动现金、投资活动现金和筹资活动现金，调整后生成一张调整分录表。

（4）生成会计报表。根据调整分录表和科目汇总表生成资产负债表、利润表和现金流量表。

显然，使用 Excel 进行会计核算并不用遵循传统会计核算程序（即"经济业务→记账凭证→分类账→总账→会计报表"）。这样做的理由主要是：①编制会计报表所需的信息均可从会计分录表和调整分录表中直接或间接获得；②使用表格化会计分录表能更直观地反映经济业务；③即便需要查询科目明细内容、现金日记账和银行日记账，使用 Excel 的数据库功能也很容易实现。

1.2.2 使用 Excel 进行会计核算的具体过程

1.2.2.1 编制会计分录表

1. 会计分录表格式的设计

会计分录表的格式详见表 1.7。这样设计的目的在于：①从这种类型的会计分录表可以很容易看出科目名称、借方金额和贷方金额；②为统计各科目总量（包括借方总量、贷方总量和余额总量）并生成科目汇总表提供方便；③采用科目代码可减少输入量。在 Excel 中可建立一个标准的科目代码和科目名称对照表，这样在需要将两者进行转换时计算机可自动搜索此表实现转换。

表 1.7　　　　　　　　　　　会 计 分 录 表

序号	A	B	C	D	E	F
1						
2	日期	凭证号	科目名称	摘要	借方金额	贷方金额
3						
4						
5						

2. 会计分录表的审核

会计分录表的审核是为了确保会计分录表中信息的正确性。一般可通过两种方式来达到审核的目的。

（1）人工审核。这种审核是指会计工作者通过将会计分录表与原始凭证对照借此判断是否出现错误或遗漏。因此这种审核是否有效关键取决于会计工作者的工作经验和工作态度。

（2）计算机审核。

1）该表第一列的单元格 E1、F1 中有统计借方总额、贷方总额的公式（表1.8），主要是为判断编制过程中是否出现数据错误，出现借方和贷方的不平衡。

表 1.8 单元格 E1、F1 中公式

单元格	公 式
E1	＝COUNT（E2：E2000）
F1	＝COUNT（F2：F2000）

2）可编制这样一个宏函数（见附录），每当执行这个宏函数时，可检查每一会计分录借方余额和贷方余额是否相等。该宏函数的工作流程如图1.3所示。这种检测过程很容易用宏函数（子程序）实现。

3）为了确保科目名称的正确性，可采用从对话框选择输入科目名称的方法来避免输入科目名称这类错误。该方法是在图1.4所示的对话框中选择所要输入的科目名称。当选择"一级科目"复选框时，将显示所有一级科目，此时可选择一级科目，如"应交税金"；当选择"二级科目"复选框时，将显示所有一级科目下的二级科目，如"应交税金"下的二级科目有"应交增值税""应交所得税""应交城建税"等，此时可选择相应的二级科目，如"应交增值税"；当选择"三级科目"复选框时，将显示二级科目的所有三级科目，此时可选择相应的三级科目，如"销项税额"。最后，选择"确定"按钮，便可将科目"应交税金——应交增值税（销项税额）"自

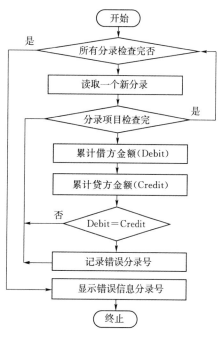

图 1.3 判断分录借方金额和贷方金额
是否平衡的流程图

动录入。显然，这种输入方法不仅可以避免错误，而且可减少财务人员工作量，提高工作效率。

3. 会计分录表信息的生成

会计分录表中的信息基本上是由会计工作者输入到工作表单元格中的。对于这些信息的输入可直接输入单元格中，也可通过定义数据库的方法逐条记录录入，其具体过程如下：

（1）定义数据库工作区域，如定义会计分录表的数据库工作区域为 A2：F2000。

（2）选择"工具"菜单中"记录单"选项，便会出现如图1.5所示的"会计分录表"

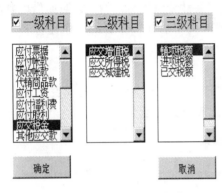

图 1.4 选择录入科目名称

对话框。

在图 1.5 所示的"会计分录表"对话框便可逐条录入信息，同时还可查询已经录入的信息。

4. 会计分录表信息的保护

由于会计分录表中的信息直接关系到会计报表的正确性，因此除了采取上述措施确保录入数据信息正确外，还要采取措施防止有些人故意修改数据。为此必须对已经输入且经审核后确认无误的会计分录表中的信息设置保护，具体来说就是通过"工具"菜单中"保护"选项来设置工作表保护。

1.2.2.2 编制科目汇总表

1. 科目汇总表的格式

科目汇总表的格式详见表 1.9。从这种类型科的目汇总表很容易看出每个一级科目名称、科目代码、借方发生额、贷方发生额、余额和余额所在的方向。

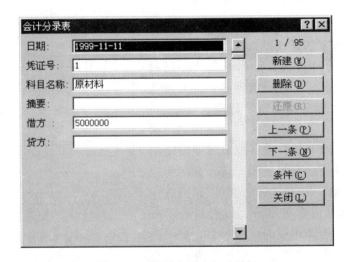

图 1.5 "会计分录表"对话框

表 1.9   科 目 汇 总 表

序号	A	B	C	D	E	F
1	科目名称	科目代码	借贷	借	贷	余额
2	现金	1001	借	0	60 000	−60 000
3	银行存款	1002	借	21 710 000	17 369 000	4 341 000
4	其他货币资金	1009	借	0	0	0

2. 科目汇总表数据的生成

科目汇总表中 A、B、C 栏的信息一般是固定的，可按《企业会计制度》（会计科目和会计报表）提供的一级科目名称、科目代码及正常情况下科目余额应借或应贷的方向输入到该表中并保存。D、E、F 栏信息是按表 1.10 中的公式生成的。顺便指出的是，一般将包含公式和必要说明信息的工作表作为一个模本，模本的好处在于：一次建立，多次使用。

表 1.10   单 元 格 公 式

单元格	公 式	备 注
$Di^{①}$	$=$SUMIF(会计分录表！＄C＄1：＄C＄1000，trim(Ai)＆"＊"，会计分录表！＄E＄1：＄E＄1000)^{②}	计算科目借方余额
Ei	$=$SUMIF(会计分录表！＄C＄1：＄C＄1000，trim(Ai)＆"＊"，会计分录表！＄F＄1：＄F＄1000)	计算科目贷方余额
Fi	$=$IF(Ci＝"借"，Di－Ei，Ei－Di)	计算科目余额

① i＝2，…2000。

② 单元格区域 D2：F2000 可采取复制方式生成，具体操作如下：

·按表 1.10 的内容在单元格 D2、E2、F2 中输入相应公式。

·选择单元格区域 D2：F2，将该区域中公式复制到剪贴板准备复制。

·选择单元格区域 D2：F2000，将剪切板中公式复制到单元格区域 D2：F2000。

3. 科目汇总表的审核

如前所述，科目汇总表的信息，一部分信息是参照《企业会计制度》（会计科目和会计报表）输入生成的。对于这些信息，需要会计工作者耐心输入，仔细检查，才能不会出现差错。另一部分信息是通过公式生成的，因此只要公式正确，信息必定正确。为此：一方面要反复推敲确保计算公式从原理上不会出现差错；另一方面要选择典型数据来测试公式是否正确。

4. 科目汇总表信息的保护

由于科目汇总表中的信息直接关系到会计报表的正确性，因此除了采取上述措施确保录入文字和公式正确外，还要采取措施防止有些人故意修改数据。为此必须对正确产生的科目汇总表中的信息设置保护，具体来说就是通过"工具"菜单中"保护"选项来设置工作表保护。

1.2.2.3　编制调整分录表

调整分录表是为生成现金流量表服务的。它主要是通过对会计分录表的调整得到，即首先将会计分录表复制到调整分录表，然后将复制得来的分录内容稍作修改以后，将现金按现金产生的原因分为经营活动、投资活动和筹资活动三个部分。因编制调整分录表的过程和编制会计分录表的过程类似。故调整分录表的格式、审核方法和信息保护方法都可采用前面所述的会计分录表的格式、审核方法和信息保护方法，在此不再叙述。

1.2.2.4　分类账、日记账的生成

Excel 提供有数据筛选功能，可用来查询所需内容。分类账、日记账的生成就是通过 Excel 提供的数据筛选功能完成的。下面将举例说明如何通过查询生成银行存款日记账。

（1）选择筛选关键字名所在行，即将光标指向关键字名所在行。

（2）选择"工具"菜单中"筛选"选项，然后选择"自动筛选"，如图 1.6 所示。

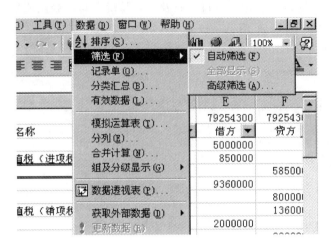

图 1.6 进入筛选操作示意图

操作完毕窗口显示如图 1.7 所示。

图 1.7 设置成筛选状态后的示意图

（3）单击"科目名称"右侧的按钮▼，在弹出的列表选择框中选择"自定义"选项，如图 1.8 所示。

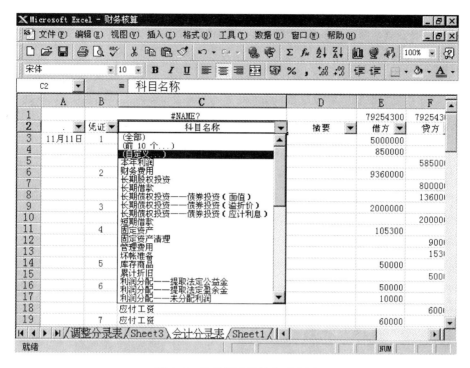

图 1.8 选择筛选关键字示意图

操作完毕后出现如图 1.9 所示的"自定义自动筛选"对话框。

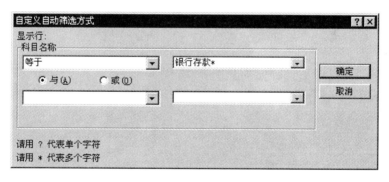

图 1.9 "自定义自动筛选"对话框

（4）在图 1.9 所示的"自定义自动筛选"对话框中输入"银行存款 ＊"作为筛选条件，然后单击"确定"按钮。

这样便可生成银行存款日记账，如图 1.10 所示。

现金日记账、分类账的生成均可采用上述类似方法实现，在此不再叙述。

1.2.2.5 编制利润表

1. 利润表格式的设计

由于利润表是对外报告的报表之一，因此利润表的格式必须符合对外报告的利润表格式的要求。利润表的规范格式详见表 1.11。

图 1.10 筛选所得的银行存款日记账

表 1.11   **利 润 表**

序号	A	B	C	D
1	利 润 表			
2	编表单位：ABC 公司	1998 年度		单位：元
3	项 目	行次	本月数	本年累计
4	一、主营业务收入	1		8 000 000
5	减：折扣与折让	2		0
6	主营业务净收入	3		8 000 000
7	减：主营业务成本	4		2 000 000
8	主营业务税金及附加	5		35 000
9	二、主营业务利润	6		5 965 000
10	加：其他业务利润	7		25 000
11	减：存货跌价损失	9		0
12	营业费用	10		0
13	管理费用	11		270 000
14	财务费用	12		70 000
15	三、营业利润	13		5 650 000
16	加：投资收益	14		460 000
17	补贴收入	15		0

续表

序号	A	B	C	D
18	营业外收入	16		0
19	减：营业外支出	17		600 000
20	四、利润总额	18		5 510 000
21	减：所得税	19		1 200 000
22	五、净利润	20		4 310 000

2. 利润表数据的生成

利润表中 D 列数据（即本年累计额）是这样生成的：

（1）对于标准的会计科目项对应的单元格中数据可由表 1.12 公式生成。

表 1.12 单 元 格 公 式

单元格	公 式	备 注
Di[①]	＝SUMIF(科目汇总表！\$A\$1：\$A\$1000,KMMC,会计分录表！\$D\$1：\$D\$1000)[②]	计算科目本年累计额

① i＝2, …, 2000。

② KMMC 代表某一科目名称对应名称字符串，如欲计算"主营业务收入"本年累计额，则 KMMC 为"主营业务收入"，计算"主营业务成本"本年累计额，则 KMMC 为"主营业务成本"等。

（2）其他单元格中数据输入简单的加减乘除公式便可计算出。

3. 利润表的审核

如前所述，利润表的信息是通过公式生成的，因此只要公式正确，信息必定正确。为此，一方面要反复推敲确保计算公式从原理上不会出现差错，另一方面要选择典型数据来测试公式是否正确。

4. 利润表信息的保护

由于利润表中的信息是要对外公布的信息，所以必须确保其正确性，因此除了采取上述措施确保录入文字和公式正确外，还要采取措施防止有些人故意修改数据。为此必须对正确产生的利润表中的信息设置保护，具体来说就是通过"工具"菜单中"保护"选项来设置工作表保护。

1.2.2.6 编制资产负债表

1. 资产负债表格式的设计

由于资产负债表是对外报告的报表之一，因此资产负债表的格式必须符合对外报告的资产负债表格式的要求。资产负债表的规范格式见表 1.13。

表 1.13 资 产 负 债 表

序号	A	B	C	D	E	F
1	资产负债表					
2	编表单位：ABC 公司		1998 年 12 月 31 日			单位：元
3	资产	年初余额	年末数	负债及所有者权益	年初余额	年末数
4	货币资金	2 500 000	6 781 000	流动负债：		

续表

序号	A	B	C	D	E	F
5	短期投资	400 000	400 000	短期借款	1 300 000	1 500 000
6	减：短期投资跌价准备	0	0	应付票据	800 000	800 000
7	短期投资净值	400 000	400 000	应付账款	500 000	6 350 000
8	应收票据	150 000	150 000	预收账款	20 000	20 000
9	应收股利	0	0	代销商品款	0	0
10	应收利息	0	0	应付工资	0	0
11	应收账款	200 000	305 300	应付福利费	20 000	20 000
12	减：坏账准备	50 000	90 000	应付股利	0	0
13	应收账款净额	150 000	215 300	应交税金	900 000	2 025 300
14	预付账款	10 000	10 000	其他应交款	150 000	170 000
15	应收补贴款	0	0	其他应付款	10 000	10 000
16	其他应收款	20 000	20 000	预提费用	0	0
17	存货	1 200 000	4 500 000	一年内到期的长期负债	0	0
18	减：存货跌价损失	0	0	其他流动负债	0	0
19	存货净额	1 200 000	4 500 000	流动负债合计	3 700 000	10 895 300
20	待摊费用	0	0	长期负债：		
21	待处理流动资产净损失	0	0	长期借款	2 300 000	10 900 000
22	一年内到期的长期债权投资	0	0	应付债券	1 000 000	1 060 000
23	其他流动资产	0	0	长期应付款	0	0
24	流动资产合计	4 430 000	12 076 300	住房周转金		0
25	长期投资：			其他长期负债	0	0
26	长期股权投资	1 000 000	1 250 000	长期负债合计	3 300 000	11 960 000
27	长期债权投资	120 000	1 300 000	递延税项：		
28	长期投资合计	1 120 000	2 550 000	递延税款贷项	0	0
29	减：长期投资减值准备	0	0	负债合计	7 000 000	22 855 300
30	长期投资净值	1 120 000	2 550 000	所有者权益：		
31	固定资产：			股本	10 000 000	10 000 000
32	固定资产原价	15 000 000	24 700 000	资本公积	0	0
33	减：累计折旧	3 000 000	1 500 000	盈余公积	800 000	1 331 000
34	固定资产净值	12 000 000	23 200 000	未分配利润	700 000	4 370 000
35	固定资产清理	0	0	所有者权益合计	11 500 000	15 701 000

续表

序号	A	B	C	D	E	F
36	工程物资	0	0			
37	在建工程	850 000	650 000			
38	待处理固定资产净损失	0	0			
39	固定资产合计	12 850 000	23 850 000			
40	无形资产及其他资产:					
41	无形资产	100 000	80 000			
42	开办费		0			
43	长期待摊费用	0	0			
44	其他长期资产	0	0			
45	无形资产及其他资产合计	100 000	80 000			
46	递延税项:					
47	递延税款借项	0	0			
48	资产合计	18 500 000	38 556 300	负债及所有者权益合计	18 500 000	38 556 300

2. 资产负债表数据的生成

资产负债表中数据是这样生成的:

(1) 年初余额等于上一会计核算期末余额。

(2) 对于除"货币资金"和"存货"两个项目以外的其他标准会计科目项对应的单元格中数据(年末数)可由表 1.14 所示公式生成。

表 1.14 　　　　　　　　　　**单 元 格 公 式**

单元格	公　式	备　注
Ci[①]	＝SUMIF(科目汇总表! ＄A＄1:＄A＄1000,KMMC,会计分录表! ＄D＄1:＄D＄1000)[②]	计算科目年末数
Fj	＝SUMIF(科目汇总表! ＄A＄1:＄A＄1000,KMMC,会计分录表! ＄D＄1:＄D＄1000)	计算科目年末数

① i＝4,…2000,j＝5,…2000.

② KMMC 代表某一科目名称对应名称字符串,如欲计算"无形资产"年末数,则 KMMC 为"无形资产";计算"长期借款"年末数,则 KMMC 为"长期借款"等。

(3) 对于"货币资金"和"存货"两项目对应的单元格中数据(年末数)可由表 1.15 所示公式生成。

表 1.15 　　　　　　　　　　**单 元 格 公 式**

单元格	公　式	备　注
C4	＝B4＋VLOOKUP("现金",科目汇总表! ＄A＄1:＄F＄200,6,FALSE)＋VLOOKUP("银行存款",科目汇总表! ＄A＄1:＄F＄200,6,FALSE)＋VLOOKUP("其他货币资金",科目汇总表! ＄A＄1:＄F＄200,6,FALSE)	货币资金

单元格	公 式	备 注
C17	＝B17＋VLOOKUP("原材料",科目汇总表！＄A＄1:＄F＄200,6,FALSE)＋VLOOK-UP("在途物资",科目汇总表！＄A＄1:＄F＄200,6,FALSE)＋VLOOKUP("低值易耗品",科目汇总表！＄A＄1:＄F＄200,6,FALSE)＋VLOOKUP("库存商品",科目汇总表！＄A＄1:＄F＄200,6,FALSE)＋VLOOKUP("分期收款发出商品",科目汇总表！＄A＄1:＄F＄200,6,FALSE)＋VLOOKUP("委托加工物资",科目汇总表！＄A＄1:＄F＄200,6,FALSE)＋VLOOKUP("受托代销商品",科目汇总表！＄A＄1:＄F＄200,6,FALSE)＋VLOOKUP("委托代销商品",科目汇总表！＄A＄1:＄F＄200,6,FALSE)＋VLOOKUP("生产成本",科目汇总表！＄A＄1:＄F＄200,6,FALSE)＋VLOOKUP("制造费用",科目汇总表！＄A＄1:＄F＄200,6,FALSE)	存货

（4）其他单元格中数据可输入简单的加减乘除公式便可计算出。

3. 资产负债表的审核

如前所述，资产负债表的信息是通过公式生成的，因此只要公式正确，信息必定正确。为此，一方面要反复推敲确保计算公式从原理上不会出现差错，另一方面要选择典型数据来测试公式是否正确。

4. 资产负债表信息的保护

由于资产负债表中的信息是要对外公布的信息，所以必须确保其正确性，因此除了采取上述措施确保录入文字和公式正确外，还要采取措施防止有些人故意修改数据。为此必须对正确产生的资产负债表中的信息设置保护，具体来说就是通过"工具"菜单中"保护"选项来设置工作表保护。

1.2.2.7 编制现金流量表

1. 现金流量表格式的设计

由于现金流量表是对外报告的报表之一，因此现金流量表的格式必须符合对外报告的现金流量表格式，详见表1.16。

表 1.16　　　　　　　　　现 金 流 量 表

序号	A	B	C
1	项 目	行次	金额
2	一、经营活动产生的现金流量		
3	销售商品收到现金		8 000 000
4	提供劳务收到现金		0
5	收到的租金		0
6	收到增值税销项税额及退回的增值税		1 360 000
7	收到增值税以外的其他税费返还		0
8	收到的与经营业务有关的其他现金		0
9	现金流入合计		9 360 000
10	购买商品支付的现金		0

续表

序号	A	B	C
11	接受劳务支付的现金		0
12	经营租赁支付的现金		0
13	支付给职工以及为职工支付的现金		60 000
14	支付的增值税		400 000
15	支付的所得税		200 000
16	支付的除增值税、所得税以外的其他税费		30 000
17	支付的与经营活动有关的其他现金		0
18	现金流出合计		690 000
19	经营活动产生的现金流量净额		8 670 000
20	二、投资活动产生的现金流量		0
21	收回投资所收到的现金		0
22	分得股利收到的现金		150 000
23	分得利润所收到的现金		0
24	取得债券利息收入所收到的现金		0
25	处置固定资产的现金净额		2 900 000
26	处置无形资产收到的现金净额		0
27	处置其他长期资产收到的现金净额		0
28	收到的与投资活动有关的其他现金		0
29	现金流入合计		3 050 000
30	购建固定资产支付的现金		15 000 000
31	购建无形资产支付的现金		0
32	购建其他长期资产支付的现金		0
33	权益性投资支付的现金		0
34	债权性投资支付的现金		1 120 000
35	支付的与投资活动有关的其他现金		0
36	现金流出合计		16 120 000
37	投资活动产生的现金流量净额		−13 070 000
38	三、筹资活动产生的现金流量		0
39	吸收权益性投资收到的现金		0
40	发行债券收到的现金		0
41	借款收到的现金		9 200 000
42	收到的与投资活动有关的其他现金		0
43	现金流入合计		9 200 000
44	偿还债务所支付的现金		400 000
45	发生筹资费用所支付的现金		0

续表

序号	A	B	C
46	分配股利所支付的现金		109 000
47	分配利润所支付的现金		0
48	偿付利息所支付的现金		10 000
49	融资租赁支付的现金		0
50	减少注册资本支付的现金		0
51	支付的与筹资活动有关的其他现金		0
52	现金流出合计		519 000
53	筹资活动产生的现金流量净额		8 681 000
54	四、汇率变动对现金的影响		0
55	五、现金流量净额		4 281 000
56			
57	附注：		
58	项目	行次	金额
59	1. 不涉及现金收支的投资和筹资活动：		
60	以固定资产偿还债务		
61	以投资偿还债务		
62	以固定资产进行长期投资		
63	以存货偿还债务		
64	融资租赁固定资产		
65	2. 将净利润调整为经营活动的现金流量		
66	净利润		4 310 000
67	加：计提的坏账准备或转销的现金流量		40 000
68	固定资产折旧		500 000
69	无形资产摊销		20 000
70	处置固定资产、无形资产和其他长期资产的损失（减收益）		600 000
71	固定资产报废损失		
72	财务费用		70 000
73	投资损失（减收益）		−460 000
74	递延税款贷项（减借项）		0
75	存货的减少（减增加）		−3 300 000
76	经营性应收项目的减少（减增加）		−105 300
77	经营性应付项目的增加（减减少）		6 870 000
78	增值税增加额（减减少）		125 300
79	其他		0
80	经营活动产生的现金流量净额		8 670 000

续表

序号	A	B	C
81	3. 现金及其等价物净增加额		
82	货币资金的期末余额		6 781 000
83	减：货币资金的期初余额		2 500 000
84	现金等价物的期末余额		
85	减：现金等价物的期初余额		
86	现金及其等价物净增加额		4 281 000

2. 现金流量表数据的生成

现金流量表中数据是这样生成的：在现金收入项目对应的金额单元格 Di 中输入公式"＝SUMIF（调整分录表！A1：A1000，'项目名＊'，调整分录表！D1：D1000）"，在现金支出项目对应的金额单元格 Di 中输入公式"＝SUMIF（调整分录表！A1：A1000，'项目名＊'，调整分录表！E1：E1000）"。例如，在单元格 D3 中输入公式"＝SUMIF（调整分录表！A1：A1000，'销售商品＊'，调整分录表！D1：D1000"便可得到销售商品所收到的现金金额。

值得指出的是，这里公式中的"项目名＊"，是一个模糊查询条件。这样查询的好处主要有：

（1）避免称谓上的差异，例如有的人将"销售商品收到现金"称为"销售商品收到的现金"，尽管两种称谓只相差一个"的"字，但在"绝对匹配"（与模糊匹配相对）下，是两个不同的查询条件，因而查询出的最终结果是不同的。

（2）减少输入。显然输入"销售商品＊"比输入"销售商品收到现金"要快。

表 1.17 显示现金流量表中项目与其对应的模糊查询名之间的对应关系。

表 1.17　　现金流量表中项目与其对应的模糊查询名之间的对应关系

序号	A	B
	项　　目	科目名称
1	项　　目	科目名称
2	一、经营活动产生的现金流量	
3	销售商品收到现金	经营活动＊销售商品＊
4	提供劳务收到现金	经营活动＊提供劳务＊
5	收到的租金	经营活动＊租金＊
6	收到增值税销项税额及退回的增值税	经营活动＊增值税＊
7	收到增值税以外的其他税费返还	经营活动＊其他税费＊
8	收到的与经营业务有关的其他现金	经营活动＊其他现金＊
9	现金流入合计	

续表

序号	A	B
10	购买商品支付的现金	经营活动＊购买商品＊
11	接受劳务支付的现金	经营活动＊接受劳务＊
12	经营租赁支付的现金	经营活动＊经营租赁＊
13	支付给职工以及为职工支付的现金	经营活动＊职工＊
14	支付的增值税	经营活动＊增值税＊
15	支付的所得税	经营活动＊所得税＊
16	支付的除增值税、所得税以外的其他税费	经营活动＊其他税费＊
17	支付的与经营活动有关的其他现金	经营活动＊其他现金＊
18	现金流出合计	
19	经营活动产生的现金流量净额	
20	二、投资活动产生的现金流量	
21	收回投资所收到的现金	投资活动＊收回投资＊
22	分得股利收到的现金	投资活动＊股利＊
23	分得利润所收到的现金	投资活动＊利润＊
24	取得债券利息收入所收到的现金	投资活动＊债券利息＊
25	处置固定资产的现金净额	投资活动＊固定资产＊
26	处置无形资产收到的现金净额	投资活动＊无形资产＊
27	处置其他长期资产收到的现金净额	投资活动＊其他长期资产＊
28	收到的与投资活动有关的其他现金	投资活动＊其他现金＊
29	现金流入合计	
30	购建固定资产支付的现金	投资活动＊固定资产＊
31	购建无形资产支付的现金	投资活动＊无形资产＊
32	购建其他长期资产支付的现金	投资活动＊其他长期资产＊
33	权益性投资支付的现金	投资活动＊权益性投资＊
34	债券性投资支付的现金	投资活动＊债券＊
35	支付的与投资活动有关的其他现金	投资活动＊其他现金＊
36	现金流出合计	
37	投资活动产生的现金流量净额	
38	三、筹资活动产生的现金流量	
39	吸收权益性投资收到的现金	筹资活动＊权益性投资＊

续表

序号	A	B
40	发行债券收到的现金	筹资活动 * 债券 *
41	借款收到的现金	筹资活动 * 借款 *
42	收到的与投资活动有关的其他现金	筹资活动 * 其他现金 *
43	现金流入合计	
44	偿还债务所支付的现金	筹资活动 * 借款 *
45	发生筹资费用所支付的现金	筹资活动 * 筹资费用 *
46	分配股利所支付的现金	筹资活动 * 股利 *
47	分配利润所支付的现金	筹资活动 * 利润 *
48	偿付利息所支付的现金	筹资活动 * 利息 *
49	融资租赁支付的现金	筹资活动 * 融资租赁 *
50	减少注册资本支付的现金	筹资活动 * 注册资本 *
51	支付的与筹资活动有关的其他现金	筹资活动 * 其他现金 *
52	现金流出合计	筹资活动 * 现金流出合计
53	筹资活动产生的现金流量净额	筹资活动 * 筹资活动产生的现金流量净额
54	四、汇率变动对现金的影响	
55	五、现金量净额	

3. 现金流量表的审核

如前所述，现金流量表的信息是通过公式生成的，因此只要公式正确，信息必定正确。为此，一方面要反复推敲确保计算公式从原理上不会出现差错，另一方面要选择典型数据来测试公式是否正确。

4. 现金流量表信息的保护

由于现金流量表中的信息是要对外公布的信息，所以必须确保其正确性，因此除了采取上述措施确保录入文字和公式正确外，还要采取措施防止有些人故意修改数据。为此必须对正确产生的现金流量表中的信息设置保护，具体来说就是通过"工具"菜单中"保护"选项来设置工作表保护。

1.3 使用 Excel 进行会计核算案例

下面将通过一个具体的实例来介绍如何使用 Excel 进行会计核算。

【例 1.1】 A 股份有限公司为一般纳税人，该公司 2014 年 12 月 31 日的资产负债表有关资料参见表 1.22。

该公司 2002 年发生下列有关经济业务：

（1）购入原材料一批，增值税专用发票上注明的原材料价款 500 万元，增值税 85 万元，货款尚未支付，材料已经到达。

（2）销售商品一批，产品成本 200 万元，销售货款 800 万元，增值税专用发票上注明的增值税额 136 万元，产品已发出，货款已经收到并存入银行。

（3）销售原材料一批，原材料成本 5 万元，销售货款 9 万元，增值税专用发票上注明的增值税额 1.53 万元，材料已发出，货款尚未收到。

（4）支付并分配职工工资 6 万元。其中：生产工人工资 5 万元，管理人员工资 1 万元。

（5）公司对 B 企业投资占 B 企业有表决权资本的 40％，长期股权投资按权益法核算，本年度 B 企业实现净利润 100 万元。实际分得现金股利 15 万元。

（6）应交城市建设维护费 3 万元，其中，销售产品应交 2 万元，其他销售应交 1 万元。应交教育费附加 2 万元，其中销售产品应交 1.5 万元，其他销售应交 0.5 万元。

（7）向银行存入短期借款 20 万元，年内实际支付利息 1 万元。

（8）提取坏账准备 4 万元。

（9）1 月 1 日购入甲企业发行的 3 年期债券，面值为 100 万元，年利率为 10％。企业按 112 万元的价格购入。款项已用银行存款支付。年终按规定计提债权利息，并摊销债券溢价。

（10）提取折旧 50 万元，其中，应计入制造费用的折旧为 30 万元，应计入管理费用的折旧为 20 万元。

（11）用银行存款购入不需要安装的固定资产，原价 1000 万元，款项已经支付，设备已交付使用。

（12）向银行借入长期借款 900 万元，已存入银行。另偿还长期借款本金 40 万元。

（13）出售设备一台，原价 550 万元，已提折旧 200 万元，出售所得收入 300 万元，发生清理费用 10 万元。款项均以银行存款收支。设备已清理完毕。

（14）用银行存款支付出包工程款 500 万元。

（15）提取已交付使用项目的应付债券利息 6 万元。

（16）在建工程完工交付使用，价值 520 万元。

（17）摊销无形资产价值 2 万元。

（18）计算应交所得税 120 万元。本年实际交纳所得税 20 万元，增值税 40 万元，城市建设维护税 3 万元。

（19）结转本年利润和利润分配。

（20）提取法定盈余公积 43.1 万元，支付现金股利 10.9 万元。

1.3.1　编制会计分录表

用 Excel 编制会计分录时，首先要生成一个空白凭证会计分录表（命名为"会计分录表"），其次根据本月发生的会计业务在该空白工作表中编制会计分录。最终结果详见表 1.18。

表 1.18　　　　　　　　　　　会　计　分　录　表

序号	A	B	C	D	E	F
1					79 254 300	79 254 300
2	日期	凭证号	科目名称	摘要	借方	贷方
3		1	原材料		5 000 000	
4			应交税金——应交增值税（进项税额）		850 000	
5			应付账款			5 850 000
6		2	银行存款		9 360 000	
7			主营业务收入			8 000 000
8			应交税金——应交增值税（销项税额）			1 360 000
9		3	主营业务成本		2 000 000	
10			库存商品			2 000 000
11		4	应收账款		105 300	
12			其他业务收入			90 000
13			应交税金——应交增值税（销项税额）			15 300
14		5	其他业务支出		50 000	
15			原材料			50 000
16		6	生产成本		50 000	
17			管理费用		10 000	
18			应付工资			60 000
19		7	应付工资		60 000	
20			现金			60 000
21		8	长期股权投资		400 000	
22			投资收益			400 000
23		9	银行存款		150 000	
24			长期股权投资			150 000
25		10	主营业务税金及附加		35 000	
26			其他业务支出		15 000	
27			应交税金——应交城建税			30 000
28			其他应交款			20 000
29		11	银行存款		200 000	
30			短期借款			200 000
31		12	财务费用		10 000	
32			银行存款			10 000
33		13	管理费用		40 000	
34			坏账准备			40 000
35		14	长期债权投资——债券投资（面值）		1 000 000	

续表

序号	A	B	C	D	E	F
36			长期债权投资——债券投资（溢折价）		120 000	
37			银行存款			1 120 000
38		15	长期债权投资——债券投资（应计利息）		100 000	
39			投资收益			60 000
40			长期债权投资——债券投资（溢折价）			40 000
41		16	制造费用		300 000	
42			管理费用		200 000	
43			累计折旧			500 000
44		17	固定资产		10 000 000	
45			银行存款			10 000 000
46		18	银行存款		9 000 000	
47			长期借款			9 000 000
48		19	长期借款		400 000	
49			银行存款			400 000
50		20	固定资产清理		3 500 000	
51			累计折旧		2 000 000	
52			固定资产			5 500 000
53		21	银行存款		3 000 000	
54			固定资产清理			3 000 000
55		22	固定资产清理		100 000	
56			银行存款			100 000
57		23	营业外支出		600 000	
58			固定资产清理			600 000
59		24	在建工程		5 000 000	
60			银行存款			5 000 000
61		25	财务费用		60 000	
62			应付债券——应计利息			60 000
63		26	固定资产		5 200 000	
64			在建工程			5 200 000
65		27	管理费用		20 000	
66			无形资产			20 000
67		28	所得税		1 200 000	
68			应交税金——应交所得税			1 200 000
69		29	应交税金——应交所得税		200 000	
70			应交税金——应交增值税（已交税金）		400 000	

续表

序号	A	B	C	D	E	F
71			应交税金——应交城建税		30 000	
72			银行存款			630 000
73		30	主营业务收入		8 000 000	
74			其他业务收入		90 000	
75			投资收益		460 000	
76			本年利润			8 550 000
77		31	本年利润		4 240 000	
78			主营业务成本			2 000 000
79			其他业务支出			65 000
80			主营业务税金及附加			35 000
81			财务费用			70 000
82			管理费用			270 000
83			营业外支出			600 000
84			所得税			1 200 000
85		32	本年利润		4 310 000	
86			利润分配——未分配利润			4 310 000
87		33	利润分配——提取法定盈余金		431 000	
88			利润分配——提取法定公益金		100 000	
89			利润分配——应付普通股股利		109 000	
90			盈余公积			531 000
91			应付股利			109 000
92		34	应付股利		109 000	
93			银行存款			109 000
94		35	利润分配——未分配利润		640 000	
95			利润分配——提取法定盈余金			431 000
96			利润分配——提取法定公益金			100 000
97			利润分配——应付普通股股利			109 000

1.3.2　建立科目汇总表

使用 Excel 建立科目汇总表的具体步骤如下：

（1）打开工作簿"会计核算"，创建新工作表"科目汇总表"。

（2）在工作表"科目汇总表"中设计表格。

（3）在表 1.19 中输入公式。

表 1.19 单 元 格 公 式

单元格	公 式	备 注
D2	＝SUMIF(会计分录表！＄B＄1：＄B＄1000,trim(A2),会计分录表！＄E＄1：＄E＄1000)	计算科目借方余额
E2	＝SUMIF(会计分录表！＄B＄1：＄B＄1000,trim(A2),会计分录表！＄F＄1：＄F＄1000)	计算科目贷方余额
F2	＝IF(C2＝"借",D2－E2,E2－D2)	计算科目余额

（4）将单元格区域 D2：F2 中的公式复制到单元格区域 D2：F1000。

1）单击单元格 D2，按住鼠标器左键，向右拖动鼠标器直至单元格 F2，然后单击"编辑"菜单，最后单击"复制"选项。此过程将单元格区域 D2：F2 中公式放入到剪切板准备复制。

2）单击单元格 D2，按住鼠标器左键，向下拖动鼠标器直至单元格 F1000，然后单击"编辑"菜单，最后单击"粘贴"选项。此过程将剪切板中公式复制到单元格区域 D2：F1000。

这样便建立了一个"科目汇总表"模本。

（5）公式输入完毕后，工作表"科目汇总表"中计算结果详见表 1.20。

（6）保存工作表"科目汇总表"。

表 1.20 **"会计核算"工作簿：工作表"科目汇总表"（计算结果）**

序号	A	B	C	D	E	F
	科目名称	科目代码	借贷	借	贷	余额
1						
2	现金	1001	借	0	60 000	－60 000
3	银行存款	1002	借	21 710 000	17 369 000	4 341 000
4	其他货币资金	1009	借	0	0	0
5	短期投资	1101	借	0	0	0
6	短期投资跌价准备	1102	贷	0	0	0
7	应收票据	1111	借	0	0	0
8	应收股利	1121	借	0	0	0
9	应收利息	1122	借	0	0	0
10	应收账款	1131	借	105 300	0	105 300
11	坏账准备	1132	贷	0	40 000	40 000
12	预付账款	1141	借	0	0	0
13	应收补贴款	1161	借	0	0	0
14	其他应收款	1191	借	0	0	0
15	在途物资	1201	借	0	0	0
16	原材料	1211	借	5 000 000	50 000	4 950 000
17	包装物	1221	借	0	0	0

序号	A	B	C	D	E	F
18	低值易耗品	1231	借	0	0	0
19	库存商品	1241	借	0	2 000 000	−2 000 000
20	委托加工物资	1251	借	0	0	0
21	委托代销商品	1261	借	0	0	0
22	受托代销商品	1271	借	0	0	0
23	存货跌价准备	1281	贷	0	0	0
24	分期收款发出商品	1291	借	0	0	0
25	待摊费用	1301	借	0	0	0
26	一年内到期的长期债权投资			0	0	0
27	长期股权投资	1401	借	400 000	150 000	250 000
28	长期债权投资	1411	借	1 220 000	40 000	1 180 000
29	长期投资减值准备	1421	贷	0	0	0
30	固定资产	1501	借	18 800 000	9 100 000	9 700 000
31	累计折旧	1502	贷	2 000 000	500 000	−1 500 000
32	工程物资	1505	借	0	0	0
33	在建工程	1506	借	5 000 000	5 200 000	−200 000
34	固定资产清理	1601	借	3 600 000	3 600 000	0
35	无形资产	1701	借	0	20 000	−20 000
36	开办费	1702	借	0	0	0
37	长期待摊费用	1801	借	0	0	0
38	待处理财产损益	1901	借	0	0	0
39	短期借款	2101	贷	0	200 000	200 000
40	应付票据	2111	贷	0	0	0
41	应付账款	2121	贷	0	5 850 000	5 850 000
42	预收账款	2131	贷	0	0	0
43	代销商品款	2141	贷	0	0	0
44	应付工资	2151	贷	60 000	60 000	0
45	应付福利费	2153	贷	0	0	0
46	应付股利	2161	贷	109 000	109 000	0
47	应交税金	2171	贷	1 480 000	2 605 300	1 125 300
48	其他应交款	2172	贷	0	20 000	20 000
49	其他应付款	2181	贷	0	0	0
50	预提费用	2191	贷	0	0	0
51	一年内到期的长期负债			0	0	0

续表

序号	A	B	C	D	E	F
52	长期借款	2201	贷	400 000	9 000 000	8 600 000
53	应付债券	2211	贷	0	60 000	60 000
54	长期应付款	2221	贷	0	0	0
55	递延税款	2231	贷	0	0	0
56	住房周转金	2241	贷	0	0	0
57	股本	3101	贷	0	0	0
58	资本公积	3111	贷	0	0	0
59	盈余公积	3121	贷	0	531 000	531 000
60	本年利润	3131	贷	8 550 000	8 550 000	0
61	利润分配	3141	贷	1 280 000	4 950 000	3 670 000
62	生产成本	4101	借	50 000	0	50 000
63	制造费用	4105	借	300 000	0	300 000
64	主营业务收入	5101	借	8 000 000	8 000 000	0
65	其他业务收入	5102	借	90 000	90 000	0
66	折扣与折让	5105	借	0	0	0
67	投资收益	5201	借	460 000	460 000	0
68	补贴收入	5203	借	0	0	0
69	营业外收入	5301	借	0	0	0
70	主营业务成本	5401	借	2 000 000	2 000 000	0
71	主营业务税金及附加	5402	借	35 000	35 000	0
72	其他业务支出	5405	借	65 000	65 000	0
73	存货跌价损失	5501	借	0	0	0
74	营业费用	5502	借	0	0	0
75	管理费用	5503	借	270 000	270 000	0
76	财务费用	5504	借	70 000	70 000	0
77	营业外支出	5601	借	600 000	600 000	0
78	所得税	5701	借	1 200 000	1 200 000	0
79	以前年度损益调整	5801	借	0	0	0

1.3.3 建立资产负债表

使用 Excel 建立资产负债表的具体步骤如下：

（1）打开工作簿"会计核算"，创建新工作表"资产负债表"。

（2）在工作表"资产负债表"中设计表格。

（3）在表 1.21 中输入公式。

表 1.21 单 元 格 公 式

单元格	公 式	备 注
C4	＝B4＋VLOOKUP("现金",科目汇总表!＄A＄1:＄F＄200,6,FALSE)＋VLOOKUP("银行存款",科目汇总表!＄A＄1:＄F＄200,6,FALSE)＋VLOOKUP("其他货币资金",科目汇总表!＄A＄1:＄F＄200,6,FALSE)	货币资金
C5	＝B5＋VLOOKUP("短期投资",科目汇总表!＄A＄1:＄F＄200,6,FALSE)	短期投资
C6	＝B6＋VLOOKUP("短期投资跌价准备",科目汇总表!＄A＄1:＄F＄200,6,FALSE)	减:短期投资跌价准备
C7	＝C5－C6	短期投资净值
C8	＝B8＋VLOOKUP("应收票据",科目汇总表!＄A＄1:＄F＄200,6,FALSE)	应收票据
C9	＝B9＋VLOOKUP("应收股利",科目汇总表!＄A＄1:＄F＄200,6,FALSE)	应收股利
C10	＝B10＋VLOOKUP("应收利息",科目汇总表!＄A＄1:＄F＄200,6,FALSE)	应收利息
C11	＝B11＋VLOOKUP("应收账款",科目汇总表!＄A＄1:＄F＄200,6,FALSE)	应收账款
C12	＝B12＋VLOOKUP("坏账准备",科目汇总表!＄A＄1:＄F＄200,6,FALSE)	减:坏账准备
C13	＝C11－C12	应收账款净额
C14	＝B14＋VLOOKUP("预付账款",科目汇总表!＄A＄1:＄F＄200,6,FALSE)	预付账款
C15	＝B15＋VLOOKUP("应收补贴款",科目汇总表!＄A＄1:＄F＄200,6,FALSE)	应收补贴款
C16	＝B16＋VLOOKUP("其他应收款",科目汇总表!＄A＄1:＄F＄200,6,FALSE)	其他应收款
C17	＝B17＋VLOOKUP("原材料",科目汇总表!＄A＄1:＄F＄200,6,FALSE)＋VLOOKUP("在途物资",科目汇总表!＄A＄1:＄F＄200,6,FALSE)＋VLOOKUP("低值易耗品",科目汇总表!＄A＄1:＄F＄200,6,FALSE)＋VLOOKUP("库存商品",科目汇总表!＄A＄1:＄F＄200,6,FALSE)＋VLOOKUP("分期收款发出商品",科目汇总表!＄A＄1:＄F＄200,6,FALSE)＋VLOOKUP("委托加工物资",科目汇总表!＄A＄1:＄F＄200,6,FALSE)＋VLOOKUP("受托代销商品",科目汇总表!＄A＄1:＄F＄200,6,FALSE)＋VLOOKUP("委托代销商品",科目汇总表!＄A＄1:＄F＄200,6,FALSE)＋VLOOKUP("生产成本",科目汇总表!＄A＄1:＄F＄200,6,FALSE)＋VLOOKUP("制造费用",科目汇总表!＄A＄1:＄F＄200,6,FALSE)	存货

续表

单元格	公　　式	备　　注
C18	＝B18＋VLOOKUP("存货跌价损失",科目汇总表！＄A＄1：＄F＄200,6,FALSE)	减:存货跌价损失
C19	＝C17－C18	存货净额
C20	＝B20＋VLOOKUP("待摊费用",科目汇总表！＄A＄1：＄F＄200,6,FALSE)	待摊费用
C21	0	待处理流动资产净损失
C22	＝B22＋VLOOKUP("一年内到期的长期债权投资",科目汇总表！＄A＄1：＄F＄200,6,FALSE)	一年内到期的长期债权投资
C23	0	其他流动资产
C24	＝SUM(C19:C23)＋C4＋SUM(C7:C10)＋SUM(C13:C16)	流动资产合计
C25		长期投资:
C26	＝B26＋VLOOKUP("长期股权投资",科目汇总表！＄A＄1：＄F＄200,6,FALSE)	长期股权投资
C27	＝B27＋VLOOKUP("长期债权投资",科目汇总表！＄A＄1：＄F＄200,6,FALSE)	长期债权投资
C28	＝C26＋C27	长期投资合计
C29	＝B29＋VLOOKUP("长期投资减值准备",科目汇总表！＄A＄1：＄F＄200,6,FALSE)	减:长期投资减值准备
C30	＝C28－C29	长期投资净值
C31		固定资产:
C32	＝B32＋VLOOKUP("固定资产",科目汇总表！＄A＄1：＄F＄200,6,FALSE)	固定资产原价
C33	＝B33＋VLOOKUP("累计折旧",科目汇总表！＄A＄1：＄F＄200,6,FALSE)	减:累计折旧
C34	＝C32－C33	固定资产净值
C35	＝B35＋VLOOKUP("固定资产清理",科目汇总表！＄A＄1：＄F＄200,6,FALSE)	固定资产清理
C36	＝B36＋VLOOKUP("工程物资",科目汇总表！＄A＄1：＄F＄200,6,FALSE)	工程物资
C37	＝B37＋VLOOKUP("在建工程",科目汇总表！＄A＄1：＄F＄200,6,FALSE)	在建工程
C38	0	待处理固定资产净损失
C39	＝SUM(C34:C38)	固定资产合计
C40		无形资产及其他资产:

单元格	公　　式	备　注
C41	＝B41＋VLOOKUP("无形资产",科目汇总表! ＄A＄1:＄F＄200,6, FALSE)	无形资产
C42	＝B42＋VLOOKUP("开办费",科目汇总表! ＄A＄1:＄F＄200,6,FALSE)	开办费
C43	＝B43＋VLOOKUP("长期待摊费用",科目汇总表! ＄A＄1:＄F＄200,6, FALSE)	长期待摊费用
C44	0	其他长期资产
C45	＝SUM(C41:C44)	无形资产及其他资产合计
C46		递延税项:
C47	＝B47＋VLOOKUP("递延税款",科目汇总表! ＄A＄1:＄F＄200,4, FALSE)	递延税款借项
C48	＝C24＋C30＋C39＋C45＋C47	资产合计
F5	＝E5＋VLOOKUP("短期借款",科目汇总表! ＄A＄1:＄F＄200,6, FALSE)	短期借款
F6	＝E6＋VLOOKUP("应付票据",科目汇总表! ＄A＄1:＄F＄200,6, FALSE)	应付票据
F7	＝E7＋VLOOKUP("应付账款",科目汇总表! ＄A＄1:＄F＄200,6, FALSE)	应付账款
F8	＝E8＋VLOOKUP("预收账款",科目汇总表! ＄A＄1:＄F＄200,6, FALSE)	预收账款
F9	＝E9＋VLOOKUP("代销商品款",科目汇总表! ＄A＄1:＄F＄200,6, FALSE)	代销商品款
F10	＝E10＋VLOOKUP("应付工资",科目汇总表! ＄A＄1:＄F＄200,6, FALSE)	应付工资
F11	＝E11＋VLOOKUP("应付福利费",科目汇总表! ＄A＄1:＄F＄200,6, FALSE)	应付福利费
F12	＝E12＋VLOOKUP("应付股利",科目汇总表! ＄A＄1:＄F＄200,6, FALSE)	应付股利
F13	＝E13＋VLOOKUP("应交税金",科目汇总表! ＄A＄1:＄F＄200,6, FALSE)	应交税金
F14	＝E14＋VLOOKUP("其他应交款",科目汇总表! ＄A＄1:＄F＄200,6, FALSE)	其他应交款

续表

单元格	公 式	备 注
F15	＝E15＋VLOOKUP("其他应付款",科目汇总表！＄A＄1：＄F＄200,6, FALSE)	其他应付款
F16	＝E16＋VLOOKUP("预提费用",科目汇总表！＄A＄1：＄F＄200,6, FALSE)	预提费用
F17	＝E17＋VLOOKUP("一年内到期的长期负债",科目汇总表！＄A＄1：＄F ＄200,6,FALSE)	一年内到期的长期负债
F18		其他流动负债
F19	＝SUM(F5：F18)	流动负债合计
F21	＝E21＋VLOOKUP("长期借款",科目汇总表！＄A＄1：＄F＄200,6, FALSE)	长期借款
F22	＝E22＋VLOOKUP("应付债券",科目汇总表！＄A＄1：＄F＄200,6, FALSE)	应付债券
F23	＝E23＋VLOOKUP("长期应付款",科目汇总表！＄A＄1：＄F＄200,6, FALSE)	长期应付款
F24	＝E24＋VLOOKUP("住房周转金",科目汇总表！＄A＄1：＄F＄200,6, FALSE)	住房周转金
F25	0	其他长期负债
F26	＝SUM(F21：F25)	长期负债合计
F27		递延税项
F28	＝E28＋VLOOKUP("递延税款",科目汇总表！＄A＄1：＄F＄200,5, FALSE)	递延税款贷项
F29	＝F19＋F26＋F28	负债合计
F30		所有者权益
F31	＝E31＋VLOOKUP("股本",科目汇总表！＄A＄1：＄F＄200,6,FALSE)	股本
F32	＝E32＋VLOOKUP("资本公积",科目汇总表！＄A＄1：＄F＄200,6, FALSE)	资本公积
F33	＝E33＋VLOOKUP("盈余公积",科目汇总表！＄A＄1：＄F＄200,6, FALSE)	盈余公积
F34	＝E34＋VLOOKUP("本年利润",科目汇总表！＄A＄1：＄F＄200,6, FALSE)＋VLOOKUP("利润分配",科目汇总表！＄A＄1：＄F＄200,6, FALSE)	未分配利润
F35	＝SUM(F31：F34)	所有者权益合计
F48	＝F29＋F35	负债及所有者权益合计

（4）公式输入完毕后，工作表"资产负债表"中计算结果详见表1.22。

（5）保存工作表"资产负债表"。

表 1.22　　　　"会计核算"工作簿：工作表"资产负债表"（计算结果）

序号	A	B	C	D	E	F
1				资产负债表		
2	编表单位：A 股份有限公司		2002 年 12 月 31 日			单位：元
3	资产	年初余额①	年末数	负债及所有者权益	年初余额	年末数
4	货币资金	2 500 000	6 781 000	流动负债：		
5	短期投资	400 000	400 000	短期借款	1 300 000	1 500 000
6	减：短期投资跌价准备	0	0	应付票据	800 000	800 000
7	短期投资净值	400 000	400 000	应付账款	500 000	6 350 000
8	应收票据	150 000	150 000	预收账款	20 000	20 000
9	应收股利	0	0	代销商品款	0	0
10	应收利息	0	0	应付工资	0	0
11	应收账款	200 000	305 300	应付福利费	20 000	20 000
12	减：坏账准备	50 000	90 000	应付股利	0	0
13	应收账款净额	150 000	215 300	应交税金	900 000	2 025 300
14	预付账款	10 000	10 000	其他应交款	150 000	170 000
15	应收补贴款	0	0	其他应付款	10 000	10 000
16	其他应收款	20 000	20 000	预提费用		
17	存货	1 200 000	4 500 000	一年内到期的长期负债	0	0
18	减：存货跌价损失	0	0	其他流动负债	0	0
19	存货净额	1 200 000	4 500 000	流动负债合计	3 700 000	10 895 300
20	待摊费用	0	0	长期负债：		
21	待处理流动资产净损失	0	0	长期借款	2 300 000	10 900 000
22	一年内到期的长期债权投资	0	0	应付债券	1 000 000	1 060 000
23	其他流动资产	0	0	长期应付款	0	0
24	流动资产合计	4 430 000	12 076 300	住房周转金		0
25	长期投资：			其他长期负债	0	0
26	长期股权投资	1 000 000	1 250 000	长期负债合计	3 300 000	11 960 000
27	长期债权投资	120 000	1 300 000	递延税项：		
28	长期投资合计	1 120 000	2 550 000	递延税款贷项	0	0
29	减：长期投资减值准备	0	0	负债合计	7 000 000	22 855 300
30	长期投资净值	1 120 000	2 550 000	所有者权益：		
31	固定资产：			股本	10 000 000	10 000 000

序号	A	B	C	D	E	F
32	固定资产原价	15 000 000	24 700 000	资本公积	0	0
33	减：累计折旧	3 000 000	1 500 000	盈余公积	800 000	1 331 000
34	固定资产净值	12 000 000	23 200 000	未分配利润	700 000	4 370 000
35	固定资产清理	0	0	所有者权益合计	11 500 000	15 701 000
36	工程物资	0	0			
37	在建工程	850 000	650 000			
38	待处理固定资产净损失	0	0			
39	固定资产合计	12 850 000	23 850 000			
40	无形资产及其他资产					
41	无形资产	100 000	80 000			
42	开办费		0			
43	长期待摊费用	0	0			
44	其他长期资产	0	0			
45	无形资产及其他资产合计	100 000	80 000			
46	递延税项：					
47	递延税款借项	0	0			
48	资产合计	18 500 000	38 556 300	负债及所有者权益合计	18 500 000	38 556 300

① 第一次编制资产负债表时，年初余额为 0，第二次（或更多次）编制资产负债表时，年初余额为上一次编制资产负债表表年末余额。

1.3.4 编制利润表

使用 Excel 建立利润表的具体步骤如下：

（1）打开工作簿"会计核算"，创建新工作表"利润表"。

（2）在工作表"利润表"中设计表格。

（3）在表 1.23 中输入公式。

表 1.23　　　　　　　　　单 元 格 公 式

单元格	公　　式	备　注
D4	=VLOOKUP("主营业务收入",科目汇总表！$A$2：$D$202,4,FALSE)	主营业务收入
D5	=VLOOKUP("折扣与折让",科目汇总表！$A$2：$D$202,4,FALSE)	折扣与折让
D6	=D4－D5	主营业务净收入
D7	=VLOOKUP("主营业务成本",科目汇总表！$A$2：$D$202,4,FALSE)	主营业务成本
D8	=VLOOKUP("主营业务税金及附加",科目汇总表！$A$2：$D$202,4,FALSE)	主营业务税金及附加

单元格	公　式	备　注
D9	＝D6－D7－D8	主营业务利润
D10	＝VLOOKUP("其他业务收入",科目汇总表！＄A＄2：＄D＄202,4,FALSE) －VLOOKUP("其他业务支出",科目汇总表！＄A＄2：＄D＄202,4,FALSE)	其他业务利润
D11	＝VLOOKUP("存货跌价损失",科目汇总表！＄A＄2：＄D＄202,4,FALSE)	存货跌价损失
D12	＝VLOOKUP("营业费用",科目汇总表！＄A＄2：＄D＄202,4,FALSE)	营业费用
D13	＝VLOOKUP("管理费用",科目汇总表！＄A＄2：＄D＄202,4,FALSE)	管理费用
D14	＝VLOOKUP("财务费用",科目汇总表！＄A＄2：＄D＄202,4,FALSE)	财务费用
D15	＝D9＋D10－SUM(D11：D14)	营业利润
D16	＝VLOOKUP("投资收益",科目汇总表！＄A＄2：＄D＄202,4,FALSE)	投资收益
D17	＝VLOOKUP("补贴收入",科目汇总表！＄A＄2：＄D＄202,4,FALSE)	补贴收入
D18	＝VLOOKUP("营业外收入",科目汇总表！＄A＄2：＄D＄202,4,FALSE)	营业外收入
D19	＝VLOOKUP("营业外支出",科目汇总表！＄A＄2：＄D＄202,4,FALSE)	营业外支出
D20	＝SUM(D15：D18)－D19	利润总额
D21	＝VLOOKUP("所得税",科目汇总表！＄A＄2：＄D＄202,4,FALSE)	所得税
D22	＝D20－D21	净利润

（4）公式输入完毕后，工作表"利润表"中计算结果详见表1.24。

（5）保存工作表"利润表"。

表 1.24　　　　"会计核算"工作簿：工作表"利润表"（计算结果）

序号	A	B	C	D
1	利润表			
2	编表单位：A 股份有限公司	2002 年度		单位：元
3	项　目	行次	本月数	本年累计
4	一、主营业务收入	1		8 000 000
5	减：折扣与折让	2		0
6	主营业务净收入	3		8 000 000
7	减：主营业务成本	4		2 000 000
8	主营业务税金及附加	5		35 000
9	二、主营业务利润	6		5 965 000
10	加：其他业务利润	7		25 000
11	减：存货跌价损失	9		0
12	营业费用	10		0
13	管理费用	11		270 000
14	财务费用	12		70 000
15	三、营业利润	13		5 650 000

续表

序号	A	B	C	D
16	加：投资收益	14		460 000
17	补贴收入	15		0
18	营业外收入	16		0
19	减：营业外支出	17		600 000
20	四、利润总额	18		5 510 000
21	减：所得税	19		1 200 000
22	五、净利润	20		4 310 000

1.3.5 编制调整分录表

编制调整分录表的基本思路为：首先建立一个工作表"调整分录表"，然后将工作表"会计分录表"复制到工作表"调整分录表"，最后修改工作表"调整分录表"中有关分录项。

编制调整分录表具体操作如下：

（1）打开工作簿"会计核算"，创建新工作表"调整分录表"。

（2）打开工作表"会计分录表"，将工作表"会计分录表"复制到工作表"调整分录表"。

1）单击"编辑"菜单，然后单击"工作表"选项。

2）单击"编辑"菜单，然后单击"复制"选项。此过程将工作表"会计分录表"中内容放入到剪切板准备复制。

3）选择工作表"调整分录表"，然后单击单元格"A1"。

4）单击"编辑"菜单，然后单击"粘贴"选项。此过程将剪切板中内容复制到工作表"调整分录表"。

（3）调整工作表"调整分录表"中有关分录项。

（4）调整完毕后，保存工作表"调整分录表"。

调整完毕后，工作表"调整分录表"中内容详见表 1.25。

表 1.25　　　"会计核算"工作簿：工作表"调整分录表"（计算结果）

序号	A		B		C	D
1					80 104 300	80 104 300
2	时间	凭证号	科目名称	摘要	借方	贷方
3		1	存货		5 000 000	
4			应交税金——应交增值税（进项税额）		850 000	
5			应付账款			5 850 000
6		2	经营活动现金——增值税		1 360 000	

序号	A	B		C	D
7		经营活动现金——销售商品收入		8 000 000	
8		主营业务收入			8 000 000
9		应交税金——应交增值税（销项税额）			1 360 000
10	3	主营业务成本		2 000 000	
11		产成品			2 000 000
12	4	应收账款		105 300	
13		其他业务收入			90 000
14		应交税金——应交增值税（销项税额）			15 300
15	5	其他业务支出		50 000	
16		存货			50 000
17	6	存货		50 000	
18		管理费用——工资		10 000	
19		经营活动现金——支付职工现金			60 000
20	8	长期股权投资		250 000	
21		投资活动现金——股利		150 000	
22		投资收益——权益法			400 000
23	10	主营业务税金及附加		35 000	
24		其他业务支出		15 000	
25		应交税金——应交城建税			30 000
26		其他应收款			20 000
27	11	筹资活动现金——借款		200 000	
28		短期借款			200 000
29	12	财务费用——利息		10 000	
30		筹资活动现金——支付利息			10 000
31	13	管理费用——记提坏账		40 000	
32		坏账准备			40 000
33	14	长期债券投资		1 180 000	
34		投资活动现金——购买债券			1 120 000
35		投资收益——记提利息			60 000
36	16	存货		300 000	
37		管理费用——折旧		200 000	
38		累计折旧			500 000
39	17	固定资产		10 000 000	
40		投资活动现金——购买固定资产			10 000 000
41	18	筹资活动现金——借款		9 000 000	

序号	A	B		C	D
42		长期借款			8 600 000
43	19	筹资活动现金——偿还借款本金			400 000
44	20	投资活动现金——处置固定资产		2 900 000	
45		累计折旧		2 000 000	
46		营业外支出——处理固定资产净损失		600 000	
47		固定资产			5 500 000
48	24	在建工程		5 000 000	
49		投资活动现金——购买固定资产			5 000 000
50	25	财务费用		60 000	
51		应付债券			60 000
52	26	固定资产		5 200 000	
53		不涉及现金变动			5 200 000
54		不涉及现金变动		5 200 000	
55		管理费用			5 200 000
56	27	管理费用——无形资产摊销		20 000	
57		无形资产			20 000
58	28	所得税		1 200 000	
59		应交税金——应交所得税			1 200 000
60	29	应交税金——应交所得税		200 000	
61		应交税金——应交增值税（已交税金）		400 000	
62		应交税金——应交城建税		30 000	
63		经营活动现金——支付增值税			400 000
64		经营活动现金——支付所得税			200 000
65		经营活动现金——支付其他税费			30 000
66	30	主营业务收入		8 000 000	
67		其他业务收入		90 000	
68		投资收益		460 000	
69		本年利润			8 550 000
70	31	本年利润		4 240 000	
71		主营业务成本			2 000 000
72		其他业务支出			65 000
73		主营业务税金及附加			35 000
74		财务费用			70 000
75		管理费用			270 000
76		营业外支出			600 000

序号	A	B		C	D
77		所得税			1 200 000
78	32	本年利润		4 310 000	
79		利润分配——未分配利润			4 310 000
80	33	利润分配——提取法定盈余金		431 000	
81		利润分配——提取法定公益金		100 000	
82		利润分配——应付普通股股利		109 000	
83		盈余公积			531 000
84		筹资活动现金——支付股利			109 000
85	34	应付股利		109 000	
86		银行存款			109 000
87	35	利润分配——未分配利润		640 000	
88		利润分配——提取法定盈余金			431 000
89		利润分配——提取法定公益金			100 000
90		利润分配——应付普通股股利			109 000
91		应付股利			109 000

同样，为了证明输入数据正确，在工作表"调整分录表"的单元格 C1 和 D1 中输入公式"＝SUM（C3：C1000）"和"＝SUM（D3：D1000）"。当输入完会计分录后，如果单元格 C1 和 D1 中数据相等，则基本上可认为输入正确，否则输入数据有误。此外，编者提供一个宏函数（见附录），用户执行该宏函数可自动检查出错误的分录。

1.3.6 编制现金流量表

有了工作表"调整分录表"和工作表"现金流量表科目对照表"后，现金流量表的编制便变得非常容易。首先，根据现金流量表中项目在工作表"现金流量表科目对照表"中查找对应的科目，然后根据该科目统计工作表"调整分录表"中该科目的相应的内容，此即为现金流量表中该项目的金额。

编制现金流量表的具体步骤如下：

（1）打开工作簿"会计核算"，创建新工作表"现金流量表"。

（2）在工作表"现金流量表"中设计表格。

（3）在表 1.26 中输入公式。

表 1.26   **单 元 格 公 式**

单元格	公　式	备　注
C3	＝SUMIF(调整分录表！＄B＄1：＄B＄1000,"经营活动现金＊销售商品＊",调整分录表！＄C＄1：＄C＄1000)	销售商品收到现金

续表

单元格	公　式	备　注
C4	＝SUMIF(调整分录表！＄B＄1：＄B＄1000，"经营活动现金＊提供劳务＊"，调整分录表！＄C＄1：＄C＄1000)	提供劳务收到现金
C5	＝SUMIF(调整分录表！＄B＄1：＄B＄1000，经营活动现金＊租金＊，调整分录表！＄C＄1：＄C＄1000)	收到的租金
C6	＝SUMIF(调整分录表！＄B＄1：＄B＄1000，"经营活动现金＊增值税＊"，调整分录表！＄C＄1：＄C＄1000)	收到增值税销项税额及退回的增值税
C7	＝SUMIF(调整分录表！＄B＄1：＄B＄1000，"经营活动现金＊其他税费＊"，调整分录表！＄C＄1：＄C＄1000)	收到增值税以外的其他税费返还
C8	＝SUMIF(调整分录表！＄B＄1：＄B＄1000，"经营活动现金＊其他现金＊"，调整分录表！＄C＄1：＄C＄1000)	收到的与经营业务有关的其他现金
C9	＝SUM(C3：C8)	现金流入合计
C10	＝SUMIF(调整分录表！＄B＄1：＄B＄1000，"经营活动现金＊购买商品＊"，调整分录表！＄D＄1：＄D＄1000)	购买商品支付的现金
C11	＝SUMIF(调整分录表！＄B＄1：＄B＄1000，"经营活动现金＊接受劳务＊"，调整分录表！＄D＄1：＄D＄1000)	接受劳务支付的现金
C12	＝SUMIF(调整分录表！＄B＄1：＄B＄1000，"经营活动现金＊经营租赁＊"，调整分录表！＄C＄1：＄C＄1000)	经营租赁支付的现金
C13	＝SUMIF(调整分录表！＄B＄1：＄B＄1000，"经营活动现金＊职工＊"，调整分录表！＄D＄1：＄D＄1000)	支付给职工以及为职工支付的现金
C14	＝SUMIF(调整分录表！＄B＄1：＄B＄1000，"经营活动现金＊增值税＊"，调整分录表！＄D＄1：＄D＄1000)	支付的增值税
C15	＝SUMIF(调整分录表！＄B＄1：＄B＄1000，"经营活动现金＊所得税＊"，调整分录表！＄D＄1：＄D＄1000)	支付的所得税
C16	＝SUMIF(调整分录表！＄B＄1：＄B＄1000，"经营活动现金＊其他税费＊"，调整分录表！＄D＄1：＄D＄1000)	支付的除增值税、所得税以外的其他税费
C17	＝SUMIF(调整分录表！＄B＄1：＄B＄1000，"经营活动＊其他现金＊"，调整分录表！＄D＄1：＄D＄1000)	支付的与经营活动有关的其他现金
C18	＝SUM(C10：C17)	现金流出合计
C19	＝C9－C18	经营活动产生的现金流量净额
C21	＝SUMIF(调整分录表！＄B＄1：＄B＄1000，"投资活动＊收回投资＊"，调整分录表！＄C＄1：＄C＄1000)	收回投资所收到的现金
C22	＝SUMIF(调整分录表！＄B＄1：＄B＄1000，"投资活动＊股利＊"，调整分录表！＄C＄1：＄C＄1000)	分得股利收到的现金
C23	＝SUMIF(调整分录表！＄B＄1：＄B＄1000，"投资活动＊利润＊"，调整分录表！＄C＄1：＄C＄1000)	分得利润所收到的现金

续表

单元格	公　式	备　注
C24	＝SUMIF(调整分录表！＄B＄1：＄B＄1000，"投资活动＊债券利息＊"，调整分录表！＄C＄1：＄C＄1000)	取得债券利息收入所收到的现金
C25	＝SUMIF(调整分录表！＄B＄1：＄B＄1000，"投资活动＊固定资产＊"，调整分录表！＄C＄1：＄C＄1000)	处置固定资产的现金净额
C26	＝SUMIF(调整分录表！＄B＄1：＄B＄1000，"投资活动＊无形资产＊"，调整分录表！＄C＄1：＄C＄1000)	处置无形资产收到的现金净额
C27	＝SUMIF(调整分录表！＄B＄1：＄B＄1000，"投资活动＊其他长期资产＊"，调整分录表！＄C＄1：＄C＄1000)	处置其他长期资产收到的现金净额
C28	＝SUMIF(调整分录表！＄B＄1：＄B＄1000，"投资活动＊其他现金＊"，调整分录表！＄C＄1：＄C＄1000)	收到的与投资活动有关的其他现金
C29	＝SUM(C21:C28)	现金流入合计
C30	＝SUMIF(调整分录表！＄B＄1：＄B＄1000，"投资活动＊固定资产＊"，调整分录表！＄D＄1：＄D＄1000)	购建固定资产支付的现金
C31	＝SUMIF(调整分录表！＄B＄1：＄B＄1000，"投资活动＊无形资产＊"，调整分录表！＄D＄1：＄D＄1000)	购建无形资产支付的现金
C32	＝SUMIF(调整分录表！＄B＄1：＄B＄1000，"投资活动＊其他长期资产＊"，调整分录表！＄D＄1：＄D＄1000)	购建其他长期资产支付的现金
C33	＝SUMIF(调整分录表！＄B＄1：＄B＄1000，"投资活动＊权益性投资＊"，调整分录表！＄D＄1：＄D＄1000)	权益性投资支付的现金
C34	＝SUMIF(调整分录表！＄B＄1：＄B＄1000，"投资活动＊债券＊"，调整分录表！＄D＄1：＄D＄1000)	债权性投资支付的现金
C35	＝SUMIF(调整分录表！＄B＄1：＄B＄1000，"投资活动＊其他现金＊"，调整分录表！＄D＄1：＄D＄1000)	支付的与投资活动有关的其他现金
C36	＝SUM(C30:C35)	现金流出合计
C37	＝C29－C36	投资活动产生的现金流量净额
C39	＝SUMIF(调整分录表！＄B＄1：＄B＄1000，"筹资活动＊权益性投资＊"，调整分录表！＄C＄1：＄C＄1000)	吸收权益性投资收到的现金
C40	＝SUMIF(调整分录表！＄B＄1：＄B＄1000，"筹资活动＊债券＊"，调整分录表！＄C＄1：＄C＄1000)	发行债券收到的现金
C41	＝SUMIF(调整分录表！＄B＄1：＄B＄1000，"筹资活动＊借款＊"，调整分录表！＄C＄1：＄C＄1000)	借款收到的现金
C42	＝SUMIF(调整分录表！＄B＄1：＄B＄1000，"筹资活动＊其他现金＊"，调整分录表！＄C＄1：＄C＄1000)	收到的与投资活动有关的其他现金

续表

单元格	公 式	备 注
C43	=SUM(C39:C42)	现金流入合计
C44	=SUMIF(调整分录表！$B$1:$B$1000,"筹资活动＊借款＊",调整分录表！$D$1:$D$1000)	偿还债务所支付的现金
C45	=SUMIF(调整分录表！$B$1:$B$1000,"筹资活动＊筹资费用＊",调整分录表！$D$1:$D$1000)	发生筹资费用所支付的现金
C46	=SUMIF(调整分录表！$B$1:$B$1000,"筹资活动＊股利＊",调整分录表！$D$1:$D$1000)	分配股利所支付的现金
C47	=SUMIF(调整分录表！$B$1:$B$1000,"筹资活动＊利润＊",调整分录表！$D$1:$D$1000)	分配利润所支付的现金
C48	=SUMIF(调整分录表！$B$1:$B$1000,"筹资活动＊利息＊",调整分录表！$D$1:$D$1000)	偿付利息所支付的现金
C49	=SUMIF(调整分录表！$B$1:$B$1000,"筹资活动＊融资租赁＊",调整分录表！$D$1:$D$1000)	融资租赁支付的现金
C50	=SUMIF(调整分录表！$B$1:$B$1000,"筹资活动现金＊注册资本＊",调整分录表！$D$1:$D$1000)	减少注册资本支付的现金
C51	=SUMIF(调整分录表！$B$1:$B$1000,"筹资活动＊其他现金＊",调整分录表！$D$1:$D$1000)	支付的与筹资活动有关的其他现金
C52	=SUM(C44:C51)	现金流出合计
C53	=C43－C52	筹资活动产生的现金流量净额
C54	0	四、汇率变动对现金的影响
C55	=C19＋C37＋C53＋C54	五、现金流量净额
C58	金额	项目
C66	=利润表！D22	净利润
C67	=SUMIF(调整分录表！$B$3:$B$82,"管理费用＊坏账＊",调整分录表！$C$3:$C$82)	加：计提的坏账准备或转销的现金流量
C68	=SUMIF(调整分录表！$B$3:$B$82,"累计折旧",调整分录表！$D$3:$D$82)	固定资产折旧
C69	=SUMIF(调整分录表！$B$3:$B$82,"管理费用＊无形资产＊",调整分录表！$C$3:$C$82)	无形资产摊销
C70	=SUMIF(调整分录表！$B$3:$B$82,"营业外支出＊固定资产净损失",调整分录表！$C$3:$C$82)＋SUMIF(调整分录表！$B$3:$B$82,"营业外支出＊无形资产净损失",调整分录表！$C$3:$C$82)＋SUMIF(调整分录表！$B$3:$B$82,"营业外支出＊其他长期资产净损失",调整分录表！$C$3:$C$82)	处置固定资产、无形资产和其他长期资产的损失（减收益）

续表

单元格	公　式	备　注
C72	＝利润表！D14	财务费用
C73	＝SUMIF(调整分录表！＄B＄3：＄B＄100,"投资收益＊",调整分录表！＄C＄3：＄C＄100)－SUMIF(调整分录表！＄B＄3：＄B＄100,"投资收益＊",调整分录表！＄D＄3：＄D＄100)	投资损失(减收益)
C74	＝－SUMIF(科目汇总表！＄A＄3：＄A＄100,"递延税项",科目汇总表！＄F＄3：＄F＄100)	递延税款贷项(减借项)
C75	＝SUMIF(资产负债表！＄A＄3：＄A＄100,"存货",资产负债表！＄B＄3：＄B＄100)－SUMIF(资产负债表！＄A＄3：＄A＄100,"存货",资产负债表！＄C＄3：＄C＄100)	存货的减少(减增加)
C76	＝SUMIF(资产负债表！＄A＄3：＄A＄100,"应收账款",资产负债表！＄B＄3：＄B＄100)－SUMIF(资产负债表！＄A＄3：＄A＄100,"应收账款",资产负债表！＄C＄3：＄C＄100)	经营性应收项目的减少(减增加)
C77	＝SUMIF(调整分录表！＄B＄3：＄B＄82,"应交税金＊应交所得税",调整分录表！＄D＄3：＄D＄82)－SUMIF(调整分录表！＄B＄3：＄B＄82,"应交税金＊应交所得税",调整分录表！＄C＄3：＄CC＄82)＋SUMIF(调整分录表！＄B＄3：＄B＄82,"应付账款",调整分录表！＄D＄3：＄D＄82)－SUMIF(调整分录表！＄B＄3：＄B＄82,"应付账款",调整分录表！＄C＄3：＄CC＄82)＋SUMIF(调整分录表！＄B＄3：＄B＄82,"其他应交款",调整分录表！＄D＄3：＄D＄82)－SUMIF(调整分录表！＄B＄3：＄B＄82,"其他应交款",调整分录表！＄C＄3：＄CC＄82)	经营性应付项目的增加(减减少)
C78	＝SUMIF(调整分录表！＄B＄3：＄B＄1000,"应交税金＊应交增值税＊",调整分录表！＄D＄3：＄D＄100)－SUMIF(调整分录表！＄B＄3：＄B＄100,"应交税金＊应交增值税＊",调整分录表！＄C＄3：＄C＄1000)	增值税增加额(减减少)
C79	＝C80－SUM(C66：C78)	其他
C80	＝C19	经营活动产生的现金流量净额
C82	＝SUMIF(资产负债表！＄A＄3：＄A＄100,"货币资金",资产负债表！＄C＄3：＄C＄100)	货币资金的期末余额
C83	＝SUMIF(资产负债表！＄A＄3：＄A＄100,"货币资金",资产负债表！＄B＄3：＄B＄100)	减：货币资金的期初余额

（4）取消公式输入方式，则工作表"现金流量表"中的数据详见表1.27。

（5）保存工作表"现金流量表"。

表 1.27　　　"会计核算"工作簿：工作表"现金流量表"（计算结果）

序号	A	B	C
	项　　目	行次	金额
1	项　　目	行次	金额
2	一、经营活动产生的现金流量		
3	销售商品收到现金		8 000 000
4	提供劳务收到现金		0
5	收到的租金		0
6	收到增值税销项税额及退回的增值税		1 360 000
7	收到增值税以外的其他税费返还		0
8	收到的与经营业务有关的其他现金		0
9	现金流入合计		9 360 000
10	购买商品支付的现金		0
11	接受劳务支付的现金		0
12	经营租赁支付的现金		0
13	支付给职工以及为职工支付的现金		60 000
14	支付的增值税		400 000
15	支付的所得税		200 000
16	支付的除增值税、所得税以外的其他税费		30 000
17	支付的与经营活动有关的其他现金		0
18	现金流出合计		690 000
19	经营活动产生的现金流量净额		8 670 000
20	二、投资活动产生的现金流量		0
21	收回投资所收到的现金		0
22	分得股利收到的现金		150 000
23	分得利润所收到的现金		0
24	取得债券利息收入所收到的现金		0
25	处置固定资产的现金净额		2 900 000
26	处置无形资产收到的现金净额		0
27	处置其他长期资产收到的现金净额		0
28	收到的与投资活动有关的其他现金		0
29	现金流入合计		3 050 000
30	购建固定资产支付的现金		15 000 000
31	购建无形资产支付的现金		0

续表

序号	A	B	C
32	购建其他长期资产支付的现金		0
33	权益性投资支付的现金		0
34	债券性投资支付的现金		1 120 000
35	支付的与投资活动有关的其他现金		0
36	现金流出合计		16 120 000
37	投资活动产生的现金流量净额		−13 070 000
38	三、筹资活动产生的现金流量		0
39	吸收权益性投资收到的现金		0
40	发行债券收到的现金		0
41	借款收到的现金		9 200 000
42	收到的与投资活动有关的其他现金		0
43	现金流入合计		9 200 000
44	偿还债务所支付的现金		400 000
45	发生筹资费用所支付的现金		0
46	分配股利所支付的现金		109 000
47	分配利润所支付的现金		0
48	偿付利息所支付的现金		10 000
49	融资租赁支付的现金		0
50	减少注册资本支付的现金		0
51	支付的与筹资活动有关的其他现金		0
52	现金流出合计		519 000
53	筹资活动产生的现金流量净额		8 681 000
54	四、汇率变动对现金的影响		0
55	五、现金流量净额		4 281 000
56			
57	附注：		
58	项　目	行次	金额
59	1. 不涉及现金收支的投资和筹资活动：		
60	以固定资产偿还债务		
61	以投资偿还债务		
62	以固定资产进行长期投资		
63	以存货偿还债务		
64	融资租赁固定资产		
65	2. 将净利润调整为经营活动的现金流量		
66	净利润		4 310 000

序号	A	B	C
67	加：计提的坏账准备或转销的现金流量		40 000
68	固定资产折旧		500 000
69	无形资产摊销		20 000
70	处置固定资产、无形资产和其他长期资产的损失（减收益）		600 000
71	固定资产报废损失		
72	财务费用		70 000
73	投资损失（减收益）		−460 000
74	递延税款贷项（减借项）		0
75	存货的减少（减增加）		−3 300 000
76	经营性应收项目的减少（减增加）		−105 300
77	经营性应付项目的增加（减减少）		6 870 000
78	增值税增加额（减减少）		125 300
79	其他		0
80	经营活动产生的现金流量净额		8 670 000
81	3. 现金及其等价物净增加额		
82	货币资金的期末余额		6 781 000
83	减：货币资金的期初余额		2 500 000
84	现金等价物的期末余额		
85	减：现金等价物的期初余额		
86	现金及其等价物净增加额		4 281 000

1.4 常用函数

1.4.1 VLOOKUP 函数

1. 作用

在表格或数值数组的首列查找指定的数值，并由此返回表格或数组当前行中指定列处的数值。当比较值位于数据表首列时，可以使用函数 VLOOKUP 代替函数 HLOOKUP。

2. 语法

VLOOKUP（lookup_value，table_array，col_index_num，range_lookup）

参数解释如下：

（1）lookup_value 为需要在数据表第一列中查找的数值。lookup_value 可以为数值、引用或文字串。

（2）table_array 为需要在其中查找数据的数据表。可以使用对区域或区域名称的引用，例如数据库或数据清单。

（3）如果 range_lookup 为 TRUE，则 table_array 的第一列中的数值必须按升序排列：－2、－1、0、1、2、FALSE、TRUE；否则，函数 VLOOKUP 不能返回正确的数值。如果 range_lookup 为 FALSE，table_array 不必进行排序。可以通过在"数据"菜单中的"排序"命令中选择"升序"选项将数值按升序排列。

（4）table_array 的第一列中的数值可以为文本、数字或逻辑值。不区分文本的大小写。

（5）col_index_num 为 table_array 中待返回的匹配值的列序号。col_index_num 为 1 时，返回 table_array 第一列中的数值；col_index_num 为 2，返回 table_array 第二列中的数值，以此类推。如果 col_index_num 小于 1，函数 VLOOKUP 返回错误值♯VALUE!；如果 col_index_num 大于 table_array 的列数，函数 VLOOKUP 返回错误值♯REF!。

（6）range_lookup 为一逻辑值，指明函数 VLOOKUP 返回时是精确匹配还是近似匹配。如果为 TRUE 或省略，则返回近似匹配值，也就是说，如果找不到精确匹配值，则返回小于 lookup_value 的最大数值；如果 range_value 为 FALSE，函数 VLOOKUP 将返回精确匹配值。如果找不到，则返回错误值 ♯N/A。

3．说明

（1）如果函数 VLOOKUP 找不到 lookup_value，且 range_lookup 为 TRUE，则使用小于等于 lookup_value 的最大值。

（2）如果 lookup_value 小于 table_array 第一列中的最小数值，函数 VLOOKUP 返回错误值♯N/A。

（3）如果函数 VLOOKUP 找不到 lookup_value 且 range_lookup 为 FALSE，函数 VLOOKUP 返回错误值 ♯N/A。

4．示例

操作工作表中，区域 A4：C12 的名称为 range：

VLOOKUP（1，range，1，TRUE）等于 0.946。

VLOOKUP（1，range，2）等于 2.17。

VLOOKUP（1，range，3，TRUE）等于 100。

VLOOKUP（.746，range，3，FALSE）等于 200。

VLOOKUP（0.1，range，2，TRUE）等于♯N/A，因为 0.1 小于 A 列的最小数值。

VLOOKUP（2，range，2，TRUE）等于 1.71。

1.4.2 HLOOKUP 函数

1．作用

在表格或数值数组的首行查找指定的数值，并由此返回表格或数组当前列中指定行处的数值。当比较值位于数据表的首行，并且要查找下面给定行中的数据时，请使用函数 HLOOKUP。当比较值位于要进行数据查找的左边一列时，请使用函数 VLOOKUP。

2．语法

HLOOKUP（lookup_value，table_array，row_index_num，range_lookup）

参数解释如下：

（1）lookup_value 为需要在数据表第一行中进行查找的数值。lookup_value 可以为数值、引用或文字串。

（2）table_array 为需要在其中查找数据的数据表。可以使用对区域或区域名称的引用。

（3）table_array 的第一行的数值可以为文本、数字或逻辑值。

（4）如果 range_lookup 为 TRUE，则 table_array 的第一行的数值必须按升序排列：…、−2、−1、0、1、2、…、FALSE、TRUE；否则，函数 HLOOKUP 将不能给出正确的数值。如果 range_lookup 为 FALSE，则 table_array 不必进行排序。

（5）不区分文本的大小写。

（6）可以用下面的方法实现数值从左到右的升序排列：先选定数值，并于"数据"菜单中单击"排序"命令。然后单击"选项"按钮，再单击"按行排序"选项，最后单击"确定"按钮。在"主要关键字"下拉列表框中，选择相应的行选项，然后单击"递增"选项。

（7）row_index_num 为 table_array 中待返回的匹配值的行序号。row_index_num 为 1 时，返回 table_array 第一行的数值，row_index_num 为 2 时，返回 table_array 第二行的数值，以此类推。如果 row_index_num 小于 1，函数 HLOOKUP 返回错误值♯VAL-UE！；如果 row_index_num 大于 table_array 的行数，函数 HLOOKUP 返回错误值♯REF！。

（8）range_lookup 为一逻辑值，指明函数 HLOOKUP 查找时是精确匹配，还是近似匹配。如果为 TRUE 或省略，则返回近似匹配值。也就是说，如果找不到精确匹配值，则返回小于 lookup_value 的最大数值。如果 range_value 为 FALSE，函数 HLOOKUP 将查找精确匹配值，如果找不到，则返回错误值♯N/A！。

3. 说明

（1）如果函数 HLOOKUP 找不到 lookup_value，且 range_lookup 为 TRUE，则使用小于等于 lookup_value 的最大值。

（2）如果函数 HLOOKUP 小于 table_array 第一行中的最小数值，函数 HLOOKUP 返回错误值♯N/A！。

4. 示例

假设有一张关于汽车零配件库存清单的工作表：A1：A4 的内容为"Axles"、4、5、6。B1：B4 的内容为"Bearings"、4、7、8。C1：C4 的内容为"Bolts"、9、10、11。

HLOOKUP（"Axles"，A1：C4，2，TRUE）等于 4。

HLOOKUP（"Bearings"，A1：C4，3，FALSE）等于 7。

HLOOKUP（"Bearings"，A1：C4，3，TRUE）等于 7。

HLOOKUP（"Bolts"，A1：C4，4，）等于 11。

table_array 也可以为数组常量：

HLOOKUP（3，{1，2，3；"a"，"b"，"c"；"d"，"e"，"f"}，2，TRUE）等于"c"。

1.4.3 SUMIF 函数

1. 作用

根据指定条件对若干单元格求和。

2. 语法

SUMIF（range，criteria，sum_range）

参数解释如下：

（1）range 为用于条件判断的单元格区域。

（2）criteria 为确定哪些单元格将被相加求和的条件，其形式可以为数字、表达式或文本。例如，条件可以表示为 32、"32"、">32"、"apples"。

（3）sum_range 为需要求和的实际单元格。只有当 Range 中的相应单元格满足条件时，才对 sum_range 中的单元格求和。如果省略 sum_range。则直接对 Range 中的单元格求和。

3. 示例

假设 A1：A4 的内容分别为下列分属于四套房子的属性值：100 000 元，200 000 元，300 000 元，400 000 元。B1：B4 的内容为下列与每个属性值相对应的销售佣金；7 000 元，14 000 元，21 000 元，28 000 元。

SUMIF（A1：A4，">160，000"，B1：B4）＝63 000（元）

第2章 财务统计

2.1 随机变量

2.1.1 随机变量及分布

1. 随机变量含义

一个随机试验的可能结果（称为基本事件）的全体组成一个样本空间 Ω。

随机变量 X 是定义在样本空间 Ω 上的取值为实数的函数，即对每一个随机试验 $e \in \Omega$，有一个实数 $X(e)$ 与之对应。则称定义在 Ω 上的实值单值函数 $X = X(e)$ 为随机变量。

当一个随机变量的取值范围仅为有限个或可列无限个实数时，则称其为离散型随机变量。例如，记 X 表示一天内某证券交易市场的股民数，X 可能取值为 $\{0，1，2，3，\cdots\}$，X 为离散型随机变量。

当一个随机变量的取值范围为数轴上的一个区间 $(a，b)$ 时，则称其为连续性随机变量。这里 a 可以为 $-\infty$，b 可以为 $+\infty$。例如，记 Y 表示商品的销售价格，Y 可能取区间 $[1.2，2.3]$ 之间的任何数，Y 为连续型随机变量。

2. 分布函数

设 X 是随机变量，x 为任意实数，函数为

$$F(x) = P\{X \leqslant x\}$$

称为 X 的分布函数。

对于任意实数 x_1，x_2 $(x_1 < x_2)$，有

$$P(x_1 < X \leqslant x_2) = P(X \leqslant x_2) - P(X \leqslant x_1) = F(x_2) - F(x_1)$$

从上可知，若已知 X 的分布函数，就可以知道 X 落在任一区间 $(x_1，x_2]$ 上的概率，从这个意义上讲，分布函数完整地描述了随机变量的统计规律性。

3. 离散型随机变量的分布律

对离散型随机变量而言，常用分布律来表示其分布。

离散型随机变量 X 的分布律就是 X 所有可能取值及其概率。如果 X 的所有可能取值为 x_1，x_2，$\cdots$，x_k，$\cdots$，则 X 的分布律用公式表示为

$$P\{X = x_i\} = p_i, i = 1,2,\cdots,n$$

分布律也可用表格方式表示，详见表 2.1。

表 2.1　　　　　　　　　　　随机变量 X 的分布律

X	x_1	x_2	$\cdots$	x_k	$\cdots$
p_i	p_1	p_2	$\cdots$	p_k	$\cdots$

以下常见的离散型随机变量的分布律。

（1）0～1分布。如果随机变量 X 只能取 0 或 1 两个值，其分布律为

$$P\{X=k\}=p^k(1-p)^{1-k}, k=0,1,\cdots,n$$

则称 X 服从 0～1 分布。

表 2.2   0～1 分 布

X	0	1
p_k	p	$1-p$

（2）二项分布。设随机实验 E 的结果只有 A 或 $\bar{A}$，$p(A)=p$，$p(\bar{A})=1-p=q$。将实验 E 独立地重复进行 n 次，则称这一串重复实验为 n 重伯努利试验，简称伯努利试验。其分布律为：

$$P\{X=k\}=C_n^k p^k q^{n-k}, k=0,1,\cdots,n$$

如果随机变量 X 的分布律满足上式，则称随机变量 X 服从参数 n，p 的二项分布，记为 $X\sim b(n,p)$。

（3）泊松分布。设随机变量 X 所有可能取值为 0，1，2，$\cdots$，而取各个值的概率为

$$P\{X=k\}=\frac{\lambda^k e^{1-\lambda}}{k!}, k=0,1,2,\cdots,n$$

其中，$\lambda>0$ 是常数，则称随机变量 X 服从参数为 λ 的泊松分布，记为 $X\sim\pi(\lambda)$。

4. 连续型随机变量的概率密度函数

对随机变量 X 的分布函数 $F(X)$，若存在非负函数 $f(x)$ 使得对于任意实数 x 有，

$$F(x)=\int_{-\infty}^{x}f(t)\mathrm{d}t$$

则称 $f(x)$ 为 X 的概率密度函数。

以下常见的连续型随机变量的概率密度函数。

（1）均匀分布。若连续型随机变量 X 的概率密度函数为

$$f(x)=\begin{cases}\dfrac{1}{b-a}, & a<x<b\\ 0, & \text{其他}\end{cases}$$

则称 X 在区间 (a,b) 上服从均匀分布。

（2）正态分布。若连续型随机变量 X 的概率密度函数为

$$f(x)=\frac{1}{\sqrt{2\pi}\sigma}e^{-\frac{(x-\mu)^2}{2\sigma^2}}, -\infty<x<\infty$$

则称 X 服从参数为 μ,σ 的正态分布，记为 $X\sim N(\mu,\sigma^2)$。其中 $\mu,\sigma(\sigma>0)$ 为常数。若 $\mu=0,\sigma=1$，则称 X 服从标准正态分布，记为 $X\sim N(0,1)$。对一般正态分布可通过下面变换转换成标准正态分布。若 $X\sim N(\mu,\sigma^2)$，则 $Z=\dfrac{X-\mu}{\sigma}\sim N(0,1)$。若 $X\sim N(0,1)$，z_a 满足以下条件：

$$P(X>z_a)=a, 0<\alpha<1$$

则称 z_a 为标准正态分布的上 α 分位点，如图 2.1 所示。

2.1.2 随机变量的数字特征

1. 数学期望及方差

对离散型随机变量 X 而言，数学期望是 X 的各种取值与其概率的乘积。若离散型随机变量 X 的分布律为

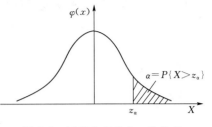

图 2.1 正态分布的上 α 分位点

$$P\{X = x_k\} = p_k, k = 0, 1, \cdots, n$$

X 的数学期望 $E(X)$ 为

$$E(X) = \sum_{k=1}^{\infty} x_k p_k$$

对连续型随机变量 X 而言，其数学期望可通过概率密度函数来计算。

设连续型随机变量 X 的概率密度函数为 $f(x)$，如果积分 $\int_{-\infty}^{\infty} x f(x) \mathrm{d}x$ 绝对收敛，则称其为 X 的数学期望，记为 $E(X)$，即

$$E(X) = \int_{-\infty}^{\infty} x f(x) \mathrm{d}x$$

设 X 是随机变量 X，若 $E\{[X - E(X)]^2\}$ 存在，则称其为 X 的方差，记为 $D(X)$，即

$$D(X) = E\{[X - E(X)]^2\}$$

方差用于度量随机变量 X 与其均值 $E(X)$ 即期望的偏离程度。

其中称 $\sqrt{D(X)}$ 为 X 的标准差或均方差，记为 $\sigma(X)$。

以下是常见随机变量的数学期望及方差，详见表 2.3。

表 2.3　　　　　　　　　常见随机变量的数学期望及方差

分布	参数	分布律或概率密度函数	数学期望 $E(X)$	方差 $D(X)$
0~1 分布	$0 < p < 1$	$P\{X = k\} = p^k (1-p)^{1-k}$ $k = 0, 1, \cdots, n$	p	$p(1-p)$
二项分布	$n \geqslant 1$ $0 < p < 1$	$P\{X = k\} = C_n^k p^k q^{1-k}, k = 0, 1, \cdots, n$	np	$np(1-p)$
泊松分布	$\lambda > 0$	$P\{X = k\} = \dfrac{\lambda^k \mathrm{e}^{1-\lambda}}{k!}, k = 0, 1, 2, \cdots, n$	λ	λ
均匀分布	$a < b$	$f(x) = \begin{cases} \dfrac{1}{b-a}, a < x < b \\ 0, \quad 其他 \end{cases}$	$\dfrac{a+b}{2}$	$\dfrac{(b-2)^2}{12}$
正态分布	μ, σ $\sigma > 0$	$f(x) = \dfrac{1}{\sqrt{2\pi}\sigma} \mathrm{e}^{-\frac{(x-\mu)^2}{2\sigma^2}}$	μ	σ^2

2. 协方差及相关系数

量 $E\{[X - E(X)][Y - E(Y)]\}$ 称为随机变量 X 与 Y 的协方差，记为 $Cov(X,$

Y），即

$$Cov(X,Y) = E\{[X-E(X)][Y-E(Y)]\}$$

协方差作为描述随机变量 X 和 Y 相关程度的量，在同一物理量纲之下有一定的作用，但同样的两个量采用不同的量纲使它们的协方差在数值上表现出很大的差异。此时可使用相关系数来表示。

随机变量 X 与 Y 的相关系数为

$$\rho_{XY} = \frac{Cov(X,Y)}{\sqrt{D(X)}\ \sqrt{D(Y)}}$$

当 $\rho_{XY}=0$ 时，称 X 与 Y 不相关；$\rho_{XY}>0$，称 X 与 Y 正相关；$\rho_{XY}<0$，称 X 与 Y 负相关。

3. 矩、协方差矩阵

设 X 和 Y 是随机变量，若

$$E(X^k), k=1,2,\cdots,n$$

存在，则称其为 X 的 k 阶原点矩，简称 k 阶矩。若

$$E\{[X-E(X)]^k\}, k=1,2,\cdots,n$$

存在，则称其为 X 的 k 阶中心矩。若

$$E(X^k Y^l), k,l=1,2,\cdots,n$$

存在，则称其为 X 和 Y 的 $k+l$ 阶混合矩。若

$$E\{[X-E(X)]^k [Y-E(Y)]^l\}, k,l=1,2,\cdots,n$$

存在，则称其为 X 和 Y 的 $k+l$ 阶混合中心矩。

设 n 维随机变量 $(X_1, X_2, \cdots, X_n)$ 的二阶混合中心矩

$$c_{ij} = Cov(X_i,X_j) = E\{[X_i-E(X_i)][X_j-E(X_j)]\}, i,j=1,2,\cdots,n$$

都存在，则称矩阵

$$C = \begin{bmatrix} c_{11} & c_{12} & \cdots & c_{1n} \\ c_{21} & c_{22} & \cdots & c_{2n} \\ \vdots & \vdots & \vdots & \vdots \\ c_{n1} & c_{n2} & \cdots & c_{nn} \end{bmatrix}$$

为 n 维随机变量 $(X_1, X_2, \cdots, X_n)$ 的协方差矩阵。

2.1.3 应用举例

【例 2.1】 已知某公司 2016 年销售收入 X 的概率分布，详见表 2.4。请计算 X 的数学期望和方差。

表 2.4　　　　　　　　　　　　　随机变量 X 的概率分布　　　　　　　　　　　　　单位：亿元

随机变量 X	7	3	5	6	4
概率	0.1	0.2	0.3	0.3	0.1

【解】 随机变量 X 的数学期望值 $E(X)$ 为

$$E(X) = \sum_{i=1}^{n} X_i p_i = 7 \times 0.1 + 3 \times 0.2 + 5 \times 0.3 + 6 \times 0.3 + 4 \times 0.1 = 5$$

随机变量 X 的方差 $Var(X)$ 为

$$Var(X) = E[(X - E(X))^2] = \sum_{i=1}^{n} X_i (-E(X))^2 p_i$$

$$= (7-5)^2 \times 0.1 + (3-5)^2 \times 0.2 + (5-5)^2 \times 0.3 + (6-5)^2 \times 0.3 + (4-5)^2 \times 0.1$$

$$= 1.6$$

以下说明如何使用 Excel 函数来计算数学期望和方差。

在 Excel 工作表中建立如下计算模本，详见表 2.5。

表 2.5   计 算 模 本

序号	A	B	C	...
1	随机变量 X	概率	$(X - E(X))^2$	
2	7.00	0.10	4.00	
3	3.00	0.20	4.00	
4	5.00	0.30	0.00	
5	6.00	0.30	1.00	
6	4.00	0.10	1.00	
7				
8	数学期望 $E(X)$	5		
9	方差	1.6		
10	标准差	1.26		

其中，有关单元格中公式及其功能描述详见表 2.6。

表 2.6   单元格中公式及其功能

单元格	公式	功能	公式复制操作[①]
B8	=sumproduct(a2:a6,b2:b6)	计算 $E(X)$	
C2	=(a2-\$b\$8)*(a2-\$b\$8)	计算 $(X-E(X))^2$	复制到区域 C3:C6
B9	=sumproduct(c2:c6,b2:b6)	计算 $D(X)$	
B10	=sqrt(b9)	计算 $\sigma(X)$	

① 公式复制操作按照如下进行，首选选择被复制对象并按组合键 Ctrl+C，其次选择复制区域并按组合键 Ctrl+V 完成复制。本书所有公式复制操作均如此实现，故以后不再介绍。

函数 sumproduct（arr1，arr2）的功能是计算单元格区域 arr1 和 arr2 对应单元格的乘积和。sqrt（）的功能是求平方根。这两个函数为 Excel 内置函数，详细说明见 Excel 帮助。

这样只要在有关单元格输入计算公式后，便可自动计算出数学期望和方差，同时当随机变量 X 的取值及其概率发生变化时，计算结果也随之发生变化。这也是利用 Excel 进行计算的好处，即对同一类型问题，只用设计一个公共计算模本后，并在需要输入数据的地方输入对应的数据，便可实现不同计算。

2.2 样本及抽样分布

2.2.1 基础知识

1. 总体、个体、样本

研究对象的某项数量指标的值的全体称为总体。构成总体的每个成员称为个体。

设 X 是具有分布函数 F 的随机变量，若 X_1，X_2，$\cdots$，X_n 是具有同一分布函数 F 且相互独立的随机变量，则称 X_1，X_2，$\cdots$，X_n 为从分布函数 F 得到的容量为 n 的简单随机样本，简称样本，它们的观察值 x_1，x_2，$\cdots$，x_n 称为样本值，又称为 X 的 n 个独立的观察值。

2. 统计量及观察值

设 X_1，X_2，$\cdots$，X_n 是来自总体 X 的一个样本，g（X_1，X_2，$\cdots$，X_n）是 X_1，X_2，$\cdots$，X_n 的函数，若 g 是连续函数且 g 中不含任何未知参数，则称 g（X_1，X_2，$\cdots$，X_n）为统计量。

若 x_1，x_2，$\cdots$，x_n 为样本 X_1，X_2，$\cdots$，X_n 的观察值，则 g（x_1，x_2，$\cdots$，x_n）为统计量 g（X_1，X_2，$\cdots$，X_n）的观察值。

以下给出了常见统计量及观察值，详见表 2.7。

表 2.7　　　　常见统计量及观察值

统计量名称	统计量	观察值
样本平均值	$\bar{X} = \dfrac{1}{n}\sum\limits_{i=1}^{n} X_i$	$\bar{x} = \dfrac{1}{n}\sum\limits_{i=1}^{n} x_i$
样本方差	$S^2 = \dfrac{1}{n-1}\sum\limits_{i=1}^{n}(X_i - \bar{X})^2$	$s^2 = \dfrac{1}{n-1}\sum\limits_{i=1}^{n}(x_i - \bar{x})^2$
样本标准差	$S = \sqrt{S^2}$	$s = \sqrt{s^2}$
样本 k 阶矩	$A_k = \dfrac{1}{n}\sum\limits_{i=1}^{n} X_i^k$，$k=1$，$2$，$\cdots$，$n$	$a_k = \dfrac{1}{n}\sum\limits_{i=1}^{n} x_i^k$，$k=1$，$2$，$\cdots$，$n$
样本 k 阶中心矩	$B_k = \dfrac{1}{n}\sum\limits_{i=1}^{n}(X_k - \bar{X})^k$，$k=1$，$2$，$\cdots$，$n$	$b_k = \dfrac{1}{n}\sum\limits_{i=1}^{n}(x_k - \bar{x})^k$，$k=1$，$2$，$\cdots$，$n$

2.2.2 抽样分布

统计量是样本的函数，它是一个随机变量，其分布称为抽样分布。

以下介绍来自正态总体的几种常见统计量的分布。

（1）χ^2 分布。设 X_1，X_2，$\cdots$，X_n 是来自总体 N（0，1）的样本，则称统计量为

$$\chi^2 = X_1^2 + X_2^2 + \cdots + X_n^2$$

服从自由度为 n 的 χ^2 分布，记为 $\chi^2 \sim \chi^2(n)$。

$\chi^2(n)$ 分布的概率密度函数为

$$f(y) = \begin{cases} \dfrac{1}{2^{\frac{n}{2}} \Gamma\left(\dfrac{n}{2}\right)} y^{\frac{n}{2}-1} e^{-\frac{y}{2}}, & y > 0 \\ 0, & \text{其他} \end{cases}$$

对于给定的正数 α，$0 < \alpha < 1$，称满足条件 $P\{\chi^2 > \chi_\alpha^2(n)\} = \displaystyle\int_{\chi_\alpha^2(n)}^{\infty} f(y)\mathrm{d}y = \alpha$ 的点 $\chi_\alpha^2(n)$ 为 $\chi^2(n)$ 分布的上 α 分位点，如图 2.2 所示。

（2）t 分布。设 $X \sim N\,(0，1)$，$Y \sim \chi^2\,(n)$，X 与 Y 相互独立，则称统计量为

$$t = \frac{X}{\sqrt{\dfrac{Y}{n}}}$$

服从自由度为 n 的 t 分布（学生氏分布），记为 $t \sim t\,(n)$。

$t(n)$ 分布的概率密度函数为

$$h(t) = \frac{\Gamma\left(\dfrac{n+1}{2}\right)}{\sqrt{\pi n}\,\Gamma\left(\dfrac{n}{2}\right)} \left(1 + \frac{t^2}{n}\right)^{-\frac{n+1}{2}}, \quad -\infty < t < \infty$$

对于给定的正数 α，$0 < \alpha < 1$，称满足条件 $P\{t > t_\alpha(n)\} = \displaystyle\int_{t_\alpha(n)}^{\infty} h(t)\mathrm{d}t = \alpha$ 的点 $t_\alpha(n)$ 为 $t\,(n)$ 分布的上 α 分位点，如图 2.3 所示。

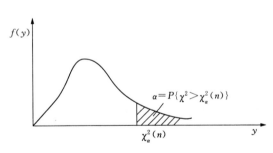

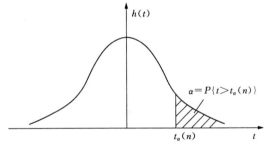

图 2.2　χ^2 分布的上 α 分位点　　　　图 2.3　t 分布的上 α 分位点

（3）F 分布。设 $U \sim \chi^2\,(n_1)$，$V \sim \chi^2\,(n_2)$，U 与 V 相互独立，则称统计量为

$$F = \frac{U/n_1}{V/n_2}$$

服从自由度为 $(n_1，n_2)$ 的 F 分布，记为 $F \sim F\,(n_1，n_2)$。

$F\,(n_1，n_2)$ 分布的概率密度函数为

$$\psi(y) = \begin{cases} \dfrac{\Gamma\left(\dfrac{n_1+n_2}{2}\right)\left(\dfrac{n_1}{n_2}\right)^{\frac{n_1}{2}} y^{\frac{n_1}{2}-1}}{\Gamma\left(\dfrac{n_1}{2}\right)\Gamma\left(\dfrac{n_2}{2}\right)\left(1 + \dfrac{n_1 y}{n_2}\right)^{\frac{n_1+n_2}{2}}}, & y > 0 \\ 0, & \text{其他} \end{cases}$$

对于给定的正数 α，$0 < \alpha < 1$，称满足条件 $P\{F > F_\alpha(n_1,n_2)\} = \displaystyle\int_{F_\alpha(n_1,n_2)}^{\infty} \psi(y)\mathrm{d}y$

$= \alpha$ 的点 $F_\alpha(n_1, n_2)$ 为 $F(n_1, n_2)$ 分布的上 α 分位点，如图 2.4 所示。

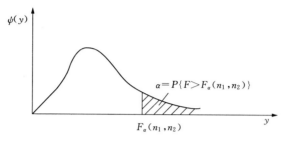

图 2.4 F 分布的上 α 分位点

（4）正态总体的样本均值和样本方差的分布。设 X_1，X_2，$\cdots$，X_n 是来自总体 $N(\mu, \sigma^2)$ 的样本，$\bar{X}, S^2$ 分别是样本均值和样本方差，则有：$\bar{X}$ 与 S^2 相互独立：

$$\frac{(n-1)S^2}{\sigma^2} \sim \chi^2(n-1)$$

$$\frac{\bar{X} - \mu}{S/\sqrt{n}} \sim t(n-1)$$

设 X_1，X_2，$\cdots$，X_n 与 Y_1，Y_2，$\cdots$，Y_n 分别是具有相同方差的量正态总体 $N(\mu_1, \sigma^2)$，$N(\mu_2, \sigma^2)$ 的样本，且两样本相互独立。$\bar{X}, \bar{Y}$ 分别为两样本的样本均值，S_1^2, S_2^2 分别是两样本的样本方差，则有

$$\frac{(\bar{X} - \bar{Y}) - (\mu_1 - \mu_2)}{S_w \sqrt{\frac{1}{n_1} + \frac{1}{n_2}}} \sim t(n_1 + n_2 - 2)$$

其中：

$$S_w = \frac{(n_1 - 1)S_1^2 + (n_2 - 1)S_2^2}{n_1 + n_2 - 2}$$

2.2.3 应用举例

【例 2.2】 已知某汽车公司 2015 年 1—10 月的产量，详见表 2.8。试计算样本均值、样本方差和样本标准差。

表 2.8				随机变量 X 的观察值				单位：万辆	
月份	1	2	3	4	5	6	7	8	9	10
样本观察值	82.92	31.64	77.34	33.73	79.16	48.80	46.07	14.46	33.10	20.12

【解】样本平均值 $\bar{X}$ 为

$$\bar{X} = \frac{1}{n} \sum_{i=1}^{n} X_i = 46.73$$

样本方差 S^2 为

$$S^2 = \frac{1}{n-1} \sum_{i=1}^{n} (X_i - \bar{X})^2 = 626.09$$

样本标准差 S 为

$$S = \sqrt{S^2} = 25.02$$

以下说明如何使用 Excel 函数来计算样本均值、样本方差和样本标准差。

在 Excel 工作表中建立如下计算模本，详见表 2.9。

表 2.9　　　　　　　　　　　　　计 算 模 本

序号	A	B	C	...
1	序号	样本观察值		
2	1	82.92		
3	2	31.64		
4	3	77.34		
5	4	33.73		
6	5	79.16		
7	6	48.80		
8	7	46.07		
9	8	14.46		
10	9	33.10		
11	10	20.12		
12				
13	样本均值	46.73		
14	样本方差	626.09		
15	样本标准差	25.02		

其中，有关单元格中公式及其功能描述详见表 2.10。

表 2.10　　　　　　　　　有关单元格中公式及其功能

单元格	公式	功能
B13	=average(b2:b11)	计算 $\bar{X}$
B14	=var(b2:b11)	计算 S^2
B15	=sqrt(b14)	计算 S

显然在数据量比较大时，使用人工方式计算均值、方差等计算量比较大，不如使用 Excel 工具计算来得快。

【例 2.3】　随机变量 X 服从正态分布 $N(40，1.5^2)$，$\alpha = 0.05$，计算 N 分布的上 α 分为点 z_α。

【解】　对标准正态分布 $N(0，1)$ 而言，$z_{\alpha=0.05}^0 = 1.645$，因此对于一般正态分布 $N(40，1.5^2)$，其上 α 分为点 z_α 为

$$z_a = z_{a=0.05}^0 \times 1.5 + 40 = 42.47$$

在 Excel 中，内置函数 NORMINV 为计算一般正态分布函数的上 α 分为点 z_a。使用格式为

$$z_a = \text{NORMINV}(1-\alpha, \mu, \sigma)$$

对本例来说

$$z_a = \text{NORMINV}(1-0.05, 40, 1.5) = 42.4673$$

函数 NORMINV（prob，μ，σ）返回概率为 prob（$=1-\alpha$）、均值为 μ、方差为 σ^2 的正态分布的上 α 分为点 z_a。对应的相反函数为 NORMDIST，详见 Excel 帮助。

以下给出常见分布在 Excel 中对应的计算上 α 分为点的内置函数，详见表 2.11。

表 2.11　　　　　　　**Excel 中常见分布对应的计算上 α 分为点的内置函数**

分布名称	上 α 分为点记号	计算上 α 分为点的 Excel 函数
正态分布 $N(\mu, \sigma^2)$	z_a	NORMINV $(1-\alpha, \mu, \sigma)$
$\chi^2(n)$ 分布	$\chi_a^2(n)$	CHIINV(α, n)
t 分布	$t_a(n)$	TINV$(\alpha * 2, n)$
F 分布	$F_a(n_1, n_2)$	FINV(α, n_1, n_2)

【例 2.4】 $n=50$，$\alpha=0.05$，计算 χ^2 分布的上 α 分为点 $\chi_a^2(n)$。

【解】

$$\chi_a^2(n) = \text{CHIINV}(\alpha, n) = \text{CHIINV}(0.05, 50) = 67.50$$

函数 CHIINV（prob，df）返回概率为 prob 和自由度为 df 的 χ^2 分布的上 α 分为点 $\chi_a^2(n)$。对应的相反函数为 CHIDIST。详见 Excel 帮助。

【例 2.5】 $n=50$，$\alpha=0.05$，计算 t 分布的上 α 分为点 $t_a(n)$。

【解】

$$t_a(n) = \text{TINV}(\alpha * 2, n) = \text{TINV}(0.1, 50) = 1.676$$

TINV（prob，df）返回概率为 prob（$=\alpha*2$）和自由度为 df 的学生 t 分布的上 α 分为点 $t_a(n)$。对应的相反函数为 TDIST，详见 Excel 帮助。

【例 2.6】 $n_1=10$，$n_2=20$，$\alpha=0.05$，计算 F 分布的上 α 分为点 $F_a(n_1, n_2)$。

【解】

$$F_a(n_1, n_2) = \text{FINV}(\alpha, n_1, n_2) = \text{FINV}(0.05, 10, 20) = 2.35$$

FINV（prob，df1，df2）返回概率为 prob（$=\alpha$）和自由度为 df1、df2 的 F 分布的上 α 分为点 $F_a(n_1, n_2)$。对应的相反函数为 FDIST，详见 Excel 帮助。

2.3　参数估计

2.3.1　点估计

1. 点估计含义

设总体 X 的分布函数为 $F(x; \theta)$ 的形式为已知，θ 为未知参数，X_1，X_2，…，X_n

是 X 的一个样本，x_1，x_2，$\cdots$，x_n 为相应的样本值。

所谓点估计就是通过构造一个适当的统计量 $\theta（X_1，X_2，\cdots，X_n）$，用它的观察值 $\hat{\theta}(x_1,x_2,\cdots,x_n)$ 来估计未知参数 θ。则称 $\theta（X_1，X_2，\cdots，X_n）$ 为 θ 的估计量，$\hat{\theta}(x_1,x_2,\cdots,x_n)$ 为 θ 的估计值。

构造估计量的常用方法有矩估计法和极大似然估计法。

2. 点估计评价标准

对同一参数，使用不同估计方法求出的估计量可能不相同。评价估计量的常用标准有：

（1）无偏性。如果估计量 $\hat{\theta}=\hat{\theta}(X_1,X_2,\cdots,X_n)$ 的数学期望 $E(\hat{\theta})$ 存在，且对任意 $\theta \in \Theta$ 有 $E(\hat{\theta})=\theta$，则称 $\hat{\theta}$ 是 θ 的无偏估计量。

（2）有效性。如果估计量 $\hat{\theta}_1=\hat{\theta}_1(X_1,X_2,\cdots,X_n)$ 与 $\hat{\theta}_2=\hat{\theta}_2(X_1,X_2,\cdots,X_n)$ 都是 θ 的无偏估计量，若有 $D(\hat{\theta}_1)<D(\hat{\theta}_2)$，则称 $\hat{\theta}_1$ 比 $\hat{\theta}_2$ 有效。

（3）一致性。设 $\hat{\theta}(X_1,X_2,\cdots,X_n)$ 为参数 θ 的估计量，若对于任意 $\theta \in \Theta$，当 $n \to \infty$ 时 $\hat{\theta}(X_1,X_2,\cdots,X_n)$ 依概率收敛于 θ，即 $\lim\limits_{n\to\infty}P(|\hat{\theta}-\theta|<\varepsilon)=1$，则称 $\hat{\theta}$ 是 θ 的一致估计量。

在实际应用中往往使用无偏性和有效性两个标准，一致性只有在样本容量相当大时才能显示出优越性，这在实际中往往难以做到。

2.3.2　区间估计

1. 区间估计含义

所谓区间估计就是确定两个统计量 $\hat{\theta}_L=\hat{\theta}_L(X_1,X_2,\cdots,X_n)$ 和 $\hat{\theta}_H=\hat{\theta}_H(X_1,X_2,\cdots,X_n)$，使得 $\hat{\theta}_L<\hat{\theta}_H$，并得到 θ 在区间 $（\hat{\theta}_L，\hat{\theta}_H）$ 的可信程度。区间 $（\hat{\theta}_L，\hat{\theta}_H）$ 称为置信区间。

设总体 X 的分布函数为 $F(x;\theta)$，未知参数为 θ，对于给定 $\alpha（0<\alpha<1）$，若由样本 X_1，X_2，$\cdots$，X_n 确定的两个统计量 $\hat{\theta}_L=\hat{\theta}_L(X_1,X_2,\cdots,X_n)$ 和 $\hat{\theta}_H=\hat{\theta}_H(X_1,X_2,\cdots,X_n)$ 满足 $P\{\hat{\theta}_L<\theta<\hat{\theta}_H\}=1-\alpha$，则称区间 $（\hat{\theta}_L，\hat{\theta}_H）$ 是 θ 的置信度为 $1-\alpha$ 的置信区间，$\hat{\theta}_L$ 和 $\hat{\theta}_H$ 分别称为置信度为 $1-\alpha$ 的双侧置信区间的置信下限和置信上限，$1-\alpha$ 为置信度。

2. 正态总体均值与方差的区间估计

（1）单个总体 $N(\mu,\sigma^2)$。均值 μ 的置信区间：

当 σ^2 为已知时，μ 的置信度为 $1-\alpha$ 的置信区间为 $\bar{X}\pm\dfrac{\sigma}{\sqrt{n}}z_{\alpha/2}$。

当 σ^2 为未知时，μ 的置信度为 $1-\alpha$ 的置信区间为 $\bar{X}\pm\dfrac{S}{\sqrt{n}}t_{\alpha/2}(n-1)$。

方差 σ^2 的置信区间：

当 μ 为未知时，σ^2 的置信度为 $1-\alpha$ 的置信区间为 $\left(\dfrac{(n-1)S^2}{\chi^2_{\alpha/2}(n-1)},\dfrac{(n-1)S^2}{\chi^2_{1-\alpha/2}(n-1)}\right)$。

（2）两个总体 $N(\mu_1,\sigma_1^2)$，$N(\mu_2,\sigma_2^2)$。两个总体均值差 $\mu_1-\mu_2$ 的置信区间：

当 σ_1^2,σ_2^2 均已知时，$\mu_1-\mu_2$ 的置信度为 $1-\alpha$ 的置信区间为 $\bar{X}-\bar{Y}\pm z_{\alpha/2}\sqrt{\dfrac{\sigma_1^2}{n_1}+\dfrac{\sigma_2^2}{n_2}}$。

当 σ_1^2,σ_2^2 均未知时，$\mu_1-\mu_2$ 的置信度为 $1-\alpha$ 的置信区间为 $\bar{X}-\bar{Y}\pm z_{\alpha/2}\sqrt{\dfrac{S_1^2}{n_1}+\dfrac{S_2^2}{n_2}}$。

当 $\sigma_1^2=\sigma_2^2=\sigma^2$，$\sigma^2$ 为未知时，$\mu_1-\mu_2$ 的置信度为 $1-\alpha$ 的置信区间为 $\bar{X}-\bar{Y}\pm t_{\alpha/2}(n_1+n_2-2)S_w\sqrt{\dfrac{1}{n_1}+\dfrac{1}{n_2}}$。这里 $S_w=\dfrac{(n_1-1)S_1^2+(n_2-1)S_2^2}{n_1+n_2-2}$

两个总体方差比 σ_1^2/σ_2^2 的置信区间：当 μ_1,μ_2 均未知时，σ_1^2/σ_2^2 的置信度为 $1-\alpha$ 的置信区间为 $\left(\dfrac{S_1^2}{S_2^2}\dfrac{1}{F_{\alpha/2}(n_1-1,n_2-1)},\dfrac{S_1^2}{S_2^2}\dfrac{1}{F_{1-\alpha/2}(n_1-1,n_2-1)}\right)$。

3. 0～1 分布参数的区间估计

记

$$p_1=\frac{1}{2a}(-b-\sqrt{b^2-4ac})$$

$$p_2=\frac{1}{2a}(-b+\sqrt{b^2-4ac})$$

$$a=n+z_{\alpha/2}^2,\ b=-(2n\bar{X}+z_{\alpha/2}^2),\ c=n\bar{X}^2$$

p 的近似的置信水平为 $1-\alpha$ 的置信区间为 (p_1,p_2)

4. 单侧置信区间

对于给定 $\alpha(0<\alpha<1)$，若由样本 $X_1,X_2,\cdots,X_n$ 确定的统计量 $\hat{\theta}_L=\hat{\theta}_L(X_1,X_2,\cdots,X_n)$ 满足 $P\{\theta>\hat{\theta}_L\}=1-\alpha$，则称随机区间 $(\hat{\theta}_L,\infty)$ 是 θ 的置信度为 $1-\alpha$ 的单侧置信区间，$\hat{\theta}_L$ 置信度为 $1-\alpha$ 的单侧置信区间的置信下限。

对于给定 $\alpha(0<\alpha<1)$，若由样本 $X_1,X_2,\cdots,X_n$ 确定的统计量 $\hat{\theta}_H=\hat{\theta}_H(X_1,X_2,\cdots,X_n)$ 满足 $P\{\theta<\hat{\theta}_H\}=1-\alpha$，则称随机区间 $(-\infty,\hat{\theta}_H)$ 是 θ 的置信度为 $1-\alpha$ 的单侧置信区间，$\hat{\theta}_H$ 置信度为 $1-\alpha$ 的单侧置信区间的置信上限。

2.3.3 应用举例

【例 2.7】 已知某公司近 16 个月的销售额，详见表 2.12。设销售量近似服从正态分布。试求总体均值 μ 的置信度为 0.95 的置信区间。

表 2.12　　　　　　　　　　某公司近 16 个月的销售额　　　　　　　　　单位：万辆

时间/月	1	2	3	4	5	6	7	8
销售额	401	407	410	415	409	412	404	413
时间/月	9	10	11	12	13	14	15	16
销售额	408	413	419	412	417	412	413	405

【解】假定销售额数据存放在 Excel 单元格区域 B2：B17。

$$\alpha = 0.95, \quad n = 16$$

对单个服从正态分布的总体，当 σ^2 为未知时，μ 的置信度为 $1-\alpha$ 的置信区间为 $\bar{X} \pm \dfrac{S}{\sqrt{n}} t_{\alpha/2}(n-1)$。

查表或利用 Excel 的 TINV 函数得到 t 值：

$$t_{0.025}(15) = \text{TINV}(2 * 0.025, 15) = 2.13$$

样本的均值为

$$\bar{X} = \text{AVERAGE}(B2：B17) = 410.63$$

样本的标准差为

$$S = \text{SQRT}(\text{VAR}(B2：B17)) = 4.37$$

因此当 σ^2 为未知时，μ 的置信度为 $1-\alpha$ 的置信区间为

$$\bar{X} \pm \frac{S}{\sqrt{n}} t_{\alpha/2}(n-1) = 410.63 \pm 2.33$$

计算表明，销售额的均值 μ 为 408.30～412.95，此估计的可信度为 95%。

2.4 假设检验

2.4.1 基础知识

1. 假设检验的含义

所谓假设检验就是在总体的分布函数完全未知或只知其形式、但不知其参数的情况下，为了推断总体的某些性质，提出关于总体的假设，进而作出"接受"或"拒绝"的判断。基本步骤为：

(1) 建立假设，即根据实际问题的要求，提出原假设 H_0 及备择假设 H_1。

(2) 给定显著水平 α 及样本容量 n。

(3) 确定检验统计量以及拒绝域的形式。

(4) 按 $P\{$拒绝 $H_0 \mid H_0$ 为真$\} = \alpha$ 求出拒绝域。

(5) 作出判断，即根据样本观察值确定接受还是拒绝 H_0。

2. 正态总体均值、方差的检验

以下给出显著性水平为 α 时正态总体均值、方差的检验法，详见表 2.13。

表 2.13　　　　　　　　　正态总体均值、方差的检验法

序号	原假设 H_0	检验统计量	H_0 为真时统计量的分布	备择假设 H_1	拒绝域
1	$\mu = \mu_0$ (σ^2 已知)	$z = \dfrac{\bar{x} - \mu_0}{\sigma/\sqrt{n}}$	$N(0,1)$	$\mu > \mu_0$ $\mu < \mu_0$ $\mu \neq \mu_0$	$z \geqslant z_\alpha$ $z \leqslant -z_\alpha$ $\|z\| \geqslant z_{\alpha/2}$

序号	原假设 H_0	检验统计量	H_0为真时统计量的分布	备择假设 H_1	拒绝域
2	$\mu=\mu_0$ (σ^2 未知)	$t=\dfrac{\bar{x}-\mu_0}{s/\sqrt{n}}$	$t(n-1)$	$\mu>\mu_0$ $\mu<\mu_0$ $\mu\neq\mu_0$	$t\geqslant t_a(n-1)$ $t\leqslant -t_a(n-1)$ $\vert t\vert\geqslant t_{a/2}(n-1)$
3	$\mu_1-\mu_2=\delta$ (σ_1^2,σ_2^2 已知)	$z=\dfrac{\bar{x}-\bar{y}-\delta}{\sqrt{\dfrac{\sigma_1^2}{n_1}+\dfrac{\sigma_2^2}{n_2}}}$	$N(0,1)$	$\mu_1-\mu_2>\delta$ $\mu_1-\mu_2<\delta$ $\mu_1-\mu_2\neq\delta$	$z\geqslant z_a$ $z\leqslant -z_a$ $\vert z\vert\geqslant z_{a/2}$
4	$\mu_1-\mu_2$ $=\delta(\sigma_1^2=\sigma_2^2$ $=\sigma^2$ 未知)	$t=\dfrac{\bar{x}-\bar{y}-\delta}{S_w\sqrt{\dfrac{1}{n_1}+\dfrac{1}{n_2}}}$ $S_w=$ $\dfrac{(n_1-1)s_1^2+(n_2-1)s_2^2}{n_1+n_2-2}$	$t(n_1+n_2-2)$	$\mu_1-\mu_2>\delta$ $\mu_1-\mu_2<\delta$ $\mu_1-\mu_2\neq\delta$	$t\geqslant t_a(n_1+n_2-2)$ $t\leqslant -t_a(n_1+n_2-2)$ $\vert t\vert\geqslant t_{a/2}(n_1+n_2-2)$
5	$\sigma^2=\sigma_0^2$ (μ 未知)	$\chi^2=\dfrac{(n-1)s^2}{\sigma_0^2}$	$\chi^2(n-1)$	$\sigma^2>\sigma_0^2$ $\sigma^2<\sigma_0^2$ $\sigma^2\neq\sigma_0^2$	$\chi^2\geqslant\chi_a^2(n-1)$ $\chi^2\leqslant\chi_{1-a}^2(n-1)$ $\chi^2\geqslant\chi_{a/2}^2(n-1)$ 或 $\chi^2\leqslant\chi_{1-a/2}^2(n-1)$
6	$\sigma_1^2=\sigma_2^2$ (μ_1,μ_2 未知)	$F=\dfrac{s_1^2}{s_2^2}$	$F(n_1-1,n_2-1)$	$\sigma_1^2>\sigma_2^2$ $\sigma_1^2<\sigma_2^2$ $\sigma_1^2\neq\sigma_2^2$	$F\geqslant F_a(n_1-1,n_2-1)$ $F\leqslant F_{1-a}(n_1-1,n_2-1)$ $F\geqslant F_{a/2}(n_1-1,n_2-1)$ 或 $F\leqslant F_{1-a/2}(n_1-1,n_2-1)$
7	$\mu_d=0$ （成对数据）	$t=\dfrac{\bar{d}-0}{s/\sqrt{n}}$	$t(n-1)$	$\mu_d>0$ $\mu_d<0$ $\mu_d\neq0$	$t\geqslant t_a(n-1)$ $t\leqslant -t_a(n-1)$ $\vert t\vert\geqslant t_{a/2}(n-1)$

2.4.2 应用举例

【例 2.8】 已知某产品近 10 个月的需求，详见表 2.14。设需求近似服从正态分布。试分别在下列条件下检验假设（$\alpha=0.05$）。

H_0：$\mu=1000$vs H_1：$\mu>1000$

（1）已知 $\sigma=0.5$。

（2）未知 σ。

表 2.14　　　　　　　　**产 品 需 求 一 览 表**

月份	1	2	3	4	5	6	7	8	9	10
需求量/辆	1004	1003	1000	1001	1006	1009	994	999	994	1002

【解】假定销售额数据存放在 Excel 单元格区域 B2：B11。

$$\alpha = 0.05, \quad n = 10$$

样本均值 $\bar{x}$ 为

$$\bar{x} = \text{AVERAGE(B2：B11)} = 1001.2$$

样本标准差 S 为

$$S = \text{SQRT(VAR(B2：B11))} = 4.78$$

（1）已知 $\sigma = 1.6$。从表 2.13 可知，使用服从正态分布的统计量检验。

$$z = \frac{\bar{x} - \mu_0}{\sigma / \sqrt{n}} = \frac{1001.2 - 1000}{1.6 / \sqrt{10}} = 2.37$$

查表或利用 Excel 的函数 NORMINV 计算得到正态分析的上 α 分位点为

$$z_{0.05} = \text{NORMINV}(1 - 0.05, 0, 1) = 1.64$$

$z > z_{0.05}$，因此拒绝 H_0，接受 H_1，即需求的均值大于 1000。

（2）σ^2 为未知时。从表 2.13 可知，采用服从 t 分布的统计量检验。

$$t = \frac{\bar{x} - \mu_0}{s / \sqrt{n}} = \frac{1001.2 - 1000}{4.78 / \sqrt{10}} = 0.79$$

查表或利用 Excel 的函数 TINV 计算得到同分布的上 α 分位点为

$$t_{0.05}(9) = \text{TINV}(2 \times 0.05, 9) = 1.8331$$

$t < t_{0.05}(9)$，因此拒绝 H_1，接受 H_0，即需求的均值等于 1000。

2.5 Excel 统计函数及分析工具简介

2.5.1 Excel 统计函数

以下是 Excel 2003 提供的统计函数（表 2.15）。这里仅给出了函数名称及其功能。读者可通过 Excel 提供的帮助功能得到每个函数详细的使用说明。

表 2.15　　　　　　　　　　　Excel 2003 的统计函数一览表

函数名称	函数功能
AVEDEV	返回一组数据与其均值的绝对偏差的平均值
AVERAGE	返回参数的平均值（算术平均值）
AVERAGEA	计算参数列表中数值的平均值（算数平均值）。不仅数字，而且文本和逻辑值（如 TRUE 和 FALSE）也将计算在内
BETADIST	返回 Beta 累积分布函数
BETAINV	返回指定 Beta 分布的累积分布函数的反函数
BINOMDIST	返回一元二项式分布概率值
CHIDIST	返回 γ^2 平方分布的单尾概率
CHIINV	返回 γ^2 分布单尾概率的反函数值
CHITEST	返回独立性检验值

续表

函数名称	函数功能
CONFIDENCE	返回构建总体平均值的置信区间的一个值 v。置信区间为一个值区域。样本平均值 $\bar{x}$ 位于该区域的中间，区域范围为 $\bar{x} \pm v$
CORREL	返回两个数据集之间的相关系数
COUNT	返回包含数字以及包含参数列表中的数字的单元格的个数
COUNTA	返回参数列表中非空值的单元格个数
COUNTBLANK	计算指定单元格区域中空白单元格的个数
COUNTIF	计算区域中满足给定条件的单元格的个数
COVAR	返回协方差，即每对数据点的偏差乘积的平均数
CRITBINOM	返回使累积二项式分布大于等于临界值的最小值
DEVSQ	返回数据点与各自样本平均值偏差的平方和
EXPONDIST	返回指数分布
FDIST	返回 F 概率分布
FINV	返回 F 概率分布的反函数值
FISHER	返回 Fisher 变换
FISHERINV	返回 Fisher 变换的反函数值
FORECAST	根据已有的数值计算或预测未来值
FREQUENCY	以一列垂直数组返回某个区域中数据的频率分布
FTEST	返回 F 检验的结果
GAMMADIST	返回 Gamma 伽玛分布
GAMMAINV	返回 Gamm 伽玛分布的反函数值
GAMMALN	返回 Gamma 函数的自然对数，$\Gamma(x)$
GEOMEAN	返回正数数组或区域的几何平均值
GROWTH	根据现有的数据预测指数增长值
HARMEAN	返回数据集合的调和平均值
HYPGEOMDIST	返回超几何分布
INTERCEPT	利用现有的 x 值与 y 值计算直线与 y 轴的截距
KURT	返回数据集的峰值
LARGE	返回数据集中第 k 个最大值
LINEST	使用最小二乘法对已知数据进行最佳直线拟合，并返回描述此直线的数组
LOGEST	在回归分析中，计算最符合数据的指数回归拟合曲线，并返回描述该曲线的数值数组
LOGINV	返回 x 的对数累积分布函数的反函数
LOGNORMDIST	返回 x 的对数累积分布函数
MAX	返回参数列表中的最大值
MAXA	返回参数列表中的最大值，包括数字、文本和逻辑值
MEDIAN	返回给定数值集合的中值

续表

函数名称	函数功能
MIN	返回参数列表中的最小值
MINA	返回参数列表中的最小值,包括数字、文本和逻辑值
MODE	返回在某一数组或数据区域中出现频率最多的数值
NEGBINOMDIST	返回负二项式分布
NORMDIST	返回指定平均值和标准偏差的正态累计分布函数
NORMINV	返回指定平均值和标准偏差的正态累积分布函数的反函数
NORMSDIST	返回标准正态累积分布
NORMSINV	返回标准正态累积分布的反函数
PEARSON	返回 Pearson 乘积矩相关系数
PERCENTILE	返回区域中数值的第 k 个百分点的值
PERCENTRANK	返回特定数值在一个数据集中的百分比排位
PERMUT	返回从给定数目的对象集合中选取的若干对象的排列数
POISSON	返回 Poisson 分布
PROB	返回区域中的数值落在指定区间内的概率
QUARTILE	返回数据集的四分位数
RANK	返回某数在数字列表中的排位
RSQ	返回 Pearson 乘积矩相关系数的平方
SKEW	返回分布的偏斜度
SLOPE	返回线性回归直线的斜率
SMALL	返回数据集中的第 k 个最小值
STANDARDIZE	返回正态化数值
STDEV	计算基于给定样本的标准偏差
STDEVA	计算基于给定样本的标准偏差,数字、文本和逻辑值均计算在内
STDEVP	计算基于整个样本总体的标准偏差
STDEVPA	计算整个样本总体的标准偏差,数字、文本和逻辑值均计算在内
STEYX	返回通过线性回归法预测每个 x 的 y 值时所产生的标准误差
TDIST	返回学生 t 分布的百分点(概率)
TINV	返回作为概率和自由度函数的学生 t 分布的 t 值
TREND	返回一条线性回归拟合线的值
TRIMMEAN	返回数据集的内部平均值
TTEST	返回与学生 t 检验相关的概率
VAR	计算基于给定样本的方差
VARA	计算基于给定样本的方差,数字、文本值和逻辑值均计算在内
VARP	计算基于整个样本总体的方差
VARPA	基于整个样本总体计算方差,包括数字、文本和逻辑值
WEIBULL	返回韦伯(Weibull)分布
ZTEST	返回 z 检验的单尾概率值

2.5.2 Excel 统计分析工具

Excel 提供了一组数据分析工具，称为"分析工具库"，在建立复杂统计或工程分析时可节省步骤。只需为每一个分析工具提供必要的数据和参数，该工具就会使用适当的统计或工程宏函数，在输出表格中显示相应的结果。其中有些工具在生成输出表格时还能同时生成图表。

若要使用这些工具，请单击"工具"菜单中的"数据分析"。如果没有显示"数据分析"命令，则需要加载"分析工具库"加载项程序。加载步骤主要有：

（1）在"工具"菜单上，单击"加载宏"。

（2）在"可用加载宏"列表中，选中"分析工具库"框，再单击"确定"。

（3）如果必要，请按安装程序中的指示进行操作。

1. 方差分析

利用方差分析工具，可进行单因素和双因素的方差分析。

（1）单因素方差分析。利用"单因素方差分析"分析工具，可以对两个以上总体均值的显著性差异进行检验。

（2）双因素方差分析。利用"无重复双因素分析"分析工具，可以对两个因素各自对实验结果影响的显著性进行检验。

利用"可重复双因素分析"分析工具，可以对两个因素各自对实验结果及两因素交互作用对实验结果影响的显著性进行检验。

2. 相关系数

CORREL 和 PEARSON 工作表函数可计算两组不同测量值变量之间的相关系数，条件是当每种变量的测量值都是对 N 个对象进行观测所得到的。（任何对象的任何丢失的观测值都会引起在分析中忽略该对象。）系数分析工具特别适合于当 N 个对象中的每个对象都有多于两个测量值变量的情况。它可提供输出表和相关矩阵，并显示应用于每种可能的测量值变量对的 CORREL（或 PEARSON）值。

与协方差一样，相关系数是描述两个测量值变量之间的离散程度的指标。与协方差的不同之处在于，相关系数是成比例的，因此它的值独立于这两种测量值变量的表示单位（例如，如果两个测量值变量为重量和高度，如果重量单位从磅换算成千克，则相关系数的值不改变）。任何相关系数的值必须介于 -1 和 $+1$ 之间。

可以使用相关分析工具来检验每对测量值变量，以便确定两个测量值变量的变化是否相关，即一个变量的较大值是否与另一个变量的较大值相关联（正相关）；或者一个变量的较小值是否与另一个变量的较大值相关联（负相关）；还是两个变量中的值互不关联（相关系数近似于零）。

3. 协方差

"相关"和"协方差"工具可在相同设置下使用，当您对一组个体进行观测而获得了 N 个不同的测量值变量。"相关"和"协方差"工具都可返回一个输出表和一个矩阵，分别表示每对测量值变量之间的相关系数和协方差。不同之处在于相关系数的取值在 -1 和 $+1$ 之间，而协方差没有限定的取值范围。相关系数和协方差都是描述两个变量离散程度的指标。

"协方差"工具为每对测量值变量计算工作表函数 COVAR 的值。（当只有两个测量值变量，即 $N=2$ 时，可直接使用函数 COVAR，而不是协方差工具）在协方差工具的输出表中的第 i 行、第 j 列的对角线上的输入值就是第 i 个测量值变量与其自身的协方差；这就是用工作表函数 VARP 计算得出的变量的总体方差。

可以使用协方差工具来检验每对测量值变量，以便确定两个测量值变量的变化是否相关，即，一个变量的较大值是否与另一个变量的较大值相关联（正相关）；或者一个变量的较小值是否与另一个变量的较大值相关联（负相关）；还是两个变量中的值互不关联（协方差近似于零）。

4．描述统计

"描述统计"分析工具用于生成数据源区域中数据的单变量统计分析报表，提供有关数据趋中性和易变性的信息。

5．指数平滑

"指数平滑"分析工具基于前期预测值导出相应的新预测值，并修正前期预测值的误差。此工具将使用平滑常数 a，其大小决定了本次预测对前期预测误差的修正程度。

注释：0.2～0.3 之间的数值可作为合理的平滑常数。这些数值表明本次预测应将前期预测值的误差调整 20％～30％。大一些的常数导致快一些的响应但会生成不可靠的预测。小一些的常数会导致预测值长期的延迟。

6．F-检验 双样本方差

"F-检验 双样本方差"分析工具通过双样本 F-检验，对两个样本总体的方差进行比较。

例如，您可在一次游泳比赛中对每两个队的时间样本使用 F-检验工具。该工具提供空值假设的检验结果，该假设的内容是：这两个样本来自具有相同方差的分布，而不是方差在基础分布中不相等。

该工具计算 F-统计（或 F-比值）的 F 值。F 值接近于 1 说明基础总体方差是相等的。在输出表中，如果 F<1，则当总体方差相等且根据所选择的显著水平"F 单尾临界值"返回小于 1 的临界值时，"P（F≤f）单尾"返回 F-统计的观察值小于 F 的概率 Alpha。如果 F>1，则当总体方差相等且根据所选择的显著水平，"F 单尾临界值"返回大于 1 的临界值时，"P（F≤f）单尾"返回 F-统计的观察值大于 F 的概率 Alpha。

7．傅里叶分析

"傅里叶分析"分析工具可以解决线性系统问题，并能通过快速傅里叶变换（FFT）进行数据变换来分析周期性的数据。此工具也支持逆变换，即通过对变换后的数据的逆变换返回初始数据。

8．直方图

"直方图"分析工具可计算数据单元格区域和数据接收区间的单个和累积频率。此工具可用于统计数据集中某个数值出现的次数。

例如，在一个有 20 名学生的班里，可按字母评分的分类来确定成绩的分布情况。直方图表可给出字母评分的边界，以及在最低边界和当前边界之间分数出现的次数。出现频率最多的分数即为数据集中的众数。

9. 移动平均

"移动平均"分析工具可以基于特定的过去某段时期中变量的平均值，对未来值进行预测。移动平均值提供了由所有历史数据的简单的平均值所代表的趋势信息。使用此工具可以预测销售量、库存或其他趋势。预测值的计算为

$$F_{t+1} = \frac{1}{N} \sum_{j=1}^{n} X_{t-j+1}$$

式中 N——进行移动平均计算的过去期间的个数；

X_{t-j+1}——期间 j 的实际值；

F_{t+1}——期间 j 的预测值。

10. 随机数发生器

"随机数发生器"分析工具可用几个分布中的一个产生的独立随机数来填充某个区域。可以通过概率分布来表示总体中的主体特征。

例如，可以使用正态分布来表示人体身高的总体特征，或者使用双值输出的伯努利分布来表示掷币实验结果的总体特征。

11. 排位与百分比排位

"排位与百分比排位"分析工具可以产生一个数据表，在其中包含数据集中各个数值的顺序排位和百分比排位。该工具用来分析数据集中各数值间的相对位置关系。该工具使用工作表函数 RANK 和 PERCENTRANK。RANK 不考虑重复值。如果希望考虑重复值，请在使用工作表函数 RANK 的同时，使用帮助文件中所建议的函数 RANK 的修正因素。

12. 回归分析

回归分析工具通过对一组观察值使用"最小二乘法"直线拟合来执行线性回归分析。本工具可用来分析单个因变量是如何受一个或几个自变量影响的。

例如，观察某个运动员的运动成绩与一系列统计因素的关系，如年龄、身高和体重等。可以基于一组已知的成绩统计数据，确定这三个因素分别在运动成绩测试中所占的比重，使用该结果对尚未进行过测试的运动员的表现作出预测。

回归工具使用工作表函数 LINEST。

13. 抽样分析

抽样分析工具以数据源区域为总体，从而为其创建一个样本。当总体太大而不能进行处理或绘制时，可以选用具有代表性的样本。如果确认数据源区域中的数据是周期性的，还可以对一个周期中特定时间段中的数值进行采样。

例如，如果数据源区域包含季度销售量数据，则以四为周期进行取样，将在输出区域中生成与数据源区域中相同季度的数值。

14. t-检验

"双样本 t-检验"分析工具基于每个样本检验样本总体平均值是否相等。这三个工具分别使用不同的假设：样本总体方差相等；样本总体方差不相等；两个样本代表处理前后同一对象上的观察值。

对于以下所有三个工具，t-统计值 t 被计算并在输出表中显示为"t Stat"。数据决定了 t 是负值还是非负值。假设基于相等的基础总体平均值，如果 t < 0，则"P（T≤t）单尾"返回 t-统计的观察值比 t 更趋向负值的概率。如果 t≥0，则"P（T≤t）单尾"返回 t-统计的观察值比 t 更趋向正值的概率。"t 单尾临界值"返回截止值，这样，t-统计的观察值将大于或等于"t 单尾临界值"的概率就为 Alpha。

"P（T≤t）双尾"返回将被观察的 t-统计的绝对值大于 t 的概率。"P 双尾临界值"返回截止值，这样，被观察的 t-统计的绝对值大于"P 双尾临界值"的概率就为 Alpha。

t-检验：双样本等方差假设。本分析工具可进行双样本学生 t-检验。此 t-检验窗体先假设两个数据集取自具有相同方差的分布，故也称作同方差 t-检验。可以使用此 t-检验来确定两个样本是否来自具有相同总体平均值的分布。

t-检验：双样本异方差假设。本分析工具可进行双样本学生 t-检验。此 t-检验窗体先假设两个数据集取自具有不同方差的分布，故也称作异方差 t-检验。如同上面的"等方差"情况，可以使用此 t-检验来确定两个样本是否来自具有相同总体平均值的分布。当两个样本中有截然不同的对象时，可使用此检验。当对于每个对象具有唯一一组对象以及代表每个对象在处理前后的测量值的两个样本时，则应使用下面所描述的成对检验。

用于确定统计值 t 为

$$t = \frac{\bar{X} - \bar{Y} - V_0}{\sqrt{\dfrac{s_1^2}{m} + \dfrac{s_2^2}{n}}}$$

下列公式可用于计算自由度 df。因为计算结果一般不是整数，所以 df 的值被舍入为最接近的整数以便从 t 表中获得临界值。因为有可能为 TTEST 计算出一个带有非整数 df 的值，所以 Excel 工作表函数 TTEST 使用计算出的、未进行舍入的 df 值。由于这些决定自由度（TTEST 函数的结果）的不同方式，此 t-检验工具将与"异方差"情况中不同。

$$\mathrm{d}f = \frac{\left(\dfrac{s_1^2}{m} + \dfrac{s_2^2}{n}\right)^2}{\sqrt{\dfrac{(s_1^2/m)^2}{m-1} + \dfrac{(s_2^2/n)^2}{n-1}}}$$

t-检验：成对双样本平均值。当样本中存在自然配对的观察值时（例如，对一个样本组在实验前后进行了两次检验），可以使用此成对检验。此分析工具及其公式可以进行成对双样本学生 t-检验，以确定取自处理前后的观察值是否来自具有相同总体平均值的分布。此 t-检验窗体并未假设两个总体的方差是相等的。

注：由此工具生成的结果中包含有合并方差，亦即数据相对于平均值的离散值的累积测量值，可以由下面的公式得到：

$$S^2 = \frac{n_1 s_1^2 + n_2 s_2^2}{n_1 + n_2 - 2}$$

15．z-检验

"z-检验：双样本平均值"分析工具可对具有已知方差的平均值进行双样本 z-检验。

此工具用于检验两个总体平均值之间存在差异的空值假设，而不是单方或双方的其他假设。如果方差已知，则应该使用工作表函数 ZTEST。

当使用"z-检验"工具时，应该仔细理解输出。当总体平均值之间没有差别时，"P（Z≤z）单尾"是 P [Z≥ABS(z)]，即与 z 观察值沿着相同的方向远离 0 的 z 值的概率。当总体平均值之间没有差异时，"P（Z≤z）双尾"是 P [Z≥ABS（z）或 Z≤−ABS（z）]，即沿着任何方向（而非与观察到的 z 值的方向一致）远离 0 的 z 值的概率。双尾结果只是单尾结果乘以 2。z-检验工具还可用于当两个总体平均值之间的差异具有特定的非零值的空值假设的情况。

例如，可以使用此检验来确定两种汽车之间的性能差异情况。

第3章 财务预测

在市场经济条件下，随着改革开放的进一步深入，国内企业参与国际市场，国外企业产品的大量涌入，使市场竞争日趋激烈。因此，财务预测技术就越来越受到企业界的普遍重视。本章主要介绍财务预测的基本概念和方法，以及如何用 Excel 进行财务预测分析。

3.1 财务预测概述

3.1.1 财务预测的概念及意义

预测是进行科学决策的前提，它是根据所研究现象的过去信息，结合该现象的一些影响因素，运用科学的方法，预测现象将来的发展趋势，是人们认识世界的重要途径。所谓财务预测，就是财务工作者根据企业过去一段时期财务活动的资料，结合企业现在面临和即将面临的各种变化因素，运用数理统计方法，以及结合主观判断，来预测企业未来财务状况。

进行财务预测的目的，是为了体现财务管理的事先性，即帮助财务管理人员认识和控制未来的不确定性，使对未来的无知降到最低限度，使财务计划的预期目标同可能变化的周围环境与经济条件保持一致，并对财务计划的实施效果做到心中有数。

财务预测对于提高公司经营管理水平和经济效益有着十分重要的作用。具体表现在以下几个方面。

（1）财务预测是进行经营决策的重要依据。管理的关键在决策，决策的关键是预测。通过预测为决策的各种方案提供依据，以供决策者权衡利弊，进行正确选择。例如，公司进行经营决策时，必然要涉及成本费用、收益以及资金需要量等问题，而这些大多需要通过财务预测进行估算。凡事预则立，不预则废。因此，财务预测直接影响到经营决策的质量。

（2）财务预测是公司合理安排收支，提高资金使用效益的基础。公司做好资金的筹集和使用工作，不仅需要熟知公司过去的财务收支规律，还要善于预测公司未来的资金流量，即公司在计划期内有哪些资金流入和流出，收支是否平衡，做到瞻前顾后，长远规划，使财务管理工作处于主动地位。

（3）财务预测是提高公司管理水平的重要手段。财务预测不仅为科学的财务决策和财务计划提供支持，也有利于培养财务管理人员的超前性、预见性思维，使之居安思危，未雨绸缪。同时，财务预测中涉及大量的科学方法以及现代化的管理手段，这无疑对提高财务管理人员的素质是大有裨益的。

需要指出的是，财务预测的作用大小受其准确性的影响。准确性越高，作用越大；反之，则越小。影响财务预测准确性的因素可分为主观因素和客观因素。主观因素主要指预测者的素质，如数理统计分析能力和预测经验等。客观因素主要主要是指企业所处内外环境的急剧变化，例如像 SARS（非典型肺炎）等突发事件。因此财务预测工作者要不断提高自己预测能力，在实践中积累经验，提供预测的准确性。

3.1.2 财务预测的种类

为了便于研究和掌握财务预测，人们往往依据不同的标准对其进行分类。

（1）按财务预测所跨时间长度可分为长期预测、中期预测和短期预测。长期预测主要是指五年以上的财务变化及其趋势的预测，主要为企业今后长期发展的重大决策提供财务依据。中期预测主要是指一年以上、五年以下的财务变化及其趋势的预测，是长期预测的细化，短期预测的基础。短期预测则主要是指一年以内的财务变化及其趋势的预测，主要为编制年度计划、季度计划等短期计划服务。

（2）按预测的内容可分为资金预测、成本和费用预测、营业收入预测、利润预测和销售预测等。

（3）按预测方法可分为定性财务预测和定量财务预测。

3.1.3 财务预测的原则

进行财务预测时一般遵循以下原则：

（1）连续性原则。财务预测必须具有连续性，即预测必须以过去和现在的财务资料为依据来推断未来的财务状况。

（2）关键因素原则。进行财务预测时，应首先集中精力于主要项目，而不必拘泥于面面俱到，以节约时间和费用。

（3）客观性原则。财务预测只有建立在客观性的基础上，才可能得出正确的结论。

（4）科学性原则。进行财务预测时，一方面要使用科学方法（数理统计方法），另一方面要善于发现预测变量之间相关性和相似性等规律性，进行正确预测。

（5）经济性原则。财务预测中讲究经济性，是因为财务预测要涉及成本和收益问题，所以要尽力做到以最低的预测成本达到较为满意的预测质量。

3.1.4 财务预测的程序

财务预测一般按以下程序进行：

（1）明确预测对象和目标。财务预测首先要明确预测对象和目标，然后才能根据预测的目标、容和要求确定预测范围和时间。

（2）制定预测计划。预测计划包括预测工作的组织领导，人事安排，工作进度，经费预算等。

（3）收集整理资料。资料收集是预测的基础。公司应根据预测的对象和目的，明确收集资料的内容、方式和途径，然后进行收集。对收集到的资料要检查其可靠性、完整性和典型性，分析其可用程度及偶然事件的影响，做到去伪存真、去粗取精，并根据需要对资料进行归类和汇总。

（4）确定预测方法。财务预测工作必须通过一定的科学方法才能完成。公司应根据预测的目的以及取得信息资料的特点，选择适当的预测方法。使用定量方法时，应建立数理统计模型；使用定性方法时，要按照一定的逻辑思维，制定预测的提纲。

（5）进行实际预测。运用所选择的科学预测方法进行财务预测，并得出初步预测结果。预测结果可用文字、表格或图等形式表示。

（6）评价与修正预测结果。预测毕竟是对未来财务活动的设想和推断，难免会出现预测误差。因而，对于预测结果，要经过经济分析评价之后，才能予以采用。分析评价的重点是影响未来发展的内外因素的新变化。若误差较大，就应进行修正或重新预测，以确定最佳预测值。

图 3.1 形象地显示了上述预测程序。

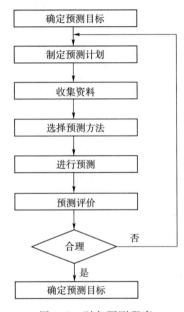

图 3.1　财务预测程序

3.2　销售预测

销售预测是在对市场进行充分调查的基础上，根据市场供需情况的发展趋势，以及结合本企业的销售状况和生产能力等实际情况，对该项商品在计划期间的销售量或销售额所作的预计和推测。

最常用的销售预测方法有趋势预测分析法、因果预测分析法、判断分析法和调查分析法四类，其中前两类属于定量分析，后两类属于定性分析。

3.2.1　趋势预测分析法

趋势预测分析法，也称时间序列预测分析法，是应用事物发展的延续性原理来预测事物发展的趋势。该方法是基于企业的销售历史资料，运用数理统计的方法来预测计划期间的销售数量或销售金额。该方法的优点是信息收集方便、迅速；缺点是没有考虑市场供需情况的变动趋势。

趋势预测分析法根据所采用的具体数学方法的不同，又可分为算术平均法、移动加权平均法、指数平滑法、回归分析法和二次曲线法。

1. 算术平均法

算术平均法是以过去若干期的销售量或销售金额的算术平均值作为计划期间的销售预测值。其计算公式为

$$\bar{x} = \frac{\sum x_i}{n}$$

式中　$\bar{x}$——计划期间的销售预测值；

　　　x_i——各期的销售量或销售额；

　　　n——时期数。

该方法具有计算简单的优点，但由于该方法简单地将各月份的销售差异平均化，没有考虑到近期的变动趋势，因而可能导致预测数与实际数发生较大的误差。为了克服这个缺点，我们引入标准差 σ 来预计未来的实际销售量将会在多大程度上偏离这个平均数。计算标准差的公式为

$$\sigma = \sqrt{\frac{\sum_{i=1}^{n}(x_i - \bar{x})}{n}}$$

式中　x_i——各期的销售量或销售额；

　　　$\bar{x}$——平均销售量或销售额；

　　　n——时期数。

在正态分布的情况下，实际发生在平均数上下 1 个 σ 范围的概率为 0.685；在 2 个 σ 范围的概率为 0.954。

2. 移动加权平均法

移动加权平均法是先根据过去若干期的销售量或销售金额，按其距离预测期的远近分别进行加权（近期的权数大些，远期的权数小些），然后计算其加权平均数，并以此作为计划期的销售预测值。

移动加权平均法的计算公式为

$$\bar{x} = \sum_{i=1}^{n} \omega_i x_i$$

式中　x_i——各期的销售量或销售额；

　　　ω_i——各期的权数；

　　　n——时期数。

3. 指数平滑法

采用指数平滑法预测计划期销售量或销售额时，需要导入平滑系数 α（α 的值要求大于 0，小于 1，一般取值为 0.3～0.7）进行运算。其计算公式为

$$\bar{x} = \alpha A + (1 - \alpha)F$$

式中　A——上期实际销售数；

　　　F——上期预测销售数；

　　　α——平滑系数，在 Excel 中称为阻尼系数。

4. 回归分析法

回归分析法是根据 $y=a+bx$ 的直线方程式，按照最小平方法的原理确定一条能正确反映自变量 x 和因变量 y 之间关系的直线。直线方程中的常数项 a 和系数 b 可按下列公式计算。

$$a=\frac{\sum y-b\sum x}{n}$$

$$b=\frac{n\sum xy-\sum x\sum y}{n\sum x^2-(\sum x)^2}$$

如果销售历史数据呈现出直线变化趋势时，可以应用回归分析法进行销售预测，此时 y 表示销售量（或销售额），x 表示间隔期（即观测期）。

5. 二次曲线法

该方法是利用一元二次曲线方程建立销售预测的"曲线回归数学模型"。当企业销售的历史资料明显地呈现二次曲线趋势可以采用此方法。

二次曲线的基本公式为

$$y=a+bx+cx^2$$

式中　y——销售量；

　　　x——观测值的间隔期；

a，b，c——常数项。

按照最小平方法的原理，可以得到常数项 a，b，c 的计算公式为

$$a=\frac{\sum x^4\sum y-\sum x^2\sum x^2 y}{n\sum x^4-(\sum x^2)^2}$$

$$b=\frac{\sum xy}{\sum x^2}$$

$$c=\frac{n\sum x^2 y-\sum x^2\sum y}{n\sum x^4-(\sum x^2)^2}$$

3.2.2　因果预测分析法

因果预测分析法是利用事物发展的因果关系来推测事物发展趋势的方法。它一般是根据所掌握的历史资料，找出所要预测的变量与其相关变量之间的依存关系，来建立相应的因果预测的数学模型。最后通过该数学模型确定预测对象在计划期的销售量或销售额。

因果预测最常用的分析法有简单线性回归分析法、多元线性回归分析法和非线性回归分析法。使用这些分析方法，建立数学模型时所使用的原理和前述的"回归分析方法"和"二次曲线法"类似。故此不再赘述。

在现实的市场条件下，企业产品的销售量往往与某些变量因素（如国民生产总值、个人可支配收入、人口、相关工业产品的销售量、需求的价格弹性或收入弹性等）之间存在一定的函数关系。因此采用这种方法，若能选择最恰当的相关因素建立起预测销售量或销售额的数学模型，与采用趋势预测分析法相比，往往能获得更为理想的预测结果。

3.2.3 判断分析法

判断分析法是聘请具有丰富实践经验的专家学者或实务工作者，对计划期间商品的销售情况进行综合研究，并作出相应预测的方法。该方法一般适用于不具备完整可靠的历史资料而无法进行定量分析的企业。这种方法又可分为：①专家判断法；②推销人员意见综合判断法；③经理人员意见综合判断法。

1. 专家判断法

它是利用专家多年来的实践经验和判断能力对计划期产品的销售量或销售额作出预测。最主要的吸收专家意见的方式有以下四种：

（1）个人意见综合判断法。该方法首先要求各位专家对本企业产品销售的未来趋势和当前状况做个人判断，然后把各种意见加以综合，形成一个销售预测值。

（2）专家会议综合法。该方法首先把各位专家分成若干预测小组，然后分别召开各种形式的会议或座谈会共同商讨，最后把各小组的意见加以综合，形成一个销售预测值。

（3）模拟顾客综合判断法。该方法首先请各位专家模拟成各种类型的顾客，通过比较本企业和竞争对手的产品质量、售后服务和销售条件等做出购买决策，然后把这些"顾客"准备购买本企业产品的数量加以汇总，形成一个销售预测值。

（4）德尔斐法。该方法首先向各位专家分别通过函调的方式征求意见，然后把各专家的判断汇集在一起，并采用匿名方式反馈给各位专家，请他们参考别人意见修正本人原来的判断。如此反复3～5次，最后汇集各家之所长，对销售的预测值作出综合判断。

2. 推销人员意见综合判断法

该方法首先由本企业的推销人员根据他们的主观判断，把各个或各类顾客的销售预测值填入表格，然后由销售部门经理加以综合来预测企业产品在计划期的销售量或销售额。

3. 经理人员意见综合判断法

该方法首先由经理人员，特别是那些最熟悉销售业务的、能预测销售发展趋势的推销主管人员，以及各地经销商的负责人，根据他们多年来的实践经验和判断能力，对计划期销售量（或销售额）进行预估，然后再通过集思广益，博采众长，并应用加权平均法作出综合判断的方法。

3.2.4 调查分析法

调查分析法是通过对某种商品在市场上的供需情况和消费者购买意见的详细调查，来预测其销售量或销售额的专门方法。

调查分析一般可以从以下4个方面进行：

（1）调查商品本身目前处于产品生命周期的哪一阶段。

（2）调查消费者的情况，即个人的爱好、风俗、习惯、购买力的变化和对商品的需求等。

（3）调查市场上竞争对手的情况。

（4）调查国内外和本地区经济发展的趋势。

3.3　资金预测

资金预测主要是对未来一定时期内进行生产经营活动所需资金，以及扩展业务追加资金的投入进行预计和推测。因此资金预测包含两方面的内容：①对扩展业务追加资金的预测，即投资额的预测；②日常生产经营对资金需求量的预测。

3.3.1　投资额的预测

投资额的预测一般按以下步骤进行：①确定投资项目；②预测各个项目的投资额；③汇总并进行相应调整得出一定时期内的投资总额。

1. 内部投资额的预测

企业内部长期投资主要是对固定资产和无形资产进行的投资。内部投资额主要由以下几个部分组成：①投资前期费用；②设备购置费用；③设备安装费用；④建筑工程费；⑤流动资金的垫支；⑥预备费用。

进行内部投资额预测的常用方法有以下几种：

（1）装置能力指数法。它是根据项目的装置能力和装置能力指数来预测该项目投资额的一种方法。装置能力是指以封闭型的生产设备为主体所构成的投资项目的生产能力。装置能力越大，所需投资额越多。装置能力和投资额之间的关系表示为

$$P = P_0 \left(\frac{N}{N_0} \right)^n r$$

式中　P——拟建项目投资额；

　　　P_0——基准项目投资额；

　　　N——拟建项目装置能力；

　　　N_0——基准项目装置能力；

　　　n——装置能力指数；

　　　r——价格调整指数。

（2）单位生产能力估算法。单位生产能力估算法是根据同类商品单位生产能力投资额和拟建项目的生产能力来估算投资额的一种方法。生产能力是指拟建项目建成后每年达到的产量。一般来讲，生产能力越强，所需投资额越大，两者的关系用公式表示为

$$P = P_0 N r$$

式中　P——拟建项目投资额；

　　　P_0——同类企业单位生产能力投资额；

　　　N——拟建项目生产能力；

　　　r——价格调整指数。

2. 外部投资额的预测

外部投资主要是指公司投向企业外部以获取利润或创立竞争优势为目的的投资。外部

投资有两种形式：①直接投资；②间接投资，主要是证券投资。随着市场竞争日益加剧，公司的外部投资已成为其生存发展的重要支撑点，对外投资的预测工作也被日益重视起来。

（1）直接投资的预测。直接投资是指公司直接把现金、存货、固定资产、无形资产等投向其他企业或与其他企业共同投资兴建新企业。这种情况下，首先预测出投资项目或拟建新企业的投资额，其计算方法同内部投资额的预测方法相同。然后再根据公司投资在投资总额中所占的比例计算出公司本身的投资额。

设投资项目或拟建新企业的投资额为 X，公司投资在投资总额中所占的比例为 α，则外部投资额 Y 为

$$Y = \alpha X$$

（2）间接投资的预测。间接投资包括两类：①为控制其他公司而进行的权益性股票投资；②以获取利润为目的的投资，包括收益性股票投资和长期债券投资。

1）权益性投资额的预测。权益性投资额可通过下列公式来预测。

$$Y = MhP$$

式中　Y——权益性投资额；

　　　M——目标公司发行在外的股份总额；

　　　h——实现控制目的所需要的最低股份比例；

　　　P——收购股票的平均市价。

2）收益性投资额的预测。收益性投资一般是根据市场上的市场行情临时作出的决策。因此对于其投资额的预测是比较困难的，但对于一些效益较好的绩优股票投资的数额而言，还是可以预计的。其计算公式为

$$Y = \sum_{i=1}^{n} \omega_i P_i$$

式中　Y——证券投资额；

　　　ω_i——第 i 种证券的投资数量；

　　　P_i——第 i 种证券的价格。

3.3.2　日常生产经营资金需求量预测

日常生产经营资金需求量预测通常有以下三种方法：趋势预测法、销售百分比法和资金习性法。

趋势预测法在前面已经详细介绍过，因此这里只介绍后面两种预测方法在日常生产经营资金需求量的应用。

1. 销售百分比法

销售百分比法是根据销售与选定的资产负债表项目和利润表项目之间的固定关系进行预测的方法。在资产类项目中，货币资金、应收账款和存货等项目，一般都会因销售额的增长而相应地增长，称之为敏感性资产。固定资产是否需要增加，则要看固定资产的利用程度。如果其生产能力尚未得到充分利用，则可通过挖潜来提高产销量；如果生产能力已近饱和，那么增加产销量就需要扩大固定资产投资额。无形资产一般不随销售额的增长而

增加，为不敏感项目。负债类项目中，应付账款、应交税金、短期借款等短期负债通常是敏感性负债，长期负债是非敏感性项目。

销售百分比法基本步骤：

(1) 分析资产负债表中各项目与销售额之间的比例关系。

(2) 将基期的资产负债表各项目，以销售百分比的形式列表。

【例 3.1】 某公司 2002 年的简略资产负债表详见表 3.1。

表 3.1　　　　　　　　　　　某公司资产负债表　　　　　　　　　　单位：元

项　　目	数量	项　　目	数量
资　产		负债及所有者权益	
货币资金	60 000	短期借款	100 000
应收账款	200 000	应付账款	150 000
存货	180 000	应交税金	20 000
固定资产	400 000	长期负债	150 000
其他	30 000	负债合计	
		所有者权益	450 000
合计	870 000	负债及所有者权益合计	870 000

该公司 2002 年的销售收入为 50 万元，根据资产负债表中各项目的敏感性程度，编制以销售百分比形式反映的资产负债表，详见表 3.2。

表 3.2　　　　　　　　　以销售百分比形式反映的资产负债表

项　　目	百分比	项　　目	百分比
资　产		负债及所有者权益	
货币资金	12%	短期借款	20%
应收账款	40%	应付账款	30%
存货	36%	应交税金	4%
固定资产	（不适用）	长期负债	（不适用）
其他	（不适用）	负债合计	
		所有者权益	（不适用）
合计	88%	负债及所有者权益合计	54%

表 3.2 表明，每增加 100 元销售额，需要增加 34 元 ［(88−54)元］ 的日常经营资金。

(3) 计算计划年度需要增加的资金数额。假定该公司 2003 年的销售额由 500 000 元增加到 600 000 元，则 2003 年需要增加的资金数额为：

$$(600\,000−500\,000)×(88\%−54\%)＝34\,000（元）$$

2. 资金习性法

所谓资金习性是指资金占用量与产销数量之间的依存关系。依照这种关系，可将资金区分为不变资金、变动资金和混合资金。其中，不变资金是指在一定的产销规模内，不随产量变动的资金，如原材料的保险储备、机器设备等固定资产占用的资金。

变动资金是随产销量变动而同比例变动的资金，如存货、应收账款等。混合资金则可视为以上两种资金的结合。它受产销量变动的影响，但不成比例变化。

资金习性法就是根据上述原理进行资金需求量的预测，其预测计算公式为

$$y=a+bx$$

式中　y——资金占用；

　　　a——不变资金；

　　　b——单位变动成本资金；

　　　x——产销数量。

若求得 a、b 的值，则可根据预计的产销量来预测计划期的资金占用量。估算 a、b 的方法主要有高低点法、散布图法和回归分析法。

（1）高低点法。高低点法是选用一定时期内历史资料中的最高业务量与最低业务量的资金占用量之差与两者业务量之差进行对比，从而求得单位变动成本资金，进而求得不变资金。a 和 b 的计算公式表示为

$$b=\frac{最高资金占用量-最低资金占用量}{最高业务量-最低业务量}$$

$$a=最高点资金占用量-b×最高业务量$$

（2）散点图法。散点图法是用图形来反映公司的资金占用量与销售量两者之间的关系，从而预测资金的占用数量。做散布图时，首先应将各历史数据在图上一一标明，然后根据自测，在图上各点之间划一直线，尽量使图上各点一半位于直线之下，一半位于直线之上，再根据这条线求出 a、b 的值。这种方法可以纠正某些异常的偏差，更有助于反映资金与销售额之间关系的长期趋势。

（3）回归分析法。回归分析法是运用最小平方法原理求得 a、b，然后预测资金占用量。有关回归分析法在前面已作详细介绍，在此不再举例说明。

3.4　成本费用预测和利润预测

3.4.1　成本费用预测

成本费用预测是在分析历史数据、将要采用的技术组织措施和影响成本费用的各种主要因素的基础上，对公司未来的成本费用水平和变动趋势进行预测，为经营决策和编制计划提供依据。成本费用预测的方法很多，这里主要介绍"因素分析预测法"。

因素分析预测法是根据计划期影响成本费用升降的各种因素来预测成本降低数额和降低程度的方法。其具体计算方法如下：

（1）计算影响计划年度产品成本的各项技术经济指标的增长率。这些技术经济指标包括：业务量、各种消耗定额、劳动生产率、工资、各种费用、废品损失和价格等。

（2）计算按上年平均单位成本计算的计划年度成本费用。如果预测是在计划期进行的，那么：

$$基年平均单位成本=\frac{\sum 基年某商品的实际总成本费用}{\sum 基年某商品实际业务量}$$

如果预测是在上年末进行的，则：

$$\frac{基年预计平}{均单位成本} = \frac{\sum\left[\left(\begin{array}{c}某商品1-9 \\ 月业务量\end{array} \times \begin{array}{c}1-9月平均 \\ 单位成本\end{array}\right) + \left(\begin{array}{c}10-12月 \\ 预计产量\end{array} \times \begin{array}{c}10-12月预 \\ 计单位成本\end{array}\right)\right]}{\sum(1-9月实际业务量 + 10-12月预计业务量)}$$

$$\begin{array}{c}按上年平均单位成本计算 \\ 的计划期的总成本费用\end{array} = \sum\left(\begin{array}{c}某商品基年平 \\ 均单位成本\end{array} \times \begin{array}{c}该商品计划年 \\ 度的业务量\end{array}\right)$$

（3）计算按上年平均单位成本计算的计划年度总成本费用中各成本项目的比重。其计算公式为

$$\begin{array}{c}各成本项 \\ 目的比重\end{array} = \frac{\sum\left(\begin{array}{c}某年某商品单位成本费 \\ 用中某成本项目比重\end{array} \times \begin{array}{c}该产品计划年 \\ 度预计业务量\end{array}\right)}{\sum\left(\begin{array}{c}某年某商品平 \\ 均单位成本\end{array} \times \begin{array}{c}该商品计划年度 \\ 的计划业务量\end{array}\right)} \times 100\%$$

（4）计算各项经济指标变动对可比产品成本降低率和降低额的影响程度。

1）计算由于材料消耗定额变动对成本的影响。其计算公式为

$$\begin{array}{c}材料消耗定额形 \\ 成的成本降低率\end{array} = \left(\begin{array}{c}材料消耗定 \\ 额降低率\end{array} \times \begin{array}{c}材料费占成 \\ 本的百分比\end{array}\right)$$

$$\begin{array}{c}材料消耗定额降低 \\ 形成的成本降低额\end{array} = \begin{array}{c}材料消耗定额降低 \\ 形成的成本降低率\end{array} \times \begin{array}{c}按上年单位成本计算形 \\ 成的计划年度总成本\end{array}$$

2）计算由于劳动生产率的提高超过工资增长所形成的成本降低率和降低额。其计算公式为

$$\begin{array}{c}工资降低形成 \\ 的成本降低率\end{array} = \left(1 + \frac{1+平均工资增长率}{1+劳动生产增长率}\right) \times \begin{array}{c}工资费用占 \\ 成本的比率\end{array}$$

$$\begin{array}{c}工资降低形成 \\ 的成本降低额\end{array} = \begin{array}{c}工资降低形成 \\ 的成本降低率\end{array} \times \begin{array}{c}按上年平均单位成本计算 \\ 形成的计划年度总成本\end{array}$$

3）计算由于生产增长超过间接费用所形成的成本降低额和降低度。间接费用中，有一部分是固定费用，不因业务量的增长而变动。这样，当业务量增长时，单位商品分摊的固定费用就会减少，从而使成本降低。其计算公式为

$$\begin{array}{c}间接费用降低形 \\ 成的成本降低率\end{array} = \left(1 + \frac{1+间接费用增长率}{1+业务量增长率}\right) \times \begin{array}{c}间接费用占 \\ 成本的比重\end{array}$$

$$\begin{array}{c}间接费用降低形 \\ 成的成本降低额\end{array} = \begin{array}{c}间接费用降低形 \\ 成的成本降低率\end{array} \times \begin{array}{c}按上年单位成本计算形 \\ 成的计划年度总成本\end{array}$$

4）计算由于减少损失所形成的成本降低率和降低额。其计算公式为

$$\begin{array}{c}废品减少形成 \\ 的成本降低率\end{array} = \begin{array}{c}废品损失 \\ 减少率\end{array} \times \begin{array}{c}废品损失占 \\ 成本的比重\end{array}$$

$$\begin{array}{c}废品减少形成 \\ 的成本降低额\end{array} = \begin{array}{c}废品减少形成 \\ 的成本降低率\end{array} \times \begin{array}{c}按上年单位成本计算形 \\ 成的计划年度总成本\end{array}$$

5）计算由于材料价格降低形成的成本降低率和降低额。其计算公式为

$$\begin{array}{c}\text{材料费用下降形}\\\text{成的成本降低率}\end{array}=\begin{array}{c}\text{材料价格}\\\text{降低率}\end{array}\times\left(1-\dfrac{\text{材料消耗定}}{\text{额降低率}}\right)\times\begin{array}{c}\text{材料费用占}\\\text{成本的比重}\end{array}$$

$$\begin{array}{c}\text{材料费用下降形}\\\text{成的成本降低额}\end{array}=\begin{array}{c}\text{材料费用下降形}\\\text{成的成本降低率}\end{array}\times\begin{array}{c}\text{按上年单位成本计算形}\\\text{成的计划年度总成本}\end{array}$$

（5）计算计划年度成本降低率和降低额，即将上述结果进行累加。

（6）根据上述资料计算成本预测值。其计算公式为

$$\begin{array}{c}\text{计划年度成}\\\text{本预测值}\end{array}=\sum\left(\begin{array}{c}\text{计划业}\\\text{务量}\end{array}\times\begin{array}{c}\text{上年平均}\\\text{单位成本}\end{array}\right)\times\left(1-\begin{array}{c}\text{成本计划}\\\text{降低率}\end{array}\right)$$

或

$$\begin{array}{c}\text{计划年度成}\\\text{本预测值}\end{array}=\sum\left(\begin{array}{c}\text{计划业}\\\text{务量}\end{array}\times\begin{array}{c}\text{上年平均}\\\text{单位成本}\end{array}\right)\times\begin{array}{c}\text{成本计划}\\\text{降低额}\end{array}$$

3.4.2 利润预测

利润预测是公司生产经营预测的重要组成部分，其主要内容是确定目标利润，为编制利润计划提供可靠依据。下面介绍几种较为简单的预测方法。

1. 销售额增长比例法

销售额增长比例法是以上年度实际销售利润与下年度销售预计增长为依据计算目标利润的方法。该方法假定利润额与销售额同步增长，其计算公式为

$$\begin{array}{c}\text{目标}\\\text{利润}\end{array}=\begin{array}{c}\text{基年实际}\\\text{销售利润}\end{array}\times\left(1+\begin{array}{c}\text{计划年度销}\\\text{额预计增长率}\end{array}\right)$$

2. 资金利润率法

资金利润率法是根据公司预定的资金利润率水平，结合上年度实际资金占用状况与下年度计划投资额，确定下年度目标利润的方法，其计算公式为

$$\begin{array}{c}\text{目标}\\\text{利润}\end{array}=\left(\begin{array}{c}\text{上年度实际资}\\\text{金占用数量}\end{array}+\begin{array}{c}\text{下年度计}\\\text{划投资额}\end{array}\right)\times\begin{array}{c}\text{预计资金}\\\text{利润率}\end{array}$$

利润预测还有许多方法，如因素分析法、营业杠杆系数法等。限于篇幅，此处不做介绍。

3.5 财务预测案例

3.5.1 利用回归分析法预测销售额的案例

【例 3.2】 假定索尼电器公司 1996—2001 年摄像机的实际销售额资料详见表 3.3。要求为索尼公司预测 2002 年摄像机的销售额。

表 3.3　　索尼电器公司 1996—2001 年摄像机的实际销售额

年　度	1996	1997	1998	1999	2000	2001
销售额/百万元	12	24	18	40	38	68

分析：根据表 3.3 中的数据，通过绘制散点图（图形的绘制参见附录），可知，该公司的销售额随时间的变化呈现出曲线变化，因此用二次曲线来拟合。

用 Excel 软件求解如下：

（1）打开工作簿"财务预测"，创建新工作表"回归分析法"。

（2）在工作表"回归分析法"中设计表格，详见表 3.5。

（3）按表 3.4 所示在工作表"回归分析法"中输入公式。

表 3.4 单元格公式

单元格	公　式	备　注
B5	＝B2＊B3	计算 $X＊Y$
B6	＝B2＊B2	计算 X^2
B7	＝B6＊B3	计算 X^2Y
B8	＝B6＊B6	计算 X^4
B9	＝SUM（B3：G3）	计算 ΣY
E9	＝SUM（B5：G5）	计算 ΣXY
B10	＝SUM（B6：G6）	计算 ΣX^2
H9	＝SUM（B7：G7）	计算 ΣX^2Y
E10	＝SUM（B8：G8）	计算 ΣX^4
H10	＝E9/B10	计算系数 b
B12	＝(6＊H9－B10＊B9)/(6＊E10－B10＊B10)	计算系数 c
B11	＝(E10＊B9－B10＊H9)/(6＊E10－B10＊B10)	计算常数 a
B13	＝B11＋7＊H10＋49＊B12	计算预测值

（4）将单元格区域 B5：B8 中的公式复制到单元格区域 B5：G8。

1）单击单元格 B5，按住鼠标器左键，向下拖动鼠标器直至单元格 B8，然后单击"编辑"菜单，最后单击"复制"选项。此过程将单元格区域 B5：B8 中公式放入到剪切板准备复制。

2）单击单元格 B5，按住鼠标器左键，向下拖动鼠标器直至单元格 G8，然后单击"编辑"菜单，最后单击"粘贴"选项。此过程将剪切板中的公式复制到单元格区域 B5：G8。

这样便建立了一个"回归分析法"模本，见表 3.5。

表 3.5 回归分析法分析表（模本）

序号	A	B	C	D	E	F	G	H	I
1	年度	1996	1997	1998	1999	2000	2001		
2	$X＝$	＊	＊	＊	＊	＊	＊		
3	$Y＝$	＊	＊	＊	＊	＊	＊		
4									
5	$xy＝$	＝B2＊B3	＝C2＊C3	＝D2＊D3	＝E2＊E3	＝F2＊F3	＝G2＊G3		
6	$X^2＝$	＝B2＊B2	＝C2＊C2	＝D2＊D2	＝E2＊E2	＝F2＊F2	＝G2＊G2		
7	$X^2y＝$	＝B6＊B3	＝C6＊C3	＝D6＊D3	＝E6＊E3	＝F6＊F3	＝G6＊G3		

序号	A	B	C	D	E	F	G	H	I
8	$X^4=$	=B6*B6	=C6*C6	=D6*D6	=E6*E6	=F6*F6	=G6*G6		
9	$\sum y=$	=SUM(B3:G3)		$\sum xy=$	=SUM(B5:G5)		$\sum x^2y=$	=SUM(B7:G7)	
10	$\sum x^2=$	=SUM(B6:G6)		$\sum x^4=$	=SUM(B8:G8)		$b=$	=E9/B10	
11	$A=$	=(E10*B9－B10*H9)/(6*E10－B10*B10)							
12	$C=$	=(6*H9－B10*B9)/(6*E10－B10*B10)							
13	预测值	=B11＋7*H10＋49*B12							

（5）在工作表"回归分析法"中的单元格区域 B2：G3 输入数据。

（6）取消公式输入方式，则工作表"回归分析法"中的数据详见表 3.6。

（7）保存工作表"回归分析法"。

表 3.6　　　　　　　　　　回归分析法分析表（计算结果）

序号	A	B	C	D	E	F	G	H	I
1	年度	1996	1997	1998	1999	2000	2001		
2	$X=$	－5	－3	－1	1	3	5		
3	$Y=$	12	24	18	40	38	68		
4									
5	$xy=$	－60	－72	－18	40	114	340		
6	$X^2=$	25	9	1	1	9	25		
7	$X^2y=$	300	216	18	40	342	1 700		
8	$X^4=$	625	81	1	1	81	625		
9	$\sum y=$	200		$\sum xy=$	344		$\sum x^2y=$	2 616	
10	$\sum x^2=$	70		$\sum x^4=$	1 414		$b=$	4.91	
11	$A=$	27.81							
12	$C=$	0.47							
13	预测值	85.21							

3.5.2　利用指数平滑法预测销售额的案例

【例 3.3】　假定某糖业公司 2015 年 7—11 月的销售量详见表 3.7。其 12 月蔗糖的实际销售量为 144t，原来预测 12 月的销售量为 148t。假定平滑系数 α 为 0.7。要求根据指数平滑法预测 2016 年 1 月的销售量。

表 3.7   **2015 年 7—11 月的销售量**   ·单位：t

月份	销售额
7	138
8	136
9	142
10	134
11	146

假设 7 月的实际值作为 7 月的预测值

分析：调用"工具（T）"菜单中"分析工具"选项所提供的指数平滑法可求解。

（1）打开工作簿"财务预测"，创建新工作表"指数平滑法"。

（2）在工作表"指数平滑法"中设计表格，详见表 3.8。

表 3.8   **指数平滑法（模本）**

序号	A	B	C	D	E	F
1	月份	销售额/t	预测值			
2	7	138				
3	8	136				
4	9	142				
5	10	134				
6	11	146				
7	12	144				
8	2016 年 1 月					

（3）单击"工具"菜单，然后单击"数据分析"选项，此时出现图 3.2 所示。

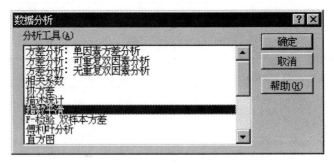

图 3.2   数据分析对话框

（4）单击"指数平滑"选项，然后单击"确定"按钮，此时出现图 3.3 所示。

（5）在图 3.3 中，输入相应的数据，并单击"图表输出"复选框，然后单击"确定"，便出现图 3.4。

（6）保存工作表"指数平滑法"（图 3.4）。

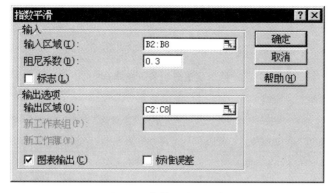

图 3.3 指数平滑对话框

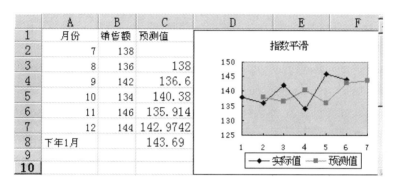

图 3.4 指数平滑法（计算结果）

3.5.3 利用德尔斐法预测销售额的案例

【例3.4】 假定华联公司准备于计划期间推出一种新型切削工具，该工具过去没有销售记录。现聘请工具专家、销售部经理、外地经销商负责人等9人采用"德尔斐法"来预测计划期间该项新型切削工具的全年销售量。假定对专家进行3次征询，且每次征询中最高、最可能、最低的销售量所占权数分别为0.3、0.5、0.2。

（1）打开工作簿"财务预测"，创建新工作表"德尔斐法"。

（2）在工作表"德尔斐法"中设计表格。

（3）按表3.9所示在工作表"德尔斐法"中输入公式。

表 3.9 单元格公式

单元格	公 式	备 注
B13	＝0.3＊H12＋0.5＊I12＋0.2＊J12	计算预测值
B12	＝AVERAGE（B3：B11）	计算平均值

（4）将单元格 B12 中的公式复制到单元格区域 B12：J12。

1）单击单元格 B12，然后单击"编辑"菜单，最后单击"复制"选项。此过程将单元格 B12 中公式放入到剪切板准备复制。

2）单击单元格 B12，按住鼠标器左键，向右拖动鼠标器直至单元格 J12，然后单击

"编辑"菜单，最后单击"粘贴"选项。此过程将剪切板中的公式复制到单元格区域 B12：G12。

这样便建立了一个德尔斐法分析表（模本），详见表 3.10。

表 3.10　　　　　　　　　　　德尔斐法分析表（模本）

序号	A	B	C	D	E	F	G	H	I	J
1	专家	第一次判断销售量			第二次判断销售量			第三次判断销售量		
2	编号	最高	最可能	最低	最高	最可能	最低	最高	最可能	最低
3	＃1	＊	＊	＊	＊	＊	＊	＊	＊	＊
4	＃2	＊	＊	＊	＊	＊	＊	＊	＊	＊
5	＃3	＊	＊	＊	＊	＊	＊	＊	＊	＊
6	＃4	＊	＊	＊	＊	＊	＊	＊	＊	＊
7	＃5	＊	＊	＊	＊	＊	＊	＊	＊	＊
8	＃6	＊	＊	＊	＊	＊	＊	＊	＊	＊
9	＃7	＊	＊	＊	＊	＊	＊	＊	＊	＊
10	＃8	＊	＊	＊	＊	＊	＊	＊	＊	＊
11	＃9	＊	＊	＊	＊	＊	＊	＊	＊	＊
12	平均值	＝AVERAGE（B3：B11）								
13	预测值	＝0.3＊H12＋0.5＊I12＋0.2＊J12								

（5）在工作表"德尔斐法"中单元格区域 B3：J11 输入数据。

（6）取消公式输入方式，则工作表"德尔斐法"中的数据详见表 3.11。

（7）保存工作表"德尔斐法"。

表 3.11　　　　　　　　　　　德尔斐法分析表（计算结果）

序号	A	B	C	D	E	F	G	H	I	J
1	专家	第一次判断销售量			第二次判断销售量			第三次判断销售量		
2	编号	最高	最可能	最低	最高	最可能	最低	最高	最可能	最低
3	＃1	1 800	1 500	100	1 800	1 500	1 200	1 800	1 500	1 100
4	＃2	1 200	900	400	1 300	1 000	600	1 300	1 000	800
5	＃3	1 600	1 200	800	1 600	1 400	1 000	1 600	1 400	1 000
6	＃4	3 000	1 800	1 500	3 000	1 500	1 200	2 500	1 200	1 000
7	＃5	700	400	200	1 000	800	400	1 200	1 000	600
8	＃6	1 500	1 000	600	1 500	1 000	600	1 500	1 200	600
9	＃7	800	600	500	1 000	800	500	1 200	1 000	800
10	＃8	1 000	600	500	1 200	800	700	1 200	800	700
11	＃9	1 900	1 000	800	2 000	1 100	1 000	1 200	800	600
12	平均值	1 500	1 000	700	1 600	1 100	800	1 500	1 100	800
13	预测值	1 160								

3.5.4 利用资金习性法预测资金需求量的案例

【例3.5】 某公司产销数量和资金占用的历史资料详见表3.12。已知该公司2016年预计产量为96 000件，要求用高低点法预测2016年的资金占用量。

表3.12 某公司产销数量和资金占用的历史资料

年度	产量 x/万件	资金占用量 y/万元
2011	7.5	700
2012	7	660
2013	8	730
2014	8.5	790
2015	9	820

（1）在Excel中使用高低点法求解如下。

1）打开工作簿"财务预测"，创建新工作表"高低点法"。

2）在工作表"高低点法"中设计表格。

3）按表3.13所示在工作表"高低点法"中输入公式。

表3.13 单元格公式

单元格	公式	备注
B8	=(MAX(C2:C6)—MIN(C2:C6))/(MAX(B2:B6)—MIN(B2:B6))	计算单位产量变动资金率
B9	=MAX(C2:C6)—B8*MAX(B2:B6)	计算不动资金
B11	=B9+B8*B10	计算预计资金占用量

这样便建立了一个"高低点法"模本，详见表3.14。

表3.14 高低点法分析表（模本）

序号	A	B	C
1	年度	产量 x/件	资金占用量 y/万元
2	2011	*	*
3	2012	*	*
4	2013	*	*
5	2014	*	*
6	2015	*	*
7			
8	B	=(MAX(C2:C6)—MIN(C2:C6))/(MAX(B2:B6)—MIN(B2:B6))	
9	A	=MAX(C2:C6)—B8*MAX(B2:B6)	
10	预计产销量		
11	预计资金占用量	=B9+B8*B10	

4）在工作表"高低点法"中单元格区域输入数据。

5）取消公式输入方式，则工作表"高低点法"中的数据详见表 3.15。

6）保存工作表"高低点法"。

表 3.15　　　　　　　　　　　　高低点法分析表（计算结果）

序号	A	B	C
1	年度	产量 x/件	资金占用量 y/万元
2	2011	75 000	7 000 000
3	2012	70 000	6 600 000
4	2013	80 000	7 300 000
5	2014	85 000	7 900 000
6	2015	90 000	8 200 000
7			
8	B	80	
9	A	1 000 000	
10	预计产销量	96 000	
11	预计资金占用量	8 680 000	

（2）使用散布图求解。根据上例中的数据，在 Excel 中绘制散点图，并据此求出 a、b 的值。

1）打开工作簿"财务预测"，创建新工作表"散点图法"。

2）在工作表"散点图法"中设计表格。

3）在工作表"散点图法"中输入数据，输入完数据的表格详见表 3.16。

表 3.16　　　　　　　　　　　　散　点　图　法

序号	A	B	C
1	年度	产量 x/件	资金占用量 y/万元
2	2011	75 000	7 000 000
3	2012	70 000	6 600 000
4	2013	80 000	7 300 000
5	2014	85 000	7 900 000
6	2015	90 000	8 200 000

4）单击"插入"菜单，然后单击"图表"选项，此时出现图 3.5 所示对话框。

5）在图 3.5 中"图表类型"提示下单击"XY 散点图"选项，在"子表图类型"下单击"折线散点图"，然后单击"下一步"按钮，此时出现图 3.6 所示对话框。

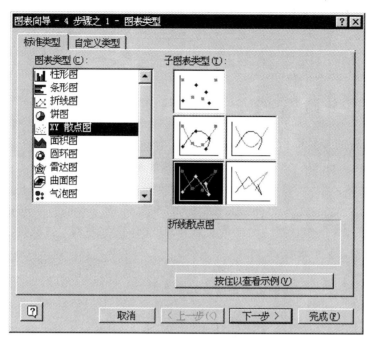

图 3.5 "图表向导-4 步骤之 1-图表类型"对话框

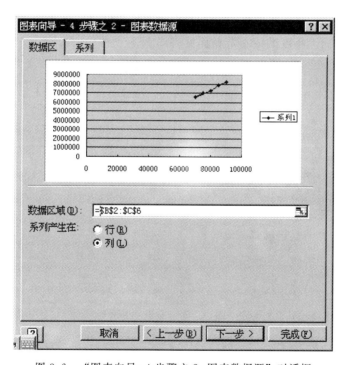

图 3.6 "图表向导-4 步骤之 2-图表数据源"对话框

6）在图 3.6 中"数据区域"提示旁输入"＝＄B＄2：＄C＄6"，然后单击"完成"按钮，此时出现图 3.7 所示。

7）保存工作表"散点图法"。

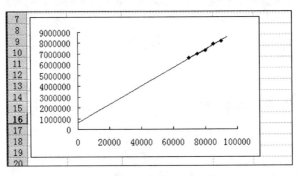

图 3.7 产量和资金占用量的散点图

由图 3.7 可知，所作直线与 Y 周的交点为 900 000 万元左右，这就是所求 a 的值；利用 1997 年的数据，又可求得：

$$b = (8\ 200\ 000 - 900\ 000) \div 9 = 81.11$$

这样，便可对 1998 年的资金占用进行预测：

$$y = 90 + 81.11 \times 9.8 = 8\ 848\ 900 （元）$$

3.5.5 利用因素分析法预测成本的案例

【例 3.6】 某企业计划年度生产甲、乙两种产品，甲产品计划生产 5 000 台，乙产品计划生产 3 500 台。上年度的成本资料详见表 3.17。

表 3.17 上年度的成本资料 单位：元

产品	原材料成本	燃料动力	直接人工	间接人工	平均单位成本
甲	263.8	4.7	115.2	18.9	402.6
乙	1 045.2	18.3	351.6	64.5	1 479.6

有关技术经济指标的变动情况预计为：

（1）计划年度生产增长 10%。

（2）原材料消耗定额降低 5%。

（3）燃料和动力消耗定额降低 8%。

（4）劳动生产率提高 6%。

（5）直接人工增长 4%。

（6）间接费用增长 3%。

（7）原材料价格预计上升 2%。

根据上述资料，预测该公司计划年度的总成本费用。

在 Excel 中使用因素分析预测法求解如下。

（1）打开工作簿"财务预测"，创建新工作表"因素分析预测法"。

（2）在工作表"因素分析预测法"中设计表格。

（3）按表 3.18 所示在工作表"因素分析预测法"中输入公式。

表 3.18   **单 元 格 公 式**

单元格	公 式	备 注
B10	=F3＊G3＋F4＊G4	按上年平均单位成本计算计划年度总成本
B12	=(B3＊＄G＄3＋B4＊＄G＄4)/B10	计算原材料在总成本中比重
B13	=(C3＊G3＋C4＊G4)/B10	计算材料和动力在总成本中比重
E12	=(D3＊G3＋D4＊G4)/B10	计算直接工资在总成本中比重
E13	=(E3＊G3＋E4＊G4)/B10	计算间接费用在总成本中比重
C16	=－B7＊B12	计算原材料消耗变动引起的成本降低率
C17	=－C7＊B13	计算燃料和动力消耗变动引起的成本降低率
C18	=(1－(1＋E7)/(1＋D7))＊E12	计算劳动率与直接工资变动引起的成本降低率
C19	=(1－(1＋F7)/(1＋A7))＊E13	计算生产增长与间接费用变动引起的成本降低率
C20	=－G7＊(1＋B7)＊B12	计算原材料价格变动引起的成本降低率
E16	=C16＊B10	计算原材料消耗变动引起的成本降低额
E17	=C17＊B10	计算燃料和动力消耗变动引起的成本降低额
E18	=C18＊B10	计算劳动率与直接工资变动引起的成本降低额
E19	=C19＊B10	计算生产增长与间接费用变动引起的成本降低额
E20	=C20＊B10	计算原材料价格变动引起的成本降低额
B22	=SUM(C16:C20)	计算计划年度成本降低率
B23	=SUM(E16:E20)	计算计划年度成本降低总额
B25	=B10＊(1－B22)	计算成本费用预计值

这样便建立了一个"因素分析预测法"模本，详见表 3.19。

表 3.19   **因素分析预测法分析表（模本）**

序号	A	B	C	D	E	F	G
1	原始数据区						
2	产品	原材料成本	燃料动力	直接人工	间接人工	平均单位成本	预计产量
3	甲	＊	＊	＊	＊	＊	＊
4	乙	＊	＊	＊	＊	＊	＊
5	计划年度各指标的变动率(正数表示增长，负数表示下降)						
6	生产增长率	原材料消耗	燃料动力消耗	劳动生产率	直接人工	间接费用	原材料价格
7	＊	＊	＊	＊	＊	＊	＊
8	计算区						
9	1. 按上年平均单位成本计算计划年度总成本						
10	总成本	=F3＊G3＋F4＊G4					
11	2. 按上年平均单位成本计算计划年度总成本中各项目的比重						
12		原材料	=(B3＊＄G＄3＋B4＊＄G＄4)/B10		直接工资	=(D3＊G3＋D4＊G4)/B10	

续表

序号	A	B	C	D	E	F	G
13	材料和动力		=(C3*G3+C4*G4)/B10		间接费用	=(E3*G3+E4*G4)/B10	
14		3. 计算由于各项技术指标变动引起的成本降低率和降低额					
15	技术指指标		降低率		降低额		
16	原材料消耗		=−B7*B12		=C16*B10		
17	燃料和动力消耗		=−C7*B13		=C17*B10		
18	劳动率与直接工资		=(1−(1+E7)/(1+D7))*E12		=C18*B10		
19	生产增长与间接费用		=(1−(1+F7)/(1+A7))*E13		=C19*B10		
20	原材料价格		=−G7*(1+B7)*B12		=C20*B10		
21		4. 计算计划年度成本的成本降低率和降低额					
22	总降低率			=SUM(C16:C20)			
23	总降低额			=SUM(E16:E20)			
24		5. 确定计划年度成本预测值					
25	预测值	=B10*(1−B22)					

（4）在工作表"因素分析预测法"中单元格区域输入数据。

（5）取消公式输入方式，则工作表"因素分析预测法"中的数据详见表 3.20。

（6）保存工作表"因素分析预测法"。

表 3.20　　　　　　　　　因素分析预测法分析表（计算结果）

序号	A	B	C	D	E	F	G
1		原始数据区					
2	产品	原材料成本	燃料动力	直接人工	间接人工	平均单位成本	预计产量
3	甲	263.8	4.7	115.2	18.9	402.6	5000
4	乙	1045.2	18.3	351.6	64.5	1479.6	3500
5		计划年度各指标的变动率（正数表示增长，负数表示下降）					
6	生产增长率	原材料消耗	燃料动力消耗	劳动生产率	直接人工	间接费用	原材料价格
7	10%	−5%	−8%	6%	4%	3%	2%
8		计算区					
9		1. 按上年平均单位成本计算计划年度总成本					
10	总成本			7 191 600			
11		2. 按上年平均单位成本计算计划年度总成本中各项目的比重					
12	原材料		69.2%		直接工资	25.1%	
13	材料和动力		1.2%		间接费用	4.5%	
14		3. 计算由于各项技术指标变动引起的成本降低率和降低额					
15	技术指标		降低率		降低额		

续表

序号	A	B	C	D	E	F	G
16	原材料消耗		3.46%		248 860.00		
17	燃料和动力消耗		0.10%		7 004.00		
18	劳动率与直接工资		0.47%		34 086.79		
19	生产增长与间接费用		0.28%		20 379.55		
20	原材料价格		−1.31%		−94 566.80		
21	4. 计算计划年度成本的成本降低率和降低额						
22	总降低率	3.00%					
23	总降低额	215 763.54					
24	确定计划年度成本预测值						
25	预测值	6 975 836.5					

第4章 融 资 决 策

融资决策是企业财务管理的重要组成部分，并贯穿于企业财务管理的全过程。本章主要介绍常见的融资方式、资本成本、融资决策和如何使用 Excel 进行融资决策分析。

4.1 融资方式

本章主要讨论长期融资方式。公司常用的长期融资方式主要有普通股、优先股、长期债券、长期借款和留存收益等。按资金来源于公司内部和外部划分，其中前四种属于外部融资方式；留存收益属于内部融资方式。按所筹集的资金是自有的还是借入的划分，普通股、优先股和留存收益属于自有资金，一般称为权益资本；长期债券和长期借款属于借入资金，一般称为债务资本。

4.1.1 普通股融资

普通股是股份有限公司发行的无特别权利的股份，也是最基本的、标准的股份。普通股的持有人是公司的股东，他们是公司的最终所有者，对公司的经营收益或公司清算时的资产分配拥有最后的请求权，是公司风险的主要承担者。

1. 普通股及其股东权利

依《中华人民共和国公司法》的规定，普通股股东主要有以下权利：

（1）对公司的管理权。

（2）股份转让权。

（3）股利分配权。

（4）对公司账目和股东大会决议的审查权和对公司实物的质询权。

（5）分配公司剩余财产的权利。

（6）公司章程规定的其他权利。

2. 普通股的种类

股份有限公司根据有关法规的规定以及筹资和投资者的需要，可以发行不同种类的普通股。通常，普通股有以下几种分类：

（1）按股票有无记名，可分为记名股票和不记名股票。记名股票是在股票票面上记载股东姓名或名称的股票。这类股票除了股票上所记载的股东外，其他人不得行使其股权，且股份的转让有严格的法律程序与手续，需办理过户。我国公司法规定，向发起人、国家授权机构投资的机构、法人发行的股票应为记名股票。不记名股票是票面上不记载股东姓名的股票。这类股票的持有人，具有股东资格；股票的转让也比较自由、方便，无需办理过户手续。

（2）按股票是否标明金额，分为面值股票和无面值股票。面值股票是在票面上标有一定金额的股票。无面值股票是不在票面上标有一定金额的股票，只载明所占公司股本总额的比例或股份数的股票。

（3）按投资主体的不同，可分为国家股、法人股、个人股和外资股。国家股是有权代表国家投资的部门或机构以国有资产向公司投入而形成的股份。法人股是企业法人依法以其可支配的财产向公司投入而形成的股份。个人股是社会个人或公司内部职工以个人合法财产权投入公司而形成的股份。外资股是外国和中国香港、澳门、台湾地区投资者购买的人民币特种股票而形成的股份。

（4）按发行对象和上市地区，又可将股票分为 A 股、B 股、H 股和 N 股。A 股是供中国大陆地区个人或法人买卖的，以人民币标明票面金额并以人民币认购和交易的股票。B 股、H 股和 N 股是供外国和中国香港、澳门、台湾地区投资者买卖的，以人民币标明票面金额但以外币认购和交易的股票。其中，B 股在上海、深圳上市；H 股在香港上市；N 股在纽约上市。

3. 普通股融资的特点

（1）普通股融资的优点。与其他筹资方式相比，普通股筹资具有以下优点：

1）所筹集的资本具有永久性，无到期日，不需归还。

2）没有固定的股利负担，股利的支付与否和支付多少，视公司有无盈利和经营需要而定。

3）能增加公司的信誉，增强了公司的举债能力。

4）由于普通股的预期收益较高并可一定程度地抵消通货膨胀的影响，因此普通股筹资容易吸收资金。

（2）普通股融资的缺点。

1）资本成本较高。首先，从投资者的角度讲，投资于普通股风险较高，相应地所要求投资报酬率也较高；其次，对于筹资公司来讲，普通股股利从税后利润中支付，不像债券利息那样作为费用从税前支付，因而不具有抵税作用；最后，普通股的发行费用也高于其他筹资方式。

2）以普通股筹资会增加新股东，这可能分散公司的控制权；另外，新股东分享公司未发行新股东前积累的盈余，会降低普通股的每股净收益，从而可能引发股价的下跌。

4. 股票发行的条件

股票发行条件是股票发行者在以股票形式筹集资金时必须考虑并满足的因素，通常包括首次发行条件、增资发行条件和配股发行条件等。

《中华人民共和国证券法》规定，公司公开发行新股，应当具备健全且运行良好的组织机构，具有持续盈利能力，财务状况良好，3 年内财务会计文件无虚假记载，无其他重大违法行为以及经国务院批准的国务院证券监督管理机构规定的其他条件。

《首次公开发行股票并上市管理办法》规定，首次公开发行的发行人应当是依法设立并合法存续的股份有限公司；持续经营时间应当在 3 年以上；注册资本已足额缴纳；生产经营合法；3 年内主营业务、高级管理人员、实际控制人没有重大变化；股权清晰。发行人应具备资产完整、人员独立、财务独立、机构独立、业务独立的独立性。发行人应规范运行。

发行人财务指标应满足以下要求：

（1）3个会计年度净利润均为正数且累计超过人民币3 000万元，净利润以扣除非经常性损益后较低者为计算依据。

（2）连续3个会计年度经营活动产生的现金流量净额累计超过人民币5 000万元；或者3个会计年度营业收入累计超过人民币3亿元。

（3）发行前股本总额不少于人民币3 000万元。

（4）至今连续1期末无形资产（扣除土地使用权、水面养殖权和采矿权等后）占净资产的比例不高于20％。

（5）至今连续1期末不存在未弥补亏损。

5. 股票发行的程序

股份有限公司在设立时发行股票与增资发行新股，程序上有所不同。

（1）设立时发行股票的程序。

1）提出募集股份申请。

2）公告招股说明书，制作认股书，签订承销协议和代收股款协议。

3）招认股份，缴纳股款。

4）召开大会，选举董事会、监事会。

5）办理设立登记，交割股票。

（2）增资发行新股的程序。

1）股东大会做出发行新股的决议。

2）由董事会向国务院授权的部门或省级人民政府申请并批准。

3）公司经批准向社会公开发行新股时，必须公告新股招股说明书和财务会计报表及附属明细表，并制作认股书。

4）招认股份，缴纳股款。

5）改组董事会、监事会，办理变更登记并向社会公告。

6. 股票上市的目的

股份公司申请股票上市，一般出自于下列目的：

（1）资本大众化，分散风险。

（2）提高股票的变现力。

（3）便于筹措新资金。

（4）提高公司知名度，吸引更多顾客。

（5）便于确定公司价值。

7. 股票上市的条件

公司公开发行的股票进入证券交易所挂牌买卖（即股票上市），须受严格的条件限制。我国公司法规定，股份有限公司申请其股票上市，必须符合下列条件：

（1）股票经国务院证券管理部门批准已向社会公开发行，不允许公司在设立时直接申请股票上市。

（2）公司股本总额不得少于人民币5 000万元。

（3）开业时间在 3 年以上，最近 3 年连续盈利，属国有企业依法改建后设立股份有限公司的，或者在公司法实施后新组建成立，其主要发行人为国有大中型企业的股份有限公司，可连续计算。

（4）持有股票面值人民币 1 000 元以上的股东不少于 1 000 人，向社会公开发行的股份达股份总数的 25％以上；公开拟发行股本总额超过人民币 4 亿元的，其向社会公开发行股份的比例为 15％以上。

（5）公司在最近 3 年内无重大违法行为，财务会计报告无虚假记载。

（6）国务院规定的其他条件。

4.1.2 长期债券筹资

1. 债券的基本要素

债券是发行人依照法定程序发行的、约定在一定期限向债券持有人还本付息的有价证券。债券是一种债务凭证，反映了发行者与购买者之间的债权债务关系。债券尽管种类多种多样，但是在内容上都要包含一些基本要素。这些要素是指发行的债券上必须载明的基本内容，这是明确债权人和债务人权利和义务的主要约定，具体包括：

（1）债券面值。债券面值是指债券的票面价值，是发行人对债券持有人在债券到期后应偿还的本金数额，也是企业向债券持有人按期支付利息的计算依据。债券的面值与债券实际的发行价格并不一定是一致的，发行价格大于面值称为溢价发行，小于面值称为折价发行。

（2）票面利率。债券的票面利率是指债券利息与债券面值的比率，是发行人承诺以后一定时期支付给债券持有人报酬的计算标准。债券票面利率的确定主要受到银行利率、发行者的资信状况、偿还期限和利息计算方法以及当时资金市场上资金供求情况等因素的影响。

（3）付息期。债券的付息期是指企业发行债券后的利息支付的时间。它可以是到期一次支付，或 1 年、半年或者 3 个月支付一次。在考虑货币时间价值和通货膨胀因素情况下，付息期对债券投资者的实际收益有很大影响。到期一次付息的债券，其利息通常是按单利计算的；而年内分期付息的债券，其利息是按复利计算的。

（4）偿还期。债券偿还期是指企业债券上载明的偿还债券本金的期限，即债券发行日至到期日之间的时间间隔。公司要结合自身资金周转状况及外部资本市场的各种影响因素来制定公司债券的偿还期。

2. 债券的种类

（1）按是否有财产担保，债券可以分为抵押债券和信用债券。

1）抵押债券是以企业财产作为担保的债券，按抵押品的不同又可以分为一般抵押债券、不动产抵押债券、动产抵押债券和证券信用抵押债券。抵押债券可以分为封闭式和开放式两种。"封闭式"公司债券发行额会受到限制，即不能超过其抵押资产的价值；"开放式"公司债券发行额不受限制。抵押债券的价值取决于担保资产的价值。抵押品的价值一般超过它所提供担保债券价值的 25％～35％。

2）信用债券是不以任何公司财产作为担保，完全凭信用发行的债券。其持有人只对公司的非抵押资产具有追索权，企业的盈利能力是这些债券投资人的主要担保。因为信用债券没有财产担保，所以在债券契约中都要加入保护性条款，如不能将资产抵押其他债权人、不能兼并其他企业、未经债权人同意不能出售资产、不能发行其他长期债券等。

（2）按是否能转换为公司股票，债券可以分为可转换债券和不可转换债券。

1）可转换债券是指在特定时期内可以按某一固定的比例转换成普通股的债券，它具有债务与权益双重属性，属于一种混合性筹资方式。由于可转换债券赋予债券持有人将来成为公司股东的权利，因此其利率通常低于不可转换债券。若将来转换成功，在转换前发行企业达到了低成本筹资的目的；转换后又可节省股票的发行成本。根据《中华人民共和国公司法》的规定，发行可转换债券应由国务院证券管理部门批准，发行公司应同时具备发行公司债券和发行股票的条件。

2）不可转换债券是指不能转换为普通股的债券，又称为普通债券。由于其没有赋予债券持有人将来成为公司股东的权利，所以其利率一般高于可转换债券。本部分所讨论的债券的有关问题主要是针对普通债券的。

（3）按利率是否固定，债券可以分为固定利率债券和浮动利率债券。

1）固定利率债券是将利率印在票面上并按其向债券持有人支付利息的债券，该利率不随市场利率的变化而调整。因而固定利率债券可以较好地抵制通货紧缩风险。

2）浮动利率债券的息票率是随市场利率变动而调整的利率。因为浮动利率债券的利率同当前市场利率挂钩，而当前市场利率又考虑到了通货膨胀率的影响，所以浮动利率债券可以较好地抵制通货膨胀风险。

（4）按是否能够提前偿还，债券可以分为可赎回债券和不可赎回债券。可赎回债券是指在债券到期前，发行人可以以事先约定的赎回价格收回的债券。公司发行可赎回债券主要是考虑到公司未来的投资机会和回避利率风险等问题，以增加公司资本结构调整的灵活性。发行可赎回债券最关键的问题是赎回期限和赎回价格的制定。

不可赎回债券是指不能在债券到期前收回的债券。

（5）按偿还方式不同，债券可以分为一次到期债券和分期到期债券。一次到期债券是发行公司于债券到期日一次偿还全部债券本金的债券；分期到期债券是指在债券发行的当时就规定有不同到期日的债券，即分批偿还本金的债券。分期到期债券可以减轻发行公司集中还本的财务负担。

3. 债券的发行

（1）债券发行的条件。根据《中华人民共和国公司法》规定我国债券发行的主体，主要是公司制企业和国有企业。企业发行债券的条件是：

1）股份有限公司的净资产额不低于人民币 3 000 万元，有限责任公司的净资产额不低于人民币 6 000 万元。

2）累计债券总额不超过净资产的 40%。

3）最近 3 年平均可分配利润足以支付公司债券 1 年的利息。

4）筹资的资金投向符合国家的产业政策。

5）债券利息率不得超过国务院限定的利率水平。

6）其他条件。

（2）债券的发行价格。债券的发行价格是指债券原始投资者购入债券时应支付的市场价格，它与债券的面值可能一致也可能不一致。理论上，债券发行价格是债券的面值和要支付的年利息按发行当时的市场利率折现所得到的现值，计算的基本公式为

$$债券发行价格 = \sum_{t=1}^{n} \frac{面值 \times 票面利率}{(1+市场利率)^t} + \frac{面值}{(1+市场利率)^t}$$

式中　n——债券发行期限；

　　　t——债券支付利息的总期数。

由此可见，票面利率和市场利率的关系影响到债券的发行价格。当债券票面利率等于市场利率时，债券发行价格等于面值；当债券票面利率低于市场利率时，企业仍以面值发行就不能吸引投资者，故一般要折价发行；反之，当债券票面利率高于市场利率时，企业仍以面值发行就会增加发行成本，故一般要溢价发行。

在实务中，根据上述公式计算的发行价格一般是确定实际发行价格的基础，还要结合发行公司自身的信誉情况、对资金的急需程度和对市场利率变化趋势的预测等各种因素来确定最合适的债券发行价格。

4. 债券筹资的特点

（1）债券筹资的优点。

1）资本成本低。债券的利息可以税前列支，具有抵税作用；另外债券投资人比股票投资人的投资风险低，因此其要求的报酬率也较低。故公司债券的资本成本要低于普通股。

2）具有财务杠杆作用。债券的利息是固定的费用，债券持有人除获取利息外，不能参与公司净利润的分配，因而具有财务杠杆作用，在息税前利润增加的情况下会使股东的收益以更快的速度增加。

3）所筹集资金属于长期资金。发行债券所筹集的资金一般属于长期资金，可供企业在一年以上的时间内使用，这为企业安排投资项目提供了有力的资金支持。

4）债券筹资的范围广、金额大。债券筹资的对象十分广泛，它既可以向各类银行或非银行金融机构筹资，也可以向其他法人单位、个人筹资，因此筹资比较容易并可筹集较大金额的资金。

（2）债券筹资的缺点。

1）财务风险大。债券有固定的到期日和固定的利息支出，当企业资金周转出现困难时，易使产业陷入财务困境，甚至破产清算。因此筹资企业在发行债券来筹资时，必须考虑利用债券筹资方式所筹集的资金进行的投资项目的未来收益的稳定性和增长性的问题。

2）限制性条款多，资金使用缺乏灵活性。因为债权人没有参与企业管理的权利，为了保障债权人债权的安全，通常会在债券合同中包括各种限制性条款。这些限制性条款会影响企业资金使用的灵活性。

4.1.3　长期借款筹资

长期借款是指向银行或其他非银行金融机构借入的、期限在 1 年以上的各种借款。长期借款主要用于购建固定资产和满足企业营运资金的需要。在西方，银行长期借款的初始

贷款期是 3～5 年；长期贷款利率较短期贷款利率高 0.25%～0.50%；人寿保险公司等非银行机构的贷款期限一般在 7 年以上，利率比银行贷款要高些，而且要求借款人预付违约金。

1. 借款合同的内容

借款合同是规定借贷当事人双方权利和义务的契约。借款合同具有法律约束力，借贷当事人双方必须遵守合同条款，履行合同约定的义务。借款合同中包括基础条款和限制性条款。

（1）借款合同的基础条款。根据我国有关法规规定，借款合同应具备下列基本条款：借款种类，借款用途，借款金额，借款利率，借款期限，还款资金来源及还款方式，保证条款，违约责任等。

（2）借款合同的限制性条款。借款合同中包含的保护贷款人利益的条款称为限制性条款。

没有任何一项条款只靠自身就能够发挥保护作用，但是这些条款结合在一起就能够确保借款企业的整体资产的流动性与偿还能力。限制性条款归纳起来主要有以下三类：

1）一般性限制条款，主要包括：企业需持有一定限度的营运资金，保持其资产的合理流动性及支付能力；限制企业支付现金股利；限制企业固定资产投资的规模；限制企业借入其他长期资金，特别是抵押举债等。

2）例行性限制条款，主要包括：企业定期向银行报送财务报表并投保足够的保险；不能出售其资产的重大部分；债务到期要及时偿付；禁止应收账款的贴现和出售等；限制其他或有负债等。

3）特殊性限制条款，主要包括：公司要为高级管理人员投人身保险；在贷款期内公司不得解聘关键管理人员；限制高级管理人员的薪水和奖金；不得改变借款用途等。

2. 长期借款的偿还方式

长期借款的偿还方式由借贷双方共同商定。一般主要有以下几种方式：

（1）定期支付利息、到期偿还还本金。这是最普通、最具代表性的偿还方式。采用这种方式，对于借款企业来说，分期支付利息的压力较小，但借款到期后偿还本金的压力较大。

（2）定期等额偿还方式，即在债务期限内均匀偿还本利和。这种偿还方式减轻了一次性偿还本金的压力，但是可供借款企业使用的借款额会逐期减少，因此会提高企业使用借款的实际利率。

（3）在债务期限内，每年偿还相等的本金再加上当年的利息。这是与第二种方式类似的一种偿还方式。

（4）到期一次还本付息。这种方式的优点是企业平时没有支付利息和本金的压力，有利于企业合理安排资金的使用，但到期偿还本付息的压力较大。

不同偿还方式使企业在借款期内偿还的本息总额是不同的，在整个偿还过程中现金流量分布也是不同的，企业应该根据自身的实际情况，合理选择偿还方式。

3. 长期借款的信用条款

按照国际惯例，银行借款往往附加一些信用条款，主要有授信额度、周转授信协议、补偿性余额等。

（1）授信额度。授信额度是借款企业与银行间正式或非正式协议规定的企业借款的最高限额。在授信额度内，企业可随时按需要向银行申请借款。但在非正式协议下，银行并不承担按最高借款限额贷款的法律义务。

（2）周转授信协议。周转授信协议一般是银行对大公司使用的正式授信额度。与一般授信额度不同，银行对周转信用额度负有法律义务，并因此向企业收取一定的承诺费用，一般按企业未使用的授信额度的一定比率（通常为 0.2％左右）计算。

（3）补偿性余额。补偿性余额是银行要求企业将借款的 10％～20％的平均余额以无息回存的方式留存银行，目的是降低银行贷款风险。补偿性余额使借款企业的实际借款利率有所提高。

4. 长期借款筹资的特点

（1）长期借款筹资的优点。

1）筹资速度快。通过发行各种证券来筹集长期资金需要证券发行前的准备时间和发行时间，而银行借款与发行证券相比，一般所需时间都较短，可以迅速地获取资金。

2）资本成本较低。长期借款利息可在税前支付，另外借款的手续费低于证券的发行费用。因而相对于其他长期筹资方式，长期借款的资本成本是最低的。

3）弹性较大。借款企业面对的是银行而不是广大的债券持有人，而且可以与银行直接接触，确定贷款的时间、数量和利息；另外在借款期间如果情况发生了变化，企业也可与银行再进行协商，修改借款数量及条件等，与其他筹资方式方式相比有较大的弹性。

4）具有财务杠杆作用。因为银行借款利息属于固定性融资成本，在息税前利润增加时，会使税后利润以更大的幅度增加。

（2）长期借款筹资的缺点。

1）财务风险较大。因为财务杠杆的作用，在息税前利润减少时，会使税后利润以更大的幅度减少；另外借款会增加企业还本付息的压力。

2）限制条款较多。银行长期借款都有很多的限制条款，这些条款可能会限制企业的经营活动，包括筹资活动和投资活动。

3）筹资数量有限。银行一般不愿进行巨额的长期贷款；另外，当企业财务状况不好，借款利率会很高，甚至根本不可能得到贷款。

4.1.4 短期负债方式

企业除了采用发行债券、发行股票、长期借款等方式筹集长期资本外，还要采取短期借款、商业信用等方式筹集短期资本。

1. 短期借款

短期借款是企业向银行和其他非银行金融机构借入的期限在一年以内的借款。

（1）短期借款的种类。目前我国短期借款按照目的和用途分为生产周转借款、临时借款、结算借款等。按照国际惯例，短期借款往往按偿还方式不同分为一次性偿还借款和分期偿还借款；按利息支付方式不同分为收款法借款、贴现法借款和加息法借款；按有无担保分为抵押借款和信用借款等。下面主要介绍一下信用借款和抵押借款。

1) 信用借款。信用借款是指企业凭借自己的信誉从银行取得的借款。银行在对企业的财务报表、现金预算等资料分析的基础之上，决定是否向企业贷款。一般只有信誉好、规模大的公司才可能得到信用借款。这种信用借款一般都带有一些信用条件，如信用额度、周转信用协议和补偿性余额等。

2) 抵押借款。为了降低风险，银行发放贷款时往往需要有抵押品担保。短期借款的抵押品主要有应收账款、存货、应收票据、债券等。银行将根据抵押品面值的30%～90%发放贷款，具体比例取决于抵押品的变现能力和银行对风险的态度。抵押借款的利率通常高于信用借款，这是因为银行主要向信誉好的客户提供信用贷款，而将抵押贷款看作是一种风险投资，故收取较高的利率；另外，银行管理抵押贷款要比信用贷款困难，往往为此另外收取手续费。抵押借款的种类主要有应收账款的担保借款、应收账款让售借款、应收票据贴现借款和存货担保贷款。

（2）短期借款的成本。短期借款成本主要包括利息、手续费等。短期借款成本的高低主要取决于贷款利率的高低和利息的支付方式。短期贷款利息的支付方式有收款法、贴现法和加息法三种，方式不同短期借款成本计算也有所不同。

1) 收款法。收款法是在借款到期时向银行支付利息的方法。银行向企业贷款一般都采用这种方法收取利息。采用收款法时，短期贷款的实际利率就是名义利率。

2) 贴现法。贴现法又称折价法是指银行向企业发放贷款时，先从本金中扣除利息部分，而到期时借款企业则要偿还贷款全部本金的一种利息支付方法。在这种利息支付方式下，企业可以利用的贷款只是本金减去利息部分后的差额，因此，贷款的实际利率要高于名义利率。

3) 加息法。加息法是银行发放分期等额偿还贷款时采用的利息收取方法。在分期等额偿还贷款情况下，银行将根据名义利率计算的利息加到贷款本金上，计算出贷款的本息之和，要求企业在贷款期内分期偿还本息之和的金额。由于贷款本金分期均衡偿还，借款企业实际上只平均使用了贷款本金的一半，却支付了全额利息。这样企业所负担的实际利率便要高于名义利率大约1倍。

2. 商业信用

商业信用是指在商品交易中由于延期付款或预收货款所形成的企业间的借贷关系，是企业间的一种直接信用行为。商业信用是伴随商品交易而产生的，属于自然性筹资。商业信用的具体形式有应付账款、应付票据、预收账款等。

（1）应付账款。

1) 应付账款的概念和种类。应付账款是企业购买货物暂未付款所形成的自然性筹资，即卖方允许买方在购货后一定时期内支付的货款的一种形式。卖方利用这种形式促销，而买方延期付款则等于向卖方借用资金购买商品，以满足短期资金的需求。这种商业信用的形式一般是建立在卖方对买方的信誉和财务状况比较了解的基础之上。

2) 应付账款的成本。与应收账款相对应，应付账款也有付款期、折扣期限、折扣比例等信用条件。若企业在折扣期内付款，便可以享受免费信用，这时企业没有因为享受信用而付出代价。但若超过折扣期限付款，则企业要承受因放弃现金折扣而造成的隐含利息成本。其计算公式为

$$放弃现金折扣的实际利率 = \frac{折扣率}{1-折扣率} \times \frac{360}{信用期限 - 折扣期限}$$

但若企业在放弃现金折扣的情况下，推迟付款的时间越长，其成本便会越小。

（2）应付票据。应付票据是企业进行延期付款商品交易时开具的反映债权债务关系的票据。根据承兑人的不同，应付票据分为商业承兑票据和银行承兑票据；按是否带息分为带息票据和不带息票据。应付票据的承兑期由交易双方商定，最长不超过 6 个月。应付票据的利率一般低于短期贷款利率，且不用保持相应的补偿性余额和支付协议费、手续费等。但是应付票据到期必须归还，如延期要支付罚金，因而风险较大。

（3）预收账款。预收账款是卖方企业在交付货物之前向买方预先收取的部分或全部货款的信用形式。对于卖方来说，预收账款相当于向买方借用资金后用货物抵偿。预收账款一般用于生产周期长、资金需要量大的货物的销售。

（4）应计费用。除了以上商业信用形式外，企业在非商品交易中还形成一些应计费用，如应付工资、应付税金、应付利息、应付股利等。这些应计费用支付期晚于发生期，相当于企业享用了收款方的借款，是一种"自然性筹资"。从某种程度上来说，应计费用是一种无成本的筹资方式。但是对于企业来说，应计费用并不是真正的可自由支配的，因为其期限通常都有强制性的规定，如按规定期限交纳税金和支付利息、每月按固定的日期支付工资等。因此应计费用不能作为企业主要的短期筹资方式来使用。

4.2 资本成本

4.2.1 资本成本的概念及意义

资本成本是指企业为筹集和使用资金而付出的代价。资本成本包括资金筹资费和资金占用费两部分。资金筹资费是指在资金筹资过程中支付的各项费用，如发行股票、债券支付的印刷费、发行手续费、律师费、资信评估费、公证费、担保费、广告费等；资金占用费是指占用资金支付的费用，如股票的股息、借款和债券的利息等。

资本成本是企业财务管理中的重要概念。对于企业筹资来讲，资金成本是选择资金来源，确定筹资方案的重要依据，企业要选择资金成本最低的筹资方式；对于企业投资来讲，资金成本是评价投资项目、决定投资取舍的重要标准，投资项目只有在其投资收益率高于资金成本时才是可接受的，否则将无利可图。资金成本还可作为衡量企业经营成果的尺度，即经营利润率应高于资金成本，否则表明经营不利，业绩欠佳。

资本成本有多种计量形式，主要包括个别资本成本、综合资本成本和边际资本成本。不同计量形式所得出的资本成本有不同的用途。个别资本成本是各种筹资方式的资本成本，包括长期债券成本、长期借款成本、优先股成本、普通股成本和留存收益成本，其中前两种统称为债务资本成本，后三种统称为权益资本成本。个别资本成本主要用于评价各种筹资方式；综合资本成本是对各种个别资本成本进行加权平均所得到的平均资本成本，一般用于企业资本结构决策；边际资本成本是追加筹资部分的成本，也要采用加权平均的方法计算，一般用于追加筹资决策。

4.2.2 个别资本成本的计算

1. 长期借款的资本成本

长期借款的资本成本是指借款利息和筹资费。由于借款利息计入税前成本费用，可以起到抵税的作用。

（1）不考虑货币时间价值时的长期借款资金成本计算模型。不考虑货币时间价值的长期借款资金成本计算公式为

$$K_1 = \frac{R_1(1-T)}{1-F_1}$$

或

$$K_1 = \frac{I_1(1-T)}{L(1-F_1)}$$

式中　K_1——长期借款资本成本；

I_1——长期借款年利息；

T——所得税率；

L——长期借款筹资额（借款本金）；

F_1——长期借款筹资费用率；

R_1——长期借款的利率。

（2）考虑货币时间价值时的长期借款资金成本计算模型。在考虑货币时间价值时，长期借款资金成本计算公式为

$$L(1-F_1) = \sum_{t=1}^{n} \frac{I_t}{(1+K)^t} + \frac{P}{(1+K)^n}$$
$$K_1 = K\ (1-T)$$

式中　P——第 n 年末应偿还的本金；

K——所得税前的长期借款资本成本；

K_1——所得税后的长期借款资本成本。

第一个公式中，等号左边是借款的实际现金流入，等号右边为借款引起的未来现金流出的现值总额，由各年利息支出的年金现值之和加上到期偿还本金的复利现值而得。

按照这种办法，实际上是将长期借款的资本成本看作是使这一借款的现金流入现值等于其现金流出现值的贴现率。运用时，先通过第一个公式，采用内插法求解借款的税前资本成本，再通过第二个公式将借款的税前资本成本调整为税后的资本成本。

2. 长期债券的资本成本

长期债券的资本成本主要是指债券利息和筹资费。由于债券利息计入税前成本费用，可以起到抵税的作用。

（1）不考虑货币时间价值时的债券成本计算模型。在不考虑货币的时间价值时，债券成本计算公式为

$$K_b = \frac{R_b(1-T)}{1-F_b}$$

或

$$K_b = \frac{I_b(1-T)}{B(1-F_b)}$$

式中　K_b——债券资本成本；

I_b——债券年利息；

T——所得税率；

B——债券筹资额；

F_b——债券筹资费用率；

R_b——债券的利率。

（2）考虑货币时间价值时的债券成本计算模型。在考虑货币的时间价值时，债券成本计算公式为

$$B(1-F_b) = \sum_{t=1}^{n} \frac{I_b}{(1+K)^t} + \frac{P}{(1+K)^n}$$

$$K_b = K(1-T)$$

式中　P——第 n 年末应偿还的本金；

K——所得税前的债券成本；

K_b——所得税后的债券成本。

3. 普通股资本成本

由于普通股的股利是不固定的，即未来现金流出是不确定的，因此很难准确估计出普通股的资本成本。常用的普通股资本成本估计的方法有：股利折现模型、资本资产定价模型和债券投资报酬率加股票投资风险报酬率。

（1）股利折现模型法。股利折现模型法就是按照资本成本的基本概念来计算普通股资本成本的，即将企业发行股票所收到资金净额现值与预计未来资金流出现值相等的贴现率作为普通股资本成本。其中预计未来资金流出包括支付的股利和回收股票所支付的现金。因为一般情况下企业不得回购已发行的股票，所以运用股利折现模型法计算普通股资本成本时只考虑股利支付。因为普通股按股利支付方式的不同可以分为零成长股票、固定成长股票和非固定成长股票等，相应的资本成本计算也有所不同。具体如下：

1）零成长股票。零成长股票是各年支付的股利相等，股利的增长率为 0。根据其估价模型可以得到其资本成本计算公式为

$$K_c = \frac{D}{P_0(1-f_c)}$$

式中　K_c——普通股资本成本；

P_0——发行价格；

f_c——普通股筹资费用率；

D——固定股利。

2）固定成长股票。固定成长股票是指每年的股利按固定的比例 g 增长。根据其估价模型得到的股票资本成本计算公式为

$$K_c = \frac{D}{P_0(1-f_c)} + g$$

使用该模型的关键是股利增长率 g 的确定。

3）非固定成长股。有些股票股利增长率是从高于正常水平的增长率转为一个被认为正常水平的增长率，如高科技企业的股票，这种股票称为非固定成长股票。这种股票资本

成本的计算不像固定成长股票和零成长股票，有一个简单的公式，而是要通过解高次方程来计算。

例如某企业股票预期股利在最初 5 年中按 10％的速度增长，随后 5 年中增长率为 5％，然后再按 2％的速度永远增长下去。则其资本成本应该是使下面等式成立的贴现率，即

$$P_0(1-f_c) = \sum_{t=1}^{5} \frac{D_0(1.10)^t}{(1+K_c)^t} + \sum_{t=6}^{10} \frac{D_5(1.05)^{t-5}}{(1+K_c)^t} + \sum_{t=11}^{\infty} \frac{D_{10}(1.02)^{t-10}}{(1+K_c)^t}$$

求出其中的 K_c，就是该股票的资本成本。

（2）资本资产定价模型法。在市场均衡的条件下，投资者要求的报酬率与筹资者的资本成本是相等的，因此可以按照确定普通股预期报酬率的方法来计算普通股的资本成本。资本资产定价模型是计算普通预期报酬率的基本方法，即

$$R_i = R_f + \beta_i(R_m - R_f)$$

整理上式可以得到：

$$K_c = R_f + \beta_i(R_m - R_f)$$

式中　　　R_f——无风险报酬率；

　　　　　R_m——市场上股票的平均报酬率；

　　　　　　β_i——第 i 种股票的贝他系数；

（$R_m - R_f$）——市场股票的平均风险报酬率。

该模型使用的关键是贝塔系数和市场平均收益率的确定。

（3）债券投资报酬率加股票投资风险报酬率。普通股必须提供给股东比同一公司的债券持有人更高的期望收益率，因为股东承担了更多的风险。因此可以在长期债券利率的基础上加上股票的风险溢价来计算普通股资本成本。用公式表示为

普通股资本成本＝长期债券收益率＋风险溢价

由于在此要计算的是股票的资本成本，而股利是税后支付，没有抵税作用。因此是长期债券收益率而不是债券资本成本构成了普通股成本的基础。风险溢价可以根据历史数据进行估计。在美国，股票相对于债券的风险溢价大约为 4％～6％。由于长期债券收益率能较准确的计算出来，在此基础上加上普通股风险溢价作为普通股资本成本的估计值还是有一定科学性的，而且计算比较简单。

4．留存收益资本成本

留存收益是由公司税后净利润形成的。从表面上看，如果公司使用留存收益似乎没有什么成本，其实不然，留存收益资本成本是一种机会成本。留存收益属于股东对企业的追加投资，股东放弃一定的现金股利，意味着将来获得更多的股利，即要求与直接购买同一公司股票的股东取得同样的收益，也就是说公司留存收益的报酬率至少等于股东将股利进行再投资所能获得的收益率。因此企业使用这部分资金的最低成本应该与普通股资本成本相同，唯一的差别就是留存收益没有筹资费用。

4.2.3　综合资本成本的计算

由于受多种因素的制约，企业不可能只使用某种单一的筹资方式，往往需要通过多种

方式筹资所需资金。综合资金成本是以各种资金占全部资金的比重为权数，对个别资金成本进行加权平均确定的，其计算公式为

$$K_w = \sum K_j \omega_j$$

式中　K_w——综合资金成本；

　　　K_j——第 j 种个别资金成本；

　　　ω_j——第 j 种个别资金占全部资金的比重。

其中权数 ω_j 可以选择账面价值、市场价值和目标价值。

4.2.4　边际资金成本

1. 边际资金成本的概念

企业无法以某一固定资金成本来筹措无限的资金，当以某种筹资方式筹集的资金超过一定限度时，该种筹资方式的资金成本就会增加。在企业追加筹资时，需要知道筹资额在什么数额上便会引起资金成本怎样的变化，这就要用到边际资金成本的概念。

边际资金成本是指资金每增加一个单位而增加的成本。边际资金成本也是按加权平均法计算的，是追加筹资时所使用的加权平均资本成本。

2. 边际资金成本的计算

（1）计算筹资突破点。筹资突破点是指保持某资金成本率的条件下，可以筹集到的资金总限额。在筹资突破点范围内，原来的资金成本率不会改变；一旦筹资额超过筹资突破点，即使维持现有的资本结构，其资金成本也会增加。筹资突破点的计算公式为

$$筹资突破点 = \frac{可用某一特定成本率筹资的某种资金额}{该种资金在资本结构中所占比重}$$

（2）计算边际资金成本。根据计算出的突破点，可得出若干组新的筹资范围，对筹资范围分别计算加权平均资金成本，即可得到各种筹资范围的边际资金成本。

下面举例说明边际资金成本的计算和应用。

【例 4.1】某企业拥有长期资金 400 万元，其中：长期借款 60 万元，长期债券 100 万元，普通股 240 万元。由于扩大经营规模的需要，拟追加筹资。经分析，认为追加筹资后仍应保持目前的资本结构，即长期借款占 15%，长期债券占 25%，普通股占 60%，并测算出随着筹资数额的增加，各种资金成本的变化详见表 4.1。

表 4.1　　　　　　　　　　各种资金成本的变化表

资金种类	目标资本结构	新筹资额	资金成本
长期借款	15%	45 000 元内	3%
		45 000～90 000 元	5%
		90 000 元以上	7%
长期债券	25%	200 000 元内	10%
		200 000～400 000 元	11%
		400 000 元以上	12%

资金种类	目标资本结构	新筹资额	资金成本
普通股	60％	300 000 元内	13％
		300 000～600 000 元	14％
		600 000 元以上	15％

分析：

（1）计算筹资突破点。按照下面公式计算筹资突破点。

$$筹资突破点 = \frac{可用某一特定成本率筹资的某种资金额}{该种资金在资本结构中所占比重}$$

计算结果详见表 4.2。

表 4. 2　　　　　　　　　筹资突破点的计算结果

资金种类	目标资本结构	新筹资额	资金成本	筹资突破点
长期借款	15％	45 000 元内	3％	300 000 元
		45 000～90 000 元	5％	600 000 元
		90 000 元以上	7％	—
长期债券	25％	200 000 元内	10％	800 000 元
		200 000～400 000 元	11％	1 600 000 元
		400 000 元以上	12％	—
普通股	60％	300 000 元内	13％	500 000 元
		300 000～600 000 元	14％	1 000 000 元
		600 000 元以上	15％	—

例如，筹资突破点 300 000 元的含义是，只要追加筹资总额不超过 300 000 元，在保持 15％长期借款的资本结构下，最多能筹集到 45 000 元的长期借款，而按表 4.2 提供的资料可知，长期借款的资本成本为 3％。换句话说就是，以 3％ 的成本向银行申请长期借款，在保持目标资本结构不变的前提下，能筹集到的资金总额最高为 300 000 元，其中长期借款最多能筹集到 45 000 元，占筹资总额的 15％。

（2）计算边际资金成本。根据上一步计算出的筹资突破点，可以得到 7 组筹资总额范围：①30 万元以内；②30 万～50 万元；③50 万～60 万元；④60 万～80 万元；⑤80 万～100 万元；⑥100 万～160 万元；⑦160 万元以上。对以上 7 组筹资范围分别计算加权平均资金成本，即得到各种筹资范围的综合资金成本。计算结果详见表 4.3。

表 4.3   资 金 成 本 计 算 表

筹资总额范围	资金种类	资本结构	资金成本	综合资金成本
30万元内	长期借款	15%	3%	3%×15%＝0.45%
	长期债券	25%	10%	10%×25%＝2.5%
	普通股	60%	13%	13%×60%＝7.8%
				合计：10.75%
30万～50万元	长期借款	15%	5%	5%×15%＝0.75%
	长期债券	25%	10%	10%×25%＝2.5%
	普通股	60%	13%	13%×60%＝7.8%
				合计：11.05%
50万～60万元	长期借款	15%	5%	5%×15%＝0.75%
	长期债券	25%	10%	10%×25%＝2.5%
	普通股	60%	14%	14%×60%＝8.4%
				合计：11.65%
60万～80万元	长期借款	15%	7%	7%×15%＝1.05%
	长期债券	25%	10%	10%×25%＝2.5%
	普通股	60%	14%	14%×60%＝8.4%
				合计：11.95%
80万～100万元	长期借款	15%	7%	7%×15%＝1.05%
	长期债券	25%	11%	11%×25%＝2.75%
	普通股	60%	14%	14%×60%＝8.4%
				合计：12.2%
100万～160万元	长期借款	15%	7%	7%×15%＝1.05%
	长期债券	25%	11%	11%×25%＝2.75%
	普通股	60%	15%	15%×60%＝9%
				合计：12.8%
160万元以上	长期借款	15%	7%	7%×15%＝1.05%
	长期债券	25%	12%	12%×25%＝3%
	普通股	60%	15%	15%×60%＝9%
				合计：13.05%

有了边际资本成本规划后，可以将边际资本成本与投资报酬率进行比较，以判断有利的筹资和投资机会。

4.3 融资风险

融资风险是指筹资活动中由于筹资的规划而引起的收益变动的风险。融资风险受到经营风险和财务风险的双重影响。

4.3.1 经营风险和经营杠杆

1. 经营风险和经营杠杆的含义

经营风险是指企业因经营上的原因而导致利润变动的风险。影响企业经营风险的主要因素有产品需求、产品售价、产品成本和固定成本等,其中最主要的因素是固定成本。

企业的经营成本可以分为固定成本和变动成本。变动成本是指随着产量的增加而变增加的成本;固定成本是指在一定的生产规模内,不随产量的增加而增加的成本。由于固定成本的存在,使得销售量的变化与营业利润并不成比例变化。固定成本在一定销售量范围内不随销售量的增加而增加,所以随着销售量增加,单位销售量所负担的固定成本会相对减少,从而给企业带来额外的收益;相反,随着销售量的下降,单位销售量所负担的固定成本会相对增加,从而给企业带来额外的损失。如果不存在固定成本,总成本随产销量变动而成比例地变化,那么,企业营业利润变动率就会同产销量完全一致。这种由于存在固定成本而造成的营业利润变动率大于产销量变动率的现象,就称为经营杠杆。由此可见,经营杠杆集中体现了经营风险的大小。

2. 经营杠杆系数

企业经营风险的大小常常使用经营杠杆来衡量,经营杠杆的大小一般用经营杠杆系数表示,它是企业息税前利润变动率与销售变动率的比率,其计算公式为

$$DOL = \frac{\Delta EBIT / EBIT}{\Delta Q / Q}$$

式中　DOL——经营杠杆系数;

　　$\Delta EBIT$——息前税前盈余变动额;

　　$EBIT$——变动前息前税前盈余;

　　ΔQ——销售变动量;

　　Q——变动前销售量。

为了便于应用,经营杠杆系数可以通过销售额和成本来表示,具体有两个公式。

公式一:

$$DOL_Q = \frac{Q(P - V)}{Q(P - V) - F}$$

式中　DOL_Q——销售量为 Q 时的经营杠杆系数;

　　　P——产品单位销售价格;

　　　V——产品单位变动成本;

　　　F——总固定成本。

公式二:

$$DOL_S = \frac{S - VC}{S - VC - F}$$

式中　DOL_S——销售额为 S 时的经营杠杆系数;

　　　S——销售额;

　　　VC——变动成本总额;

　　　F——总固定成本。

3. 经营杠杆系数的含义和有关因素的关系

（1）固定成本不变的情况下，经营杠杆系数说明了销售额增长（或减少）所引起利润增长（或减少）的幅度。销售额越大，经营杠杆系数越小，经营风险也就越小；反之，销售额越小，经营杠杆系数越大，经营风险也就越大。

（2）销售规模在盈亏平衡点以下时，营业杠杆系数为负值；超过盈亏平衡点以后，营业杠杆系数均为正；盈亏平衡点的营业杠杆系数趋近于无穷大，离盈亏平衡点越远，营业杠杆系数的绝对值就越大。当销售量超过盈亏平衡点逐渐增长时，营业杠杆系数会越来越小，最后趋近于 1，说明息税前利润对销售规模变动的敏感性越来越低，固定成本的存在对营业利润的放大作用趋于 1∶1 的关系。由此可见，企业即使有很大的固定成本 F，只要销售量远远超过盈亏平衡点，DOL 也会很低，即经营也是很安全的；但企业即使有很低的固定成本，而其销售量很接近于盈亏平衡点，DOL 也会很大，即经营风险也会很大。营业杠杆是由于固定经营成本的存在而产生的一种杠杆作用，但其大小主要取决于销售规模距离盈亏平衡点的远近，而不是固定成本总额本身的大小。

4. 控制经营杠杆的途径

一般企业可通过增加销售额、降低产品单位变动成本、降低固定成本比重等措施使经营杠杆率下降，降低经营风险。作为财务经理应预先知道销售规模的一个可能变动对营业利润的影响，根据这种预先掌握的信息，对销售政策或成本结构作相应的调整。

4.3.2 财务杠杆和财务杠杆系数

1. 财务风险和财务杠杆

按固定成本取得的资金总额（债务资金）一定的情况下，从税前利润中支付的固定性资本成本（利息）是不变的。因此当息税前利润增加时，每一元息税前利润所负担的固定性资本成本就会降低，扣除所得税后属于普通股的利润就会增加，从而给所有者带来额外的收益；相反，当息税前利润减少时，每一元息税前利润所负担的固定性资本成本就会上升，扣除所得税后属于普通股的利润就会减少，从而给所有者带来额外的损失。如果不存在固定融资成本，企业的息税前利润都是属于股东的，那么，普通股的利润与企业息税前利润变动率就会完全一致。这种由于固定融资成本的存在，使普通股每股收益的变动幅度大于息税前利润变动幅度的现象，称为财务杠杆作用。

财务风险是指全部资本中债务资本比率的变化带来的风险。当债务资本比率较高时，筹资者将负担较多的债务成本，并经受较多的财务杠杆作用引起的收益变动的冲击，从而财务风险较大；反之，当债务资本比率较低时，财务风险也较小。

2. 财务杠杆系数

财务杠杆作用的大小通常用财务杠杆系数表示。财务杠杆系数越大，表明财务杠杆作用越大，财务风险也就越大；财务杠杆系数越小，表明财务杠杆作用越小，财务风险也就越小。财务杠杆系数的计算公式为

$$DFL = \frac{\Delta EPS / EPS}{\Delta EBIT / EBIT}$$

式中　DFL——财务杠杆系数；

$\Delta EBIT$——息前税前利润变动额；

$EBIT$——前息前税前利润；

ΔEPS——股每股利润变动额；

EPS——股每股利润。

上式公式还可简化为

$$DFL = \frac{EBIT}{EBIT - I}$$

式中 I——利息。

3. 财务杠杆系数的含义和有关因素的关系

（1）财务杠杆系数表明息前税前利润变化（增长或下降）引起的每股盈余变化（增长或下降）的幅度。在资本总额、息前税前利润相同的情况下，负债比率越高，财务杠杆系数越高，预期每股盈余的变动也越大。

（2）在息税前利润大于利息时，财务杠杆系数为正；在息税前利润小于利息时，财务杠杆系数为负；在息税前利润等于利息时，财务杠杆系数达到无穷大。在息税前利润超过利息支出后，随着息税前利润的增加，财务杠杆系数越来越小，逐渐趋近于1，即说明每股盈余对息税前利润变动的敏感性越来越低，固定融资成本的存在对每股盈余的放大作用趋于1:1的关系。由此可见，企业即使有很大的固定性融资成本（即利息支出 I），只要息税前利润远远超过利息支出，财务杠杆也会很低，即负债经营也是很安全的；但企业即使有很低的固定性资金成本，而其息税前利润很接近于利息支出，财务杠杆也会很高，即负债经营风险也会很大。

4. 控制财务杠杆的途径

负债比率是可以控制的。企业可以通过合理安排资本结构，适度负债，使财务杠杆利益抵消其风险增大所带来的不利影响。

4.3.3 总杠杆系数的计算与意义

从以上分析可知，营业杠杆是通过扩大销售规模来影响税息前利润，而财务杠杆是通过扩大税息前利润来影响每股利润。营业杠杆和财务杠杆两者联合起来的效果是，销售的任何变动都会两步放大每股利润，使每股收益产生更大的变动，这就是总杠杆作用。

总杠杆的作用可用总杠杆系数表示，它是经营杠杆系数和财务杠杆系数的乘积，其计算公式为

$$DCL = DOL \cdot DFL$$

总杠杆作用的意义，首先在于能够估计出销售额变动对每股盈余造成的影响；其次，它反映了经营杠杆与财务杠杆之间的相互关系，即为了达到一定总杠杆系数，经营杠杆和财务杠杆可以有很多不同的组合。高经营风险可以被低财务风险所抵消，高财务风险也可以被低经营风险所抵消，使企业达到一个较合适的总风险水平。但实际工作中，财务杠杆往往可以选择，而营业杠杆却不同。企业的营业杠杆往往取决于其所在的行业及规模，一般不能轻易变动；而财务杠杆却始终是一个可以选择的项目。因此，企业往往是在确定的营业杠杆下，通过调节财务杠杆来调节企业的总风险水平，而不是在确定的财务杠杆下，

通过调节营业杠杆来调节企业的总风险。

4.4 资本结构

4.4.1 资本结构理论

资本结构是指企业各种长期资金筹资来源的构成和比率关系。短期资金的需要量和筹集是经常变动的，在整个资金总量中所占比重不稳定，因此不列入资本结构的管理范围，而作为营运资金管理。通常情况下，企业的资本结构有长期债务资本和权益资本构成，资本比率关系指的是长期债务资本和权益资本各占多大比重。

1. 早期资本结构理论

资本结构理论要解决的问题是：能否通过改变企业的资本结构来提高企业的总价值，时降低企业的总资本成本。这个问题一直存在很多争论。

通常把对资本结构理论的研究分为早期资本结构理论和现代资本结构理论两个阶段。早期资本结构理论又分为三种不同的学说，即净收入理论、净营运收入理论和传统理论。

（1）净收入理论的观点是由于负债资本的风险低于股权资本的风险，因此负债资本的成本低于股权资本的成本。在这种情况下，企业的加权平均资本成本会随着负债比率的增加而下降，或者说，公司的价值将随着负债比率的提高而增加。因为，公司的价值是公司未来现金流量的现值，是以加权平均资本成本作为贴现率计算的，负债越多，加权平均资本成本越低，公司价值就越大。当负债率达到100％时，公司价值达到最大。

（2）净营运收入理论的观点是随着负债的增加，股权资本的风险增大，股权资本的成本会提高。假设股权资本成本增加的部分正好抵消负债给公司带来的价值，则加权平均资本成本并不会因为负债比率的增加而下降，而是维持不变，从而公司价值也保持不变，即公司价值与资本结构无关。

（3）传统理论是介于净收入理论和净营运收入理论之间的种折中理论。该理论认为公司在一定负债限度内，股权资本和债务资本的风险都不会显著增加，一旦超过这一限度，股权资本和债务资本开始上升，超过某一点后又开始下降，即企业存在一个最佳资本结构。

早期资本结构理论虽然对资本结构与公司价值和资本成本的关系进行一定的描述，但是这种关系没有抽象为简单的模型。

2. 现代资本结构理论

现代资本结构理论是以 MM 理论为标志的。美国的 Madigliani 和 Miller 两位教授在1958 年共同发表的论文《资本成本、公司财务与投资理论》中，提出了资本结构无关论，构成了现代资本结构理论的基础。现代资本结构理论又分成无税收的 MM 理论（MM Ⅰ）、有税收的 MM 理论（MM Ⅱ）和权衡理论三个不同的阶段。

（1）无税收的 MM 理论。无税收的 MM 理论又称为资本结构无关论。资本结构无关论的假设条件是：没有公司所得税和个人所得税，资本市场上没有交易成本，没有破产成本和代理成本，个人和公司的借贷利率相同等。无税收的 MM 理论认为增加公司债务并不能提高公司价值，因为负债带来的好处完全为其同时带来的风险所抵消。具体有两个主要命题：

命题 1：总价值命题，即在没有公司所得税的情况下，杠杆企业的价值与无杠杆企业的价值相等，即公司价值不受资本结构的影响。用公式可以表示为

$$V_L = V_U$$

式中　V_L——企业的价值；

　　　V_U——杆企业的价值。

无税收总价值命题成立的理论根据是套利原理，即两个公司除了资本结构和市场价值以外，其他条件均相同，则投资者将出售高估公司的股票，购买低估公司的股票。这个过程将一直持续到两个公司市场价值完全相同为止。

命题 2：风险补偿命题，即杠杆企业的权益资本成本等于同一风险等级的无杠杆企业的权益资本成本加上风险溢价，风险溢价取决于负债比率的高低。用公式表示为

$$R_S = R_0 + (R_0 - R_B) \frac{B}{S}$$

式中　R_S——杠杆企业的权益资本成本；

　　　R_0——无杠杆企业的权益资本成本；

　　　R_B——债务资本成本；

　　　B——债务的市场价值；

　　　S——股票的市场价值。

命题 2 表明，负债公司的权益资本成本会随着负债比率的提高而增加。这是因为权益持有者的风险会随着财务杠杆的增加而增加，因此股东所要求的报酬率也会随着财务杠杆的增加而增加。

命题 2 成立的前提条件是随着负债比率的上升，虽然债务资本成本比权益资本成本低，但是企业的总资本成本不会降低。原因是当债务比率增加时，剩余权益的风险也增加，权益资本的成本也就会随之增加。剩余权益资本成本的增加抵消了债务资本成本的降低。MM 理论证明了这两种作用恰好相互抵消，因此企业总资本成本 R_{WACC} 与财务杠杆无关。

无税收的资本结构理论虽然只得出了盲目而简单的结论，但是它被认为是现代资本结构理论的起点。在此之前，人们认为资本结构与公司价值之间的关系复杂难解，而两位教授在建立了一定假设之后，找到了资本结构与公司价值之间的关系，为以后的资本结构理论研究奠定的一定基础。

（2）有税收的 MM 理论。Madigliani 和 Miller 两人在 1963 年，又共同发表了一篇与资本结构有关的论文《公司所得税与资本成本：修正的模型》。在这个模型中去掉了没有公司所得税的假设。他们发现在考虑公司所得税情况下，由于债务利息可以抵税，使得流入投资者手中的现金流量增加，因此公司价值会随着负债比率的提高而增加。企业可以无限制的负债，负债 100% 时企业价值达到最大。具体也有两个命题：

命题 1：总价值命题，即杠杆企业价值大于无杠杆企业价值，用公式表示为

$$V_L = V_U + TB$$

式中　V_L——杠杆企业价值；

　　　V_U——无杠杆企业价值；

　　　T——所得税率；

　　　B——负债总额；

　　　TB——债务利息抵税现值。

税法规定债务利息可以在税前列支，减少了企业的应纳税所得额，从而减少了上缴的所得税额。因此，负债企业比非负债企业在其他条件相同的情况下，流入投资者手中的现金流量要大，具体金额是 TBR_B。假设企业有永久性的债务，用债务的利息率作为贴现率对 TBR_B 进行贴现，就可以得到债务利息抵税现值为 TB。该命题表明，杠杆企业的价值会超过无杠杆企业的价值，且负债比率越高，这个差额就会越大。当负债达到 100% 时，公司价值达到最大。

命题 2：风险补偿命题：有税收时，杠杆企业的权益资本成本也等于同一风险等级的无杠杆企业的权益资本成本加上风险溢价，但风险溢价不仅取决于负债比率而且还取决于所得税率的高低。用公式表示为

$$R_S = R_0 + (R_0 - R_B)\frac{B}{S}(1 - T)$$

命题 2 表明，考虑公司所得税后，虽然杠杆企业的权益资本成本会随着负债比率的提高而提高，但其上升的速度低于无税时上升的速度。将命题 1 和命题 2 结合起来，可以得到杠杆企业的加权平均资本成本会随着负债率的上升而下降。加权平均资本成本的计算公式为

$$R_{WACC} = \left(\frac{B}{V_L}\right)R_B(1 - T) + \left(\frac{S}{V_L}\right)R_S$$

式中　R_{WACC}——加权平均资本成本；

　　　V_L——企业价值（$V_L = B + S$）。

（3）权衡理论。有税收的 MM 理论认为通过负债经营可以提高公司的价值，但这是建立在没有破产成本和代理成本假设基础上的。在 MM 理论基础上，财务学家又考虑了财务危机成本和代理成本，进一步发展了资本结构理论。同时考虑债务利息抵税、破产成本和代理成本的资本结构理论被称为权衡理论。

财务危机是指企业在履行债务方面遇到了极大的困难。财务危机的发生可能导致企业破产，也可能不会导致企业破产，但都会给企业造成很大的损失。这些损失我们称其为财务危机成本，具体分为直接成本和间接成本两种。直接成本是指企业为了处理财务危机而发生的各种费用以及财务危机给企业造成的资产贬值，包括有形资产和无形资产的贬值。间接成本是指企业因发生财务危机而在经营管理方面遇到的各种困难和损失，如债权人对企业的正常经营活动进行限制、原材料供应商要求企业必须用现金购买材料、顾客放弃购买企业的产品等。

债权人通常对企业没有控制权，只对资金的收益权；而股东可以通过其代理人（董事会和经理会）对企业进行控制。因此股东与债权人的利益是不完全一致的，但在企业正常经营情况下，这种不一致表现得不是很明显。一旦企业陷入财务危机，股东与债权人利

益不完全一致的矛盾就会激化,股东就可能采取有利于自身的利益而损害债权人利益的行为。为了防止股东与债权人之间的矛盾冲突,债权人事先将会从各方面对股东的行为进行限制,如限制企业现金股利发放的数额、限制企业出售或购买资产、限制企业进一步负债、保持最低的营运资本水平等。所有这些限制和监督都会增加签订债务合同的复杂性,使成本上升;另外这些限制在保护了债权人利益的同时也降低了企业经营的效率,从而使企业价值下降。这些成本就是代理成本。

以上分析说明,负债经营不但会因为其税收屏蔽而增加公司价值,而且也会因为其财务危机成本和代理成本而减少公司价值。在考虑公司所得税、财务危机成本和代理成本的情况下,负债企业价值与资本结构的关系应为

$$V_L = V_U + TB - (财务危机成本 + 代理成本)$$

上式中的前两项代表 MM 的理论思想,即负债越多,由此带来的税收屏蔽也越大,企业价值就越大。但考虑了财务危机成本和代理成本之后,情况就不一样了。具体情况如图 4.1 所示。

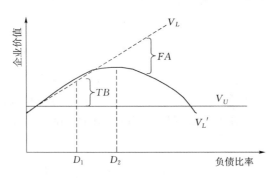

图 4.1 权衡理论示意图

V_L—只有负债税收屏蔽而没有破产成本和代理成本的企业价值;V_U—无负债时的企业价值;V_L'—同时存在负债税收屏蔽和破产成本与代理成本的企业价值;TB—负债税收屏蔽的现值;FA—破产成本和代理成本;D_1—破产成本和代理成本变得重要时的负债水平;D_2—最佳资本结构

图 4.1 说明,$V_L(V_U + TB)$ 是负债企业价值的 MM 定理的理论值。当负债率很低时,财务危机成本和代理成本很低,公司价值 V_L 主要由 MM 理论决定;随着负债率上升,财务危机成本和代理成本逐渐增加,公司价值 V_L 越来越低于 MM 理论值,但由于债务增加带来的税收屏蔽的增加值仍大于因此而产生的财务危机成本和代理成本的增加值,故公司价值呈上升趋势;当负债总额达到 D_2 时,增加债务带来的税收屏蔽增加值与财务危机成本和代理成本的增加值正好相等,公司价值 V_L 达到最大,此时的负债总额 D_2 即为最优债务额,此时的资本结构为最佳资本结构;当债务权益比超过 D_2,债务的税收屏蔽增加值小于财务危机成本和代理成本的增加值时,公司价值 V_L 开始下降。

上述分析表明,理论上企业应该存在一个最佳资本结构,但由于财务危机成本和代理成本很难进行准确估计,所以最佳资本结构并不能靠计算和纯理论分析的方法得到,而需管理人员在考虑了影响资本结构的若干因素基础上来进行判断和选择。财务经理应结合公司理财目标,在资产数量一定的条件下,通过调整资本结构使企业价值达到最大。

在考虑税收不考虑财务危机成本和代理成本的情况下,企业的加权平均资本成本是随

着负债比率的上升而下降的。但在考虑了财务危机成本和代理成本以后，情况就有所不同了。随着负债比率的上升，加权平均资本成本不会持续下降。这是因为随着负债比率的上升债权人的风险也逐渐加大，他们所要求的报酬率也相应提高，从而使债务资本成本上升，最终使得加权平均资本成本反降为升。理论上，加权平均资本成本最低时企业价值达到最大，如图4.2所示。

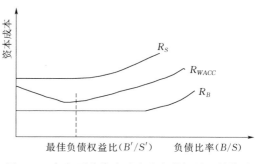

图 4.2　加权平均资本成本和负债权益比的关系

综上所述，理论上最佳的资本结构是使企业加权平均资本成本最低，同时企业价值最大的资本结构。实际上最佳资本结构的确定，还应该考虑除了企业价值和资本成本以外的各种影响资本结构的因素。

4.4.2　资本结构的决策

虽然资本结构理论的研究成果表明企业存在最佳资本结构，但是企业不可能根据确切的计算公式来确定最佳资本结构，这主要是因为还没有人们认可的用来估计财务危机成本和代理成本的模型。另外，最佳资本结构的理论研究是建立在若干假设基础上的，而实际情况是错综复杂的，很难保证所有假设都成立。因此，财务管理人员在确定企业最佳资本结构时，必须首先对影响企业资本结构的一系列因素进行分析，如企业的举债能力、企业的经营风险、公司的控制权、企业信用等级与债权人的态度、资产结构、政府税收、企业的成长率、企业的盈利能力和企业所属的行业等。然后再使用一些建立在资本结构理论基础上的简单的量化方法来确定最优资本结构，但在使用这些方法时要注意他们的局限性。目前资本结构量化方法主要有比较资本成本法、每股收益分析法和总价值分析法。

资本结构理论研究结果说明，企业最优资本结构应该是使企业价值达到最大同时资本成本最低时的资本结构。若此结论是成立的，在确定最优资本结构时可以有三种不同的考虑：①只考虑资本成本，即以综合资本成本最低作为资本结构决策的依据，这就是比较资本成本法；②只考虑企业价值，即以企业价值最大作为资本结构决策的依据，这就是每股收益分析法；③同时考虑资本成本和企业价值，即以资本成本最低和企业价值最大作为资本成本决策的依据，这就是总价值分析法。

下面重点介绍每股盈余分析和总价值分析法。

1. 每股盈余分析

资本结构是否合理，可以通过分析每股盈余的变化来衡量，即能提高每股盈余的资本结构是合理的，反之则不够合理。但每股盈余的高低不仅受到资本结构的影响，还受到销售水平和息税前利润的影响。处理以上三者的关系，可运用每股盈余分析的方法。

每股盈余分析是利用每股盈余的无差别点进行的。所谓每股盈余无差别点，是指每股盈余不受融资方式影响的销售水平或息税前利润。根据每股盈余无差别点，可以分析判断在什么样的销售或息税前利润水平下适合采用何种融资结构。

每股盈余 EPS 的计算公式为

$$EPS = \frac{(S - VC - F - I)(1 - T)}{N}$$

式中　S——股票的市场价值；

　　　VC——变动成本；

　　　F——固定成本；

　　　I——年利息额；

　　　T——公司所得税率；

　　　N——股票数量。

因为有 $EBIT = S - VC - F$，所以 EPS 也可以表示为

$$EPS = \frac{(EBIT - I)(1 - T)}{N}$$

式中　EBIT——息税前盈余；

　　　I——年利息额；

　　　T——公司所得税率；

　　　N——股票数量。

根据每股盈余无差别点的定义，能够满足下列条件的销售额或息税前盈余就是每盈余无差别点：

$$\frac{(S_1 - VC_1 - F_1 - I_1)(1 - T)}{N_1} = \frac{(S_2 - VC_2 - F_2 - I_2)(1 - T)}{N_2}$$

每股盈余无差别点分析可以通过图 4.3 来进行。该图所显示的负债融资的 EPS 和权益融资的 EPS 随着 EBIT 的增加以不同的速度增加，负债融资的 EPS 增长速度快于权益融资的 EPS，其原因是负债融资的财务杠杆作用。由图 4.3 可知，当销售额大于每股盈余无差别点的销售额时，运用负债融资可获得较高的每股盈余；反之，当销售额小于每股盈余无差别点的销售额时，运用权益融资可获得较高的每股盈余。

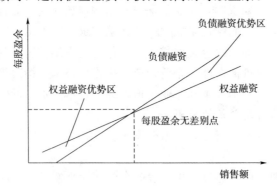

图 4.3　每股盈余无差别点分析示意图

但是不要忘了筹资决策所面临的财务风险问题。在比较债务筹资和权益筹资两种方式时，要分析期望的 EBIT 或销售额水平实际降到每股利润无差别点以下的概率，该概率越大说明采用债务筹资风险就越大；否则就越小。影响该概率有两个因素：①EBIT 的期望水平超过其每股利润无差别点越多，其降到无差别点以下的概率就越小，采用债务筹资就越安全，否则就越不安全；②EBIT 的期望水平的波动性越小，其降到无差别点以下的

概率就越小，采用债务筹资就越安全，否则就越不安全。

2. 总价值分析法

每股盈余分析法是以每股收益的高低作为衡量标准对筹资方式进行了选择。这种方法的缺陷在于没有考虑风险因素。从根本上讲，财务管理的目标在于追求公司价值的最大化或股价最大化。然而只有在风险不变的情况下，每股收益的增长才会直接导致股价的上升，而实际上经常是随着每股收益的增长风险也加大。如果每股收益的增长不足以补偿风险增加所需的报酬，尽管每股收益增加，股价仍然会下降。所以，公司的最佳资本结构应当是可使公司总价值最高，而不一定每股盈余最大的资本结构。同时，在公司总价值最大的资本结构下，公司的资金成本也是最低的。同时考虑企业价值、资本成本和风险的资本结构决策方法就是总价值分析法。

公司的市场总价值 V 应该等于其股票的总价值 S 加上债务的价值 B，即

$$V = S + B$$

为简化起见，假设债务的市场价值等于它的面值。股票的市场价值则可通过下式计算：

$$S = \frac{(EBIT - I)(1 - T)}{K_s}$$

式中　$EBIT$——息税前盈余；

I——年利息额；

T——公司所得税率；

K_s——权益资本成本。

其中的权益资本成本可以按"资本资产定价模型法"计算，公式为

$$K_s = R_F + \beta(R_m - R_F)$$

式中　R_F——无风险报酬率；

β——股票的贝他系数；

R_m——股票的平均风险报酬率。

而公司的资本成本，则应用加权平均资本成本（K_w）来计算，公式为

$$K_w = K_b\left(\frac{B}{V}\right)(1 - T) + K_s\left(\frac{S}{V}\right)$$

式中　K_b——税前的债务资本成本。

根据总价值分析法确定企业最佳资本结构的过程是：①测算出不同资本结构下的债务资本成本 K_b；②确定不同资本结构下的股票贝他系数 β；③计算不同资本结构下的股票市场价值 S；④计算出不同资本结构下的公司总价值 V（$S + B$）和公司资本成本 K_w，其中使公司价值达到最大同时使资本成本达到最低的资本结构为最佳资本结构。

4.5　融资决策案例

4.5.1　资金成本计算案例

【例4.2】　某企业账面反映的长期资金共 1 500 万元，其中 3 年期长期借款 200 万元，

年利率11%，每年付息一次，到期一次还本，筹资费用率为0.5%；发行10年期债券共500万元，票面利率12%，发行费用5%；发行普通股800万元，预计第一年股利率14%，以后每年增长1%，筹资费用率3%；此外公司保留盈余100万元。公司所得税为33%。要求计算各种筹资方式的资金成本和综合成本。

（1）创建新工作簿"融资决策"。

（2）打开工作簿"融资决策"，创建新工作表"资金成本"。

（3）在工作表"资金成本"中设计表格。

（4）按表4.4所示在工作表"资金成本"中输入公式。

表4.4   单元格公式

单元格	公 式	备 注
B6	$=B3*(1-B4)/(1-B5)$	计算长期借款资金成本 K
B12	$=B9*(1-B10)/(1-B11)$	计算债券资金成本
B18	$=B14/(1-B16)+B17$	计算普通股资金成本 K
B23	$=B21*B20/B21+B22$	计算保留盈余资金成本
B26	$=B2$	长期借款
B27	$=B8$	债券
B28	$=B15$	普通股
B29	$=B21$	保留盈余
C26	$=B6$	长期借款
C27	$=B12$	债券
C28	$=B19$	普通股
C29	$=B23$	保留盈余
B30	$=SUMPRODUCT(B26:B29*C26:C29)/SUM(B26:B29)$	计算综合资金成本

这样便建立了一个"资金成本"模本，详见表4.5。

（5）保存工作表"资金成本"。

表4.5   "融资决策"工作簿：工作表"资金成本"（模本）

序号	A	B	C
1	长期借款成本		
2	长期借款	#	
3	长期借款利率 R	#	
4	所得税 T	#	
5	长期借款筹资费用率 F	#	
6	长期借款资金成本 K	$=B3*(1-B4)/(1-B5)$	
7	债券成本		
8	债券	#	
9	债券利率 R	#	

序号	A	B	C
10	所得税 T	#	
11	债券筹资费用率 F	#	
12	债券资金成本	＝B9＊(1－B10)/(1－B11)	
13	普通股成本		
14	预期年股利额 D	#	
15	普通股筹资额 P	#	
16	普通股筹资费用率 F	#	
17	普通股年增长率 G	#	
18	普通股资金成本 K	＝B14/(1－B16)＋B17	
19	保留盈余资金成本		
20	预期年股利率 D	#	
21	保留盈余	#	
22	普通股年增长率 G	#	
23	保留盈余资金成本	＝B21＊B20/B21＋B22	
24	综合资金成本		
25	项目	数量	资金成本
26	长期借款	＝B2	＝B6
27	债券	＝B8	＝B12
28	普通股	＝B15	＝B19
29	保留盈余	＝B21	＝B23
30	综合资金成本	＝SUMPRODUCT(B26:B29＊C26: C29)/SUM(B26:B29)	

＃　表示该单元格需要输入原始数据。

在上述模本中原始数据输入单元格中输入数据后便可计算各种资金成本，计算结果详见表 4.6。

表 4.6　　　　　　　　资金成本分析表（计算结果）

序号	A	B	C
1	长期借款成本		
2	长期借款	200	
3	长期借款利率 R	11%	
4	所得税 T	33%	
5	长期借款筹资费用率 F	0.50%	
6	长期借款资金成本 K	7.41%	
7	债券成本		

序号	A	B	C
8	债券	500	
9	债券利率 R	12%	
10	所得税 T	33%	
11	债券筹资费用率 F	5%	
12	债券资金成本	8.46%	
13	普通股成本		
14	预期年股利额 D	14%	
15	普通股筹资额 P	800	
16	普通股筹资费用率 F	3%	
17	普通股年增长率 G	1%	
18	普通股资金成本 K	15.43%	
19	保留盈余资金成本		
20	预期年股利率 D	14%	
21	保留盈余	100	
22	普通股年增长率 G	1%	
23	保留盈余资金成本	15.00%	
24	综合资金成本		
25	项目	数量	资金成本
26	长期借款	200	7.41%
27	债券	500	8.46%
28	普通股	800	15.43%
29	保留盈余	100	15.00%
30	综合资金成本	12.22%	

4.5.2 边际资本成本应用案例

【例4.3】 某企业拥有长期资金400万元，其中长期借款60万元，长期债券100万元，普通股240万元。由于扩大经营规模的需要，拟筹集新资金。经分析，认为筹资新资金后仍应保持目前的资本结构，即长期借款占15%，长期债券占25%，普通股占60%，并测算出随着筹资的增加，各种资金成本的变化详见表4.7。

表4.7   各种资金成本的变化表

资金种类	目标资本结构	新筹资额	资金成本
长期借款	15%	45 000 元内	3%
		45 000～90 000 元	5%
		90 000 元以上	7%

资金种类	目标资本结构	新筹资额	资金成本
长期债券	25%	200 000 元内	10%
		200 000～400 000 元	11%
		400 000 元以上	12%
普通股	60%	300 000 元内	13%
		300 000～600 000 元	14%
		600 000 元以上	15%

【解】分析：按照下面公式计算筹资突破点。

$$筹资突破点 = \frac{可用某一特定成本率筹资的某种资金额}{该种资金在资本结构中所占比重}$$

（1）打开工作簿"融资决策"，创建新工作表"边际资金成本"。

（2）在工作表"边际资金成本"中设计表格。

（3）按表 4.8 所示在工作表"边际资金成本"中输入公式。

表 4.8 单元格公式

单元格	公 式	备 注
C15	=IF(AND(A15<>"",B15<>""),$B$3,"")	获取资金种类
D15	=IF(AND(A15>=$F$3,B15<=$F$4),$E$4,(IF(A15>=$F$4,$E$5,$E$3)))	获取资金结构
E15	=IF(AND(A15<>"",B15<>""),$B$6,"")	获取资金种类
F15	=IF(AND(A15>=$F$6,B15<=$F$7),$E$7,(IF(A15>=$F$7,$E$8,$E$6)))	获取资金结构
G15	=IF(AND(A15<>"",B15<>""),$B$9,"")	获取资金种类
H15	=IF(AND(A15>=$F$9,B15<=$F$10),$E$10,(IF(A15>=$F$10,$E$11,$E$9)))	获取资金结构
I15	=C15*D15+E15*F15+G15*H15	计算综合资金成本
F3	=D3/B3	计算筹资突破点
F4	=D4/B3	计算筹资突破点
F6	=D6/B6	计算筹资突破点
F7	=D7/B6	计算筹资突破点
F9	=D9/B9	计算筹资突破点
F10	=D10/B9	计算筹资突破点

（4）将单元格区域 C15：I15 中公式复制到单元格区域 C15：I21。

1）单击单元格 C15，按住鼠标器左键，向右拖动鼠标器直至单元格 I21，然后单击"编辑"菜单，最后单击"复制"选项。此过程将单元格区域 C15：I21 中公式放入到剪切板准备复制。

2）单击单元格 C15，按住鼠标器左键，向下拖动鼠标器直至单元格 I21，然后单击"编辑"菜单，最后单击"粘贴"选项。此过程将剪切板中公式复制到单元格区域 C15：I21。

这样便建立了一个"边际资金成本"模本，详见表 4.9。

（5）保存工作表"边际资金成本"。

表 4.9 边际资金成本分析表（模本）

序号	A	B	C	D	E	F	G	H	I
1	资金种类	资本结构	新筹资额		资金成本	突破点			
2			下限	上限					
3	长期借款	#	#	#	#	=D3/B3			
4			#	#	#	=D4/B3			
5			#	#	#				
6	长期债券		#	#	#	=D6/B6			
7			#	#	#	=D7/B6			
8			#	#	#				
9	普通股	#	#	#	#	=D9/B9			
10			#	#	#	=D10/B9			
11			#	#	#				
12									
13	筹资范围		长期借款		长期债券		普通股		
14	下限	上限	资金种类	资本结构	资金种类	资本结构	资金种类	资本结构	综合资金成本
15			①						
16									
17									
18									
19									
20									
21									
22									

① 单元格区域 C15：I21 中公式太长，这里在表外说明如下：

单元格 C_i 中公式："=IF(AND(A_i<>"",B_i<>""),$B$3,"")"；

单元格 D_i 中公式："=IF(AND(A_i>=$F$3,B_i<=$F$4),$E$4,(IF(A_i>=$F$4,$E$5,$E$3)))"；

单元格 E_i 中公式："=IF(AND(A_i<>"",B_i<>""),$B$6,"")"；

单元格 F_i 中公式："=IF(AND(A_i>=$F$6,B_i<=$F$7),$E$7,(IF(A_i>=$F$7,$E$8,$E$6)))"；

单元格 G_i 中公式："=IF(AND(A_i<>"",B_i<>""),$B$9,"")"；

单元格 H_i 中公式："=IF(AND(A_i>=$F$9,B_i<=$F$10),$E$10,(IF(A_i>=$F$10,$E$11,$E$9)))"；

单元格 I_i 中公式："=$C_i*D_i+E_i*F_i+G_i*H_i$"；

式中：i=15，16，…21。

在上述模本中的原始数据输入单元格中输入数据后便可得到详见表 4.10 的计算结果。

表 4.10　　　　　　　　　　边际资金成本分析表（计算结果）

序号	A	B	C	D	E	F	G	H	I
1	资金种类	资本结构	新筹资额		资金成本	突破点			
2			下限	上限					
3	长期借款	15%		45 000	3%	300 000			
4			45 000	90 000	5%	600 000			
5			90 000		7%				
6	长期债券	25%		200 000	10%	800 000			
7			200 000	400 000	11%	1 600 000			
8			400 000		12%				
9	普通股	60%		300 000	13%	500 000			
10			300 000	600 000	14%	1 000 000			
11			600 000		15%				
12									
13	筹资范围		长期借款		长期债券		普通股		
14	下限	上限	资金种类	资本结构	资金种类	资本结构	资金种类	资本结构	综合资金成本
15	0	300 000	15%	3%	25%	10%	60%	13%	10.75%
16	300 000	500 000	15%	5%	25%	10%	60%	13%	11.05%
17	500 000	600 000	15%	5%	25%	10%	60%	14%	11.65%
18	600 000	800 000	15%	7%	25%	10%	60%	14%	11.95%
19	800 000	1 000 000	15%	7%	25%	11%	60%	14%	12.20%
20	1 000 000	1 600 000	15%	7%	25%	11%	60%	15%	12.80%
21	1 600 000		15%	7%	25%	12%	60%	15%	13.05%

4.5.3　财务杠杆应用案例

【例 4.4】　A、B、C 为三家经营业务相同的公司，它们的有关情况详见表 4.11。设计财务杠杆计算模本。

表 4.11　　　　　　　　　　三公司经营业务数据

	A 公司	B 公司	C 公司
普通股/元	2 000 000	1 500 000	1 000 000
发行股数/股	20 000	15 000	10 000
债务（利率 8%）	0	500 000	1 000 000
资本总额/元	2 000 000	2 000 000	2 000 000
息前税前盈余/元	200 000	200 000	200 000

（1）打开工作簿"融资决策"，创建新工作表"财务杠杆"。

（2）在工作表"财务杠杆"中设计表格。

（3）按表 4.12 所示在工作表"财务杠杆"中输入公式。

表 4.12   单 元 格 公 式

单元格	公　式	备　注
B5	＝B2＋B4	计算资本总额
B7	＝B4 * 8%	计算债务利息
B8	＝B6－B7	计算税前盈余
B9	＝B8 * 33%	计算所得税
B10	＝B8－B9	计算税后盈余
B12	＝B6/(B6－B7)	计算财务杠杆系数
B13	＝B10/B3	计算每股普通股盈余
B14	＝B6	计算息前税前盈余增加
B15	＝B7	计算债务利息
B16	＝B8＋B14	计算税前盈余
B17	＝B16 * 33%	计算所得税（税率 33%）
B18	＝B16－B17	计算税后盈余
B19	＝B18/B3	计算每股普通股盈余

（4）将单元格区域 B5：B19 中的公式复制到单元格区域 B5：D19。

1）单击单元格 B5，按住鼠标器左键，向右拖动鼠标器直至单元格 B19，然后单击"编辑"菜单，最后单击"复制"选项。此过程将单元格区域 B5：B19 中公式放入到剪切板准备复制。

2）单击单元格 B5，按住鼠标器左键，向下拖动鼠标器直至单元格 D19，然后单击"编辑"菜单，最后单击"粘贴"选项。此过程将剪切板中的公式复制到单元格区域 B5：D19。

这样便建立了一个"财务杠杆"模本，详见表 4.13。

（5）保存工作表"财务杠杆"。

表 4.13   财务杠杆分析表（模本）

序号	A	B	C	D
1		A 公司	B 公司	C 公司
2	普通股			
3	发行股数			
4	债务(利率 8%)			
5	资本总额	＝B2＋B4	＝C2＋C4	＝D2＋D4
6	息前税前盈余			
7	债务利息	＝B4 * 8%	＝C4 * 8%	＝D4 * 8%

序号	A	B	C	D
8	税前盈余	＝B6－B7	＝C6－C7	＝D6－D7
9	所得税	＝B8＊33％	＝C8＊33％	＝D8＊33％
10	税后盈余	＝B8－B9	＝C8－C9	＝D8－D9
11	分析区			
12	财务杠杆系数	＝B6/(B6－B7)	＝C6/(C6－C7)	＝D6/(D6－D7)
13	每股普通股盈余	＝B10/B3	＝C10/C3	＝D10/D3
14	息前税前盈余增加	＝B6	＝C6	＝D6
15	债务利息	＝B7	＝C7	＝D7
16	税前盈余	＝B8＋B14	＝C8＋C14	＝D8＋D14
17	所得税（税率33％）	＝B16＊33％	＝C16＊33％	＝D16＊33％
18	税后盈余	＝B16－B17	＝C16－C17	＝D16－D17
19	每股普通股盈余	＝B18/B3	＝C18/C3	＝D18/D3

在上述模本中原始数据输入单元格输入数据后便可得到详见表4.14的计算结果。

表 4.14　　　　　　　　财务杠杆分析表（计算结果）

序号	A	B	C	D
1		A公司	B公司	C公司
2	普通股	2 000 000	1 500 000	1 000 000
3	发行股数	20 000	15 000	10 000
4	债务（利率8％）	0	500 000	1 000 000
5	资本总额	2 000 000	2 000 000	2 000 000
6	息前税前盈余	200 000	200 000	200 000
7	债务利息	0	40 000	80 000
8	税前盈余	200 000	160 000	120 000
9	所得税	66 000	52 800	39 600
10	税后盈余	134 000	107 200	80 400
11	分析区			
12	财务杠杆系数	1	1.25	1.67
13	每股普通股盈余	6.7	7.15	8.04
14	息前税前盈余增加	200 000	200 000	200 000
15	债务利息	0	40 000	80 000
16	税前盈余	400 000	360 000	320 000
17	所得税（税率33％）	132 000	118 800	105 600
18	税后盈余	268 000	241 200	214 400
19	每股普通股盈余	13.4	16.08	21.44

由表 4.14 中计算结果可看出：

（1）财务杠杆系数表明息前税前盈余增长引起的每股盈余的增长速度。比如，A 公司的息前税前盈余增长 1 倍时，其每股盈余也增长 1 倍；B 公司的息前税前盈余增长 1 倍时，其每股盈余也增长 1.25 倍；C 公司的息前税前盈余增长 1 倍时，其每股盈余也增长 1.67 倍。

（2）在资本总额、息前税前盈余相同的情况下，负债比率越高，财务杠杆系数越高，但预期每股盈余也越大。比如，B 公司比起 A 公司来讲，负债比率高（B 公司资本负债比率为 25％，A 公司资本负债比率为 0），财务杠杆系数高（B 公司为 1.25，A 公司为 1），财务风险大，但每股盈余也高（B 公司为 7.15，A 公司为 6.7）；C 公司比起 B 公司来讲，负债比率高（C 公司资本负债比率为 50％），财务杠杆系数高（C 公司为 1.67），财务风险大，但每股盈余也高（C 公司为 8.04）。

4.5.4 最佳资本结构案例

【例 4.5】 A 公司预计在不同的负债比率下的普通股权益成本和负债成本详见表 4.15。要求：确定该公司的最佳资本结构。

表 4.15 不同的负债比率下的普通股权益成本和负债成本

负债比率	负债成本 K_i	普通股成本 K_e
0.00	0	12.0%
0.10	4.7%	12.1%
0.20	4.9%	12.5%
0.30	5.1%	13.0%
0.40	5.5%	13.9%
0.50	6.1%	15.0%
0.60	7.5%	17.0%

设计计算资本成本的模本详见表 4.16，以此计算不同负债率下的资本成本。

表 4.16 计 算 模 本

序号	A	B	C	D
1	负债比率	负债成本 K_i	普通股成本 K_e	资本成本
2	a	b	c	d＝a＊b＋(1−a)＊c
3	#	#	#	＝B3＊C3＋(1−B3)＊D3
4	#	#	#	＝B4＊C4＋(1−B4)＊D4
5	#	#	#	＝B5＊C5＋(1−B5)＊D5
6	#	#	#	＝B6＊C6＋(1−B6)＊D6
7	#	#	#	＝B7＊C7＋(1−B7)＊D7
8	#	#	#	＝B8＊C8＋(1−B8)＊D8
9	#	#	#	＝B9＊C9＋(1−B9)＊D9

在上述模本中的原始数据输入单元格中输入数据后便可得到计算结果详见表4.17。

表 4.17 计 算 结 果

序号	A	B	C	D
1	负债比率	负债成本 K_i	普通股成本 K_e	资本成本
2	a	b	c	d＝a＊b＋(1－a)＊c
3	0	0	12.00%	12.00%
4	10.00%	4.70%	12.10%	11.36%
5	20.00%	4.90%	12.50%	10.98%
6	30.00%	5.10%	13.00%	10.63%
7	40.00%	5.50%	13.90%	10.54%
8	50.00%	6.10%	15.00%	10.55%
9	60.00%	7.50%	17.00%	11.30%

从表4.17显示结果可看出该公司的最佳资本结构为：负债60%，普通股权益40%，此时资本成本为最低（10.54%）。

4.5.5 综合案例

某公司的有关资料如下：

（1）税息前利润800万元。

（2）所得税率40%。

（3）预计普通股报酬率为15%。

（4）总负债200万元，均为长期债券，平均利息率10%。

（5）发行股数600 000股，每股1元。

（6）每股账面价值为10元。

该公司产品市场相当稳定，预期无增长，所有盈余全部用于发放股利，并假定股票价格与其内在价值相等。

要求：

（1）计算该公司每股盈余及股票价格。

（2）计算该公司的加权平均资金成本。

（3）该公司可以增加400万元的负债，使负债总额成为600万元，以便在现行价格下购回股票（购回股票数四舍五入取整）。假设此项举措将使负债平均利息率上升至12%，普通股权益成本由15%提高到16%，税息前利润保持不变。试问该公司应否改变其资本结构（注：以股票价格作为判断标准）。

（4）计算该公司资本结构改变前后的已获利息倍数。

分析：

1）设计计算每股盈余、股票价格、加权平均资金成本、已获利息倍数等的计算模本。设计好后的模本详见表4.18。

表 4.18 计 算 模 本

序号	A	B	C	D	E
1		股数	报酬率	每股面值	每股账面价值
2	普通股:	#	#	#	#
3		数量	利息		
4	长期债券:	#	#		
5	所得税率	#	税息前利润	#	
6					
7	税息前利润	=D5			
8	长期债券	=B4			
9	利息率	=C4			
10	利息	=B8 * B9			
11	税前利润	=B7-B10			
12	所得税(40%)	=B11 * B5			
13	税后利润	=B11-B12			
14	每股盈余	=B13/(B2 * D2)			
15	股票价格	=B14/C2			
16	加权平均资金成本	=C4 * B4/(B4+B2 * E2) * (1-B5)+C2 * B2 * E2/(B4+B2 * E2)			
17	已获利息倍数	=B7/B10			

♯ 表示该单元格需要输入原始数据。

2）在上述计算模本中的原始数据输入单元格中输入有关数据计算未增加负债时的有关结果，详见表 4.19。

表 4.19 计 算 结 果 1

序号	A	B	C	D	E
1		股数	报酬率	每股面值	每股账面价值
2	普通股:	600 000	15%	1	10
3		数量	利息		
4	长期债券:	2 000 000	10%		
5	所得税率	40%	税息前利润	8 000 000	
6					
7	税息前利润	8 000 000			
8	长期债券	2 000 000			
9	利息率	10%			
10	利息	200 000			
11	税前利润	7 800 000			

序号	A	B	C	D	E
12	所得税（40%）	3 120 000			
13	税后利润	4 680 000			
14	每股盈余	7.80			
15	股票价格	52			
16	加权平均资金成本	12.75%			
17	已获利息倍数	40			

3）当增加负债 400 万元时，债券利息变为 12%，普通股权益成本变为 16%，购回股数为 76 923 股，则新发行在外的股数为 523 077 股，在上述计算模本中的原始数据输入单元格中输入这些改变了的数据及其他变动数据便可计算出增加负债时的有关结果，详见表 4.20。

表 4.20 计 算 结 果 2

序号	A	B	C	D	E
1		股数	报酬率	每股面值	每股账面价值
2	普通股：	523 077	16%	1	10
3		数量	利息		
4	长期债券：	6 000 000	12%		
5	所得税率	40%	税息前利润	8 000 000	
6					
7	税息前利润	8 000 000			
8	长期债券	6 000 000			
9	利息率	12%			
10	利息	720 000			
11	税前利润	7 280 000			
12	所得税（40%）	2 912 000			
13	税后利润	4 368 000			
14	每股盈余	8.35			
15	股票价格	52.19			
16	加权平均资金成本	11.30%			
17	已获利息倍数	11.11			

从上述计算结果表可看出，未增加负债前股票价格为 52 元，每股盈余为 7.8 元，加权平均资金成本为 12.75%，已获利息倍数为 40 倍；增加负债后股票价格为 52.19 元，每股盈余为 8.35 元，加权平均资金成本为 11.30%，已获利息倍数为 11.11 倍。由于增加负债后，股票价格上升，加权平均资金成本降低，故该公司应该改变资本结构。

第5章 投资决策

投资决策是企业财务管理的一项重要内容。正确的投资决策是高效地投入和运用资金的关键，直接影响企业未来的经营状况，对提高企业利润，降低企业风险具有重要意义。本章介绍投资决策的常见方法和如何使用 Excel 进行投资决策分析。

5.1 投资项目的现金流量分析

5.1.1 现金流量的概念

在投资决策中，现金流量是指一个项目引起的企业现金流出和现金流入的增加量。这里的"现金"是广义的现金，它不仅包括各种货币资金，而且还包括项目需要投入企业拥有的非货币资源的变现价值（或重置成本）。

现金流量包括现金流出量、现金流入量和现金净流量。现金流出量是指一个项目引起的企业现金流出的增加额。现金流入量是指一个项目引起的企业现金流入的增加额。

现金净流量则是一定期间现金流入量和现金流出量的差额。即：

$$现金净流量＝现金流入量—现金流出量$$

5.1.2 投资现金流量估计的原则

投资项目现金流量的估计必须遵循以下原则。

1. 现金流量原则

现金流量是指一定时期内，投资项目实际收到或付出的现金数。凡是由于该项投资而增加的现金收入额或现金支出节约额称为现金流入；凡是由于该项投资引起的现金支出均称为现金流出；一定时期的现金流入减去现金流出的差额称为现金净流量。

任何一个投资项目的现金流量都包含如下三个要素：投资过程的有效期，即指现金流量的时间域；发生在各个时刻的现金流量，即指每一时刻的现金收入或支出额；以及平衡不同时点现金流量的资本成本（利率、贴现率）。

2. 增量现金流量原则

所谓增量现金流量，是指因接受或拒绝某个投资方案后而发生的企业总现金流量变动。只有那些因采纳某个项目而引起的现金支出增加额，才是该项目的现金流出；只有那些因采纳某个项目而引起的现金流入增加额，才是该项目的现金流入。

为了正确计算投资方案的增量现金流量，需要正确判断哪些支出会引起公司总现金流量的变动，哪些支出不会引起公司总现金流量的变动。为此，必须注意以下五个问题：

（1）附加效应。在估计投资现金流量时，要以投资对企业所有经营活动产生的整体效果为基础进行分析，而不是孤立地考察某一项目。例如，本公司决定开发一种新型计算器，预计该计算器上市后，将冲击原来的普通型计算器。因此，在投资分析时，不应将新型计算器的销售收入作为增量收入，而应扣除普通型计算器因此而减少的销售收入。

（2）区分相关成本与非相关成本。相关成本是指与特定决策有关的、在分析评价时必须加以考虑的成本。例如，差额成本、未来成本、重置成本、机会成本等都属于相关成本；与此相反，与特定决策无关的、在分析评价时不必加以考虑的成本是非相关成本。例如，沉入成本、过去成本、账面成本等往往是非相关成本。

（3）不要忽视机会成本。机会成本是作出一项决策时所放弃的其他可供选择的最好用途，并不是企业生产经营活动中的实际支出或费用，而是失去的收益。这种收益不是实际发生的而是潜在的。机会成本总是针对具体方案来说的，离开被放弃的方案就无从计量确定。机会成本在决策中的意义，在于它有助于全面考虑可能采取的各种方案，以便使既定资源寻求到最为有利的使用途径。

（4）对净营运资金的影响。在一般情况下，当公司开办一个新业务并使销售额扩大后，对于存货和应收账款等流动资产的需求也会增加，公司必须筹集新的资金，以满足这种额外需求；公司扩充的结果，应付账款与一些应付费用等流动负债也会增加，从而降低公司流动资金的实际需要。所谓净营运资金的需要，指增加的流动资产与增加的流动负债之间的差额。当投资方案的寿命周期快要结束时，公司将项目有关的存货出售，应收账款变为现金，应付账款和应付费用也随之偿付，净营运资金恢复到原有水平。通常，在投资分析时假定，开始投资时筹措的净营运资金，在项目结束时收回。

（5）要考虑投资方案对公司其他部门的影响。当我们采纳一个新的项目后，该项目可对公司的其他部门造成有利或不利的影响。

3. 税后原则

如果企业向政府纳税，在评价投资项目时所使用的现金流量应当是税后现金流量，因为只有税后现金流量才与投资者的利益相关。

（1）税后收入和税后成本。凡是可以减免税负的项目，实际支付额并不是真实的成本，而应将因此而减少的所得税考虑进去。扣除了所得税影响以后的费用净额，称为税后成本。其计算公式为

$$税后成本＝实际支付×（1－税率）$$

与税后成本相对应的概念是税后收入。由于所得税的作用，企业营业收入的金额有一部分会流出企业，企业实际得到的现金流入是税后收入。其计算公式为

$$税后收入＝收入金额×（1－税率）$$

而税后现金流量则可按下面公式计算：

$$营业现金流量＝税后收入－税后成本＋税负减少$$

（2）折旧的抵税作用。由于折旧是在税前扣除的，因此折旧可以起到减少税负的作用。这种作用称之为"折旧抵税"或"税收挡板"。

5.2 投资决策的一般方法

投资方案评价时使用的指标分为贴现指标和非贴现指标。贴现指标是指考虑了时间价值因素的指标，主要包括净现值、现值指数、内含报酬率等。非贴现指标是指没有考虑时间价值因素的指标，主要包括回收期、会计收益期等。相应地将投资决策方法分为贴现的方法和非贴现的方法。

5.2.1 贴现的分析评价方法

贴现的分析评价方法是指考虑货币时间价值的分析评价方法。主要有净现值法、现值指数法和内含报酬率法。

1. 净现值法

这种方法使用净现值作为评价方案优劣的指标。所谓净现值（NPV）是指特定方案未来现金流入的现值与未来现金流出的现值之间的差额。计算净现值 NPV 的公式为

$$\text{NPV} = \sum_{t=1}^{n} \frac{I_t}{(1+K)^t} - \sum_{t=1}^{n} \frac{O_t}{(1+K)^t}$$

式中　n——为投资涉及的年限；

I_t——t 年的现金流入量；

O_t——第 t 年的现金流出量；

K——预定的贴现率。

若净现值为正数，说明贴现后现金流入大于贴现后现金流出，该投资项目的报酬率大于预定的贴现率，项目是可行的；若净现值为负数，说明贴现后现金流入小于贴现后现金流出，该投资项目的报酬率小于预定的贴现率，项目是不可行的。

2. 现值指数法

这种方法使用现值指数作为评价方案的指标。所谓现值指数（PI），是未来现金流入现值与现金流出现值的比率，亦称现值比率、获利指数、贴现后收益—成本比率等。其计算公式为

$$\text{PI} = \sum_{t=1}^{n} \frac{I_t}{(1+K)^t} \bigg/ \sum_{t=1}^{n} \frac{O_t}{(1+K)^t}$$

式中　n——为投资涉及的年限；

I_t——第 t 年的现金流入量；

O_t——第 t 年的现金流出量；

K——预定的贴现率。

若现值指数大于 1，说明贴现后现金流入大于贴现后现金流出，该投资项目的报酬率大于预定的贴现率，项目是可行的；若现值指数小于 1，说明贴现后现金流入小于贴现后现金流出，该投资项目的报酬率小于预定的贴现率，项目是不可行的。

3. 内含报酬率法

内含报酬率法是根据方案本身内含报酬率来评价方案优劣的一种方法。所谓内含报酬

率（IRR）是指能够使未来现金流入量现值等于未来现金流出量的贴现率，或者说是使方案净现值为零的贴现率，又称为内部收益率。

若内含报酬率大于企业所要求的最低报酬率（即净现值中所使用的贴现率），就接受该投资项目；若内含报酬率小于企业所要求的最低报酬率，就放弃该项目。实际上内含报酬率大于贴现率时接受一个项目，也就是接受了一个净现值为正的项目。

净现值法和现值指数法虽然考虑了货币时间价值，可以说明方案高于或低于某一特定的标准，但没有揭示方案本身可以达到的真实的报酬率是多少。内含报酬率法是根据方案的现金流量计算出的，是方案本身的真实投资报酬率。

内涵报酬率法的计算，通常需要使用"逐步测试法"，计算比较烦琐。不过在 Excel 中提供了计算内涵报酬率法的函数，使计算变得很简单。

5.2.2 非贴现的分析评价方法

非贴现的方法不考虑时间价值，把不同时间的货币收支看成是等效的。这些方法在投资项目评价时起到了辅助作用。主要有回收期法和会计收益率法。

1. 回收期法

回收期是投资引起的现金流入累计到与投资额相等所需要的时间。它代表收回投资所需要的年限。回收年限越短，方案越有利。

在原始投资一次性支出，每年现金净流量相等时，回收期的计算公式为

回收期＝原始投资额÷每年现金净流量

如果每年现金净流量不相等时，或原始投资是几年投入的，则可使下式成立的 n 为回收期。

$$\sum_{t=1}^{n} I_t = \sum_{t=1}^{n} O_t$$

式中　　n——为投资涉及的年限；

　　　　I_t——第 t 年的现金流入量；

　　　　O_t——第 t 年的现金流出量。

2. 会计收益率法

会计收益率是年平均净收益与原始投资额的比率。年平均净收益和原始投资额可以从财务会计报表得到。

会计收益率＝年平均净收益÷原始投资额

5.2.3　NPV、IRR、PI 分析方法的比较和选择

在评估独立项目，使用 NPV、IRR 和 PI 三种方法得出的结论是一致的；而评估互斥项目时，使用这三种方法可能会得出不同的结论。以下详细分析和比较三种评价标准的联系和区别。

1. 净现值与内部收益率评价标准的比较

（1）NPV 和 IRR 评价结果一致的情形。如果投资项目的现金流量为传统型，即在投资有效期内只改变一次符号，而且先有现金流出后有现金流入，投资者只对某一投资项目

是否可行单独作判断时，按净现值和按内部收益率标准衡量投资项目的结论是一致的。在这种情况下，NPV 是贴现率（资本成本）的单调减函数，即随着贴现率 K 的增大，NPV 单调减少，如图 5.1 所示。该图称为净现值特征线，它反映了净现值与贴现率之间的关系。

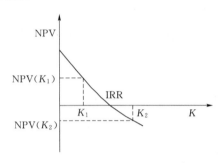

图 5.1　现金流量变动符号一次的
净现值特征线示意图

图 5.1 中 NPV 曲线与横轴的交点是内涵报酬率 IRR。显然，在 IRR 点左边的 NPV 均为正数，而在 IRR 点右边的 NPV 均为负数。也就是说，如果 NPV 大于零，IRR 必然大于贴现率 K；反之，如果 NPV 小于零，IRR 必然小于贴现率 K。因此，使用这两种判断标准，其结论是一致的。

（2）NPV 和 IRR 评价结果不一致的情形。在评估互斥项目排序时，使用净现值和内部收益率指标进行项目排序，有时会出现排序矛盾。产生这种现象的原因有两个：①项目的投资规模不同；②项目现金流量发生的时间不一致。以下将举例说明这种现象。

1）项目投资规模不同。假设有两个投资项目 A 和 B，其有关资料见表 5.1。

表 5.1　　　　　　　　两个投资项目 A 和 B 的有关资料　　　　　　　单位：元

项目	NCF_0	NCF_1	NCF_2	NCF_3	NCF_4	IRR/%	NPV/(12%)	PI
A	−27 000	10 000	10 000	10 000	10 000	18	3 473	1.12
B	−56 000	20 000	20 000	20 000	20 000	16	4 746	1.08

上述 A 和 B 两投资项目的内部收益率均大于资本成本（12%），净现值均大于零，如果可能两者都应接受。如果两个项目只能选取一个，按内部收益率标准应选择 A 项目，按净现值标准应选择 B 项目，这两种标准的结论是矛盾的。

如果按两种标准排序出现矛盾，可进一步考虑项目 A 与 B 的增量现金流量，即 B−A，两项目的增量现金流量详见表 5.2。

表 5.2　　　　　　　　两个投资项目 A 和 B 的增量现金流量　　　　　　　单位：元

项目	NCF_0	NCF_1	NCF_2	NCF_3	NCF_4	IRR/%	NPV/(12%)
B−A	−29 000	10 000	10 000	10 000	10 000	14	1 373

B−A 相当于在项目 B 基础上的追加投资，其 IRR 为 14%，大于资本成本（12%）；其净现值大于零，为 1 373 元。不论按哪种标准，追加投资项目都应接受。因此，在资本无限量的情况下，投资者在接受项目 A 后，还应接受项目 B−A，即选择项目 A＋（B−A）＝B。反之，如果 B−A 项目的 IRR 小于资本成本，则应放弃 B−A 项目。在考虑追加项目的情况下，净现值与内部收益率所得结论趋于一致。

因此，用内部收益率标准对不同规模投资进行选择时，如果 B−A 项目的 IRR＞K，则投资规模较大的项目优于投资规模较小的项目；如果 B−A 项目的 IRR＜K，则投资规模较小的项目优于投资规模较大的项目。

2）项目现金流量发生时间不一致。当两个投资项目投资额相同，但现金流量发生的时间不一致，也会引起两种评价标准在互斥项目选择上的不一致。

假设有两个投资项目 C 和 D，其有关资料详见表 5.3。

表 5.3 　　　　　　　　　　　　**两个投资项目 C 和 D 的有关资料** 　　　　　　　　单位：元

项目	NCF$_0$	NCF$_1$	NCF$_2$	NCF$_3$	IRR/%	NPV/(8%)
C	−10 000	8 000	4 000	1 000	20	1 631
D	−10 000	1 000	4 500	9 700	18	2 484

从表 5.3 可知，根据内部收益率标准，应选择项目 C，而根据净现值标准，应选择项目 D。造成这一差异的原因是这两个投资项目现金流量的发生时间不同而导致其时间价值不同。项目 C 总的现金流量小于项目 D，但发生的时间早，当投资贴现率较高时，远期现金流量的现值低，影响小，投资收益主要取决于近期现金流量的高低，这时项目 C 具有一定的优势。当投资贴现率较低时，远期现金流量的现值增大，这时项目 D 具有一定的优势。

与上例相同，也可以采用现金流量增量的方法解决这一问题。两项目的增量现金流量详见表 5.4。

表 5.4 　　　　　　　　　　　　　**项目 C 和 D 的增量现金流量** 　　　　　　　　单位：元

项目	NCF$_0$	NCF$_1$	NCF$_2$	NCF$_3$	IRR/%	NPV/(8%)
D−C	0	−7 000	500	8 700	15	853

从表 5.4 可知，增量现金流量的 IRR（15%）大于资本成本 8%，净现值为 853 元，因此应接受 D−C 项目。同样企业应选择项目 D+（D−C）＝D，这样可使投资净现值增加 904 元。

此外若一个投资项目的现金流量多次改变符号，现金流入和流出是交错型的，即该项目存在多个内部收益率，使用内部收益率指标存在着明显的不足。如图 5.2 所示，NPV 曲线与 K 轴的交点有两个内部收益率，即存在两个。此时，很难选择用哪一个 IRR 来评价项目。

另外还存在没有任何实数利率能满足 NPV＝0 的情况，即 IRR 无解，这时就无法找到评价投资项目的标准。相比之下，净现值标准采取已知的、确定的资本成本或所要求的最低报酬率作为贴现率，从而避免了这一问题。

（3）NPV 与 IRR 排序矛盾的理论分析。NPV 与 IRR 标准产生矛盾的根本原因是这两种标准隐含的再投资利率不同。NPV 假设投资项目在第 t 期流入的现金以资本成本率或投资者要求的收益率进行再投资；IRR 假设再投资利率等于项目本身的 IRR。无论存在

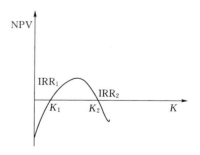

图 5.2 　现金流量符号改变两次时的净现值特征线示意图

投资规模差异还是现金流量的时间差异，企业都将有数量不等的资金进行不等年限的投资，这一点取决于企业到底选择互斥项目中的哪一个。如果选择初始投资较小的项目，那么在 $t=0$ 时，企业将有更多的资金投资到别的方面。同样，对具有相同规模的投资项目来说，具有较多的早期现金流入量的项目就能提供较多的资金再投资于早期年度。因此，项目的再投资率的设定和选择是非常重要的。

假设对各项目产生的现金流入进行再投资（再投资利率为 K^*），则项目的 NPV 为

$$NPV = \sum_{t=0}^{n} \left[\frac{NCF_t}{(1+K)^t} \times \frac{(1+K^*)^{n-t}}{(1+K)^{n-t}} \right]$$

这个公式和前面所讲的计算 NPV 的公式的差别就在于此公式存在着 $\left[(1+K^*)^{n-t} / (1+K)^{n-t} \right]$ 这一因子，要使前后两个公式相等，必须使：

$$\frac{(1+K^*)^{n-t}}{(1+K)^{n-t}} = 1$$

这一等式表明在 K 和 K^* 之间有一种内在联系，即 $K=K^*$。换句话说，用前述计算 NPV 公式，包含了这样一种假设：用于项目现金流入再投资的利率 K^* 等于企业资本成本或投资者要求的收益率。

同样 IRR 的计算假设项目产生的现金流量再投资利率就是项目本身的 IRR。

如果 NPV 和 IRR 两个指标采取共同的再投资利率，则排序矛盾就可以消除。

2. NPV 与 PI 比较

NPV 与 PI 评价标准之间的关系可表述为：如果 NPV>0，则 PI>1；如果 NPV=0，则 PI=1；如果 NPV<0，则 PI<1。在一般情况下，采用 NPV 和 PI 评价投资项目，得出的结论常常是一致的，但在投资规模不同的互斥项目的选择中，则有可能得出相反的结论。如前例的 A 和 B 两项目。如果按 PI 标准评价，则项目 A 优于 B；如果按 NPV 标准评价，则项目 B 优于 A。在这种情况下同样可考察现金流量增量的 PI 的方法来进一步分析两个投资项目的可行性。通过计算得到投资现金流量增量 B－A 的 PI 为 1.05，该数值大于 1，应该接受 B－A 项目。因此，选择项目 B＋(B－A)＝B 项目可使企业获得更多的净现值。

5.3 投资方案决策分析

5.3.1 独立型方案的决策分析

独立型方案是指一组相互独立、互不排斥的方案。在独立型方案中，选择某一方案并不排斥选择另一方案。独立型方案的决策是指特定投资方案采纳与否的决策，这种决策可以不考虑任何其他方案是否得到采纳和实施。这种投资的收益和成本也不会因为其他方案的采纳和否决而受影响。即方案的取舍只取决于方案本身的经济价值。从财务的角度看，两种独立性投资所引起的现金流量是不相关的。

对于独立型方案的决策分析，可运用净现值、获利指数、内部收益率以及投资回收期、会计收益率等任何一个合理的标准进行分析，决定方案的取舍。只要运用得当，一般

能够作出正确的决策。

5.3.2 互斥型方案的决策分析

互斥型方案是指相互关联、互相排斥的方案。在一组方案中，采用某一方案则完全排斥其他方案。互斥型方案的决策分析就是指在两个或两个以上互相排斥的待选方案中选择其中之一的决策分析。

在两个或两个以上方案比较时，选择最优投资方案的基本方法有以下几种。

1. 排列顺序法

在排列顺序法中，全部待选方案可以分别根据它们各自的 NPV、PI 或 IRR 按降级排序，然后进行项目挑选，通常选其大者为最优。按照 NPV、PI 或 IRR 这三种方法分别选择投资方案时，其排列顺序在一般情况下是一致的，但在某些情况下，运用 NPV 和运用 IRR 或 PI 会得出不同的结论，即出现排序矛盾。在这种情况下，通常应以净现值作为选择标准。

2. 增量收益分析法

对于互斥方案，可运用增量原理进行分析，即根据增量现金流量的净现值、增量现金流量的内部收益率或增量现金流量的获利指数等任一标准进行方案比较。其判断标准是：如果增量投资净现值大于零，或增量内部收益率大于最低投资收益率、或增量获利指数大于 1，则增量投资在经济上是可行的。这一标准的具体化为：

对于投资规模不同的互斥方案，如果增量投资净现值大于零，或增量内部收益率大于最低投资收益率、或增量获利指数大于 1，则投资额大的方案较优；反之，投资额小的方案较优。

对于重置型投资方案，通常是站在新设备的角度进行分析，即对使用新设备的现金流量与继续使用旧设备现金流量的差量（增量）进行分析。如果增量投资净现值大于零，或增量内部收益率大于最低投资收益率、或增量获利指数大于 1，则应购置新设备；反之，则继续使用旧设备。

3. 总费用法

总费用法是指通过计算各备选方案中全部现金流出的现值来进行方案比较的一种方法。这种方法适用于现金流入量相同、项目寿命相同的方案之间的选择。总费用现值较小的方案为最佳。

4. 年均费用法

年均费用法适用于现金流入量相同但项目寿命不同的方案的选择。这种方法是先计算出项目的总费用现值，然后按照后付年金的方法，在已知年金现值（总费用现值）、贴现期数和贴现率的情况下，求出后付年金，即为年均费用。年均费用较小的方案较好。年均费用法也可以推广到现金流入量不同且项目寿命也不同的方案的选择，此时要计算不同项目的年均净现值。年均净现值较大的方案较好。年均净现值的计算，要先计算出项目的净现值，然后 按照后付年金的方法，在已知年金现值（净现值）、贴现期数和贴现率的情况下，求出后付年金，即为年均净现值。

5.4 固定资产更新决策

5.4.1 固定资产更新概述

固定资产更新是对技术上或经济上不宜继续使用的旧资产，用新的资产更换或用先进的技术对原有设备进行局部改造。

固定资产更新决策主要研究两个问题：①决定是否更新，即继续使用旧资产还是更新资产；②决定选择什么样的资产更新。实际上，这两个问题是结合在一起考虑的，如果市场上没有比现有设备更为适用的设备，那么就继续使用旧设备。由于旧设备总可以通过修理使用，所以更新决策是继续使用旧设备与购置新设备的选择。

5.4.2 固定资产折旧

在固定资产更新决策中，无论是购置新设备还是继续使用旧设备的现金流量都要涉及折旧额的计算。

固定资产的折旧是指固定资产在使用过程中，由于逐渐损耗而消失的那部分价值。固定资产损耗的这部分价值，应当在固定资产的有效使用年限内进行分摊，形成折旧费用，记入各期成本。

固定资产的折旧方法有：平均年限法、工作量法、双倍余额递减法和年数总和法。

1. 平均年限法

平均年限法又称直线法，是将固定资产的折旧均衡地分摊到各期的一种方法。其计算公式为

$$年折旧额＝(1－预期净残值率)÷预计使用年限×100\%$$

$$月折旧额＝年折旧额÷12$$

2. 工作量法

工作量法是根据实际工作量计提折旧额的一种方法。基本计算公式为

$$每一工作量折旧额＝固定资产原值×(1－净残值率)÷预计总工作量$$

3. 双倍余额递减法

双倍余额递减法是在不考虑固定资产净残值的情况下，根据每期期初固定资产账面余额和双倍的直线折旧率计算固定资产折旧的一种方法。其计算公式为

$$年折旧率＝(2÷预计使用年限)×100\%$$

$$月折旧率＝年折旧额÷12$$

$$月折旧额＝固定资产账面净值×月折旧额$$

实行双倍余额递减法计提折旧的固定资产，应当在其固定资产折旧年限到期以前两年内，将固定资产净值（扣除净残值）平均摊销。

4. 年数总和法

年数总和法又称年数比例法，是将固定资产的原值减去净残值后的净额乘以一个逐年递减的分数计算每年的折旧额，这个分数的分子代表固定资产尚可使用的年数，分母代表

使用年数的逐年数字总和。其计算公式为

$$年折旧率＝尚可使用年限÷预计使用年限总和$$

$$尚可使用年限＝预计使用年限－已使用年限$$

$$预计使用年限总和＝［预计使用年限×（预计使用年限＋1）］÷2$$

5.4.3 固定资产经济寿命概述

通常固定资产的使用初期运行费用比较低，以后随着设备逐渐陈旧，性能变差，维护、修理、能源消耗等会逐步增加；与此同时，固定资产的价值逐渐减少，资产占用的资金应计利息会逐渐减少。由此可见，随着时间的递延，固定资产的运行成本和持有成本成反向变化，两者之和呈马鞍形，因此必然存在一个最经济的使用年限，如图 5.3 所示。

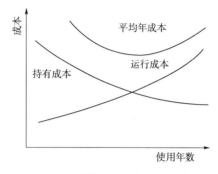

图 5.3 平均年成本与运行成本和持有成本关系图

固定资产平均年成本 UAC 的计算公式为

$$UAC=\left[C-\frac{S_n}{(1+i)^n}+\sum\frac{C_n}{(1+i)^n}\right]\div(P/A,\ i,\ n)$$

式中　　　C——固定资产原值；

　　　　S_n——n 年后固定资产余值；

　　　　C_n——第 n 年运行成本；

　　　　n——预计使用年限；

　　　　i——投资最低报酬率；

$(P/A,i,n)$——年金现值因子。

固定资产经济寿命是上式 UAC 值达到最小时的 n。

5.5 投资决策的风险分析

考虑到风险对投资项目的影响，可以按照投资风险的程度适当地调整投资贴现率或投资项目的现金流量，然后再进行评价。

5.5.1 风险调整贴现率法

投资风险分析最常用的方法是风险调整贴现率法。这种方法的基本思路是对于高风险的项目，采用较高的贴现率去计算净现值，然后根据净现值法的规则来选择方案。问题的关键是如何根据风险的大小来确定包括了风险的贴现率即风险调整贴现率。确定一个含有风险的贴现率有若干不同的方法，如用资本成本定价模型、综合资本成本以及项目本身的风险来估计贴现率等。下面说明运用第三种方法确定含有风险贴现率的过程，其计算公式为

$$k=r+bQ$$

式中 k——风险调整贴现率；

r——无风险贴现率；

b——风险报酬斜率；

Q——风险程度。

从上式可知，在 r 已知时，为了确定 k，需要先确定 Q 和 b。

下面将通过一个例子来说明怎样计算风险程度 Q 和风险报酬斜率 b，以及根据风险调正斜率来选择方案。

【例 5.1】 某公司的最低报酬率 (r) 为 6%，现有 3 个投资机会，有关资料详见表 5.5。

表 5.5 某公司的三种投资机会的有关数据

年份	A 方案		B 方案		C 方案	
	CAFT	概率	CAFT	概率	CAFT	概率
0	−5 000	1	−2 000	1	−2 000	1
1	3 000 2 000 1 000	0.25 0.50 0.25				
2	4 000 3 000 2 000	0.20 0.60 0.20				
3	2 500 2 000 1 500	0.30 0.40 0.30	1 500 4 000 6 500	0.20 0.60 0.20	3 000 4 000 5 000	0.1 0.8 0.1

注 CFAT 指"税后现金流量"。

表 5.5 的资料表明，A、B、C 三个方案的现金流量都带有不确定性，即风险。这种不确定性可以用标准离差率来反映。该决策的过程是：首先计算衡量风险的指标，即标准离差率（变化系数）；其次确定风险报酬斜率；再次计算含有风险的贴现率；最后求出净现值。

1. 计算风险程度

首先计算 A 方案的风险程度和风险报酬斜率。计算过程为：

（1）计算各年现金流入量的期望值。记 $\bar{E}_i(i=1,2,3)$ 表示第 i 年现金流入量的期望值，E_{ij} 表示第 i 年第 j 种状态下的现金流入量，相应的概率为 p_{ij}。则

$$\bar{E}_i = \sum_{j=1}^{n} E_{ij} p_{ij}$$

式中 i——年份；

j——状态；

n——状态总数。

可得计算结果为

$\bar{E}_1 = 2000$

$\bar{E}_2 = 3000$

$\bar{E}_3 = 2000$

（2）计算各年现金流入量的标准差。计算标准差的公式为

$$d_i = \sqrt{\sum_{j=1}^{n} \left[(E_{ij} - \bar{E}_i) p_{ij} \right]}$$

其中 d_i（$i=1$，2，3）表示第 i 年现金流入量的标准差。

可得计算结果为

$d_1 = 707.10$

$d_2 = 632.50$

$d_3 = 387.30$

（3）计算年现金流入量的综合标准差。年现金流入量的综合标准差 D 的计算公式如下

$$D = \sqrt{\sum_{i=1}^{m} \frac{d_i^2}{(1+r)^{2i}}}$$

式中 i——年份；

d_i——第 i 年现金流入量的标准差；

r——无风险贴现率；

m——年份总数。

可得计算结果为

$$D = 931.40$$

（4）计算标准离差率（变化系数）。标准差可以反映现金流量不确定性的大小，但是标准差是一个绝对数，其值受各种可能值的数值（现金流入量金额）大小的影响。如果各种可能值之间的比值及其概率分布相同，那么该数值越大，标准差也越大，因此，标准差不便于比较不同规模项目的风险大小。为了解决这个问题，引入了变化系数的概念。变化系数是标准差与期望值的比值，其计算公式为

$$q = \frac{d}{\bar{E}}$$

式中 q——变化系数；

d——标准差；

$\bar{E}$——期望值。

这样，为了综合反映各年的风险，对具有一系列现金流入的方案就用综合系数来描述。综合变化系数是综合标准差与现金流入预期现值的比值，其计算公式为

综合变化系数 Q＝综合标准差 D÷现金流入预期现值 EPV

$$Q = \frac{D}{\text{EPV}}$$

式中 Q——综合变化系数；

D——综合标准差；

EPV——现金流入预期现值。

而 EPV 可按下式计算：

$$EPV = \sum_{i=1}^{m} \frac{\bar{E}_i}{(1+r)^i}$$

式中　i——年份；

$\bar{E}_i$——第 i 年现金流入量的期望值；

　r——无风险贴现率；

m——年份总数。

本例的现金流入预期现值 EPV 为

$$EPV_{(A)} = 6\ 236$$
$$D_{(A)} = 931.40$$

A 方案的综合变化系数为

$$Q_{(A)} = 931.40 \div 6\ 236 = 0.15$$

2. 确定风险报酬斜率

风险报酬斜率是直线方程 $K = r + bQ$ 的系数，它的高低反映风险程度变化对风险调整贴现率影响的大小。b 值是经验数据，可根据历史数据用高低点法或直线回归法求出。

假设中等风险程度的项目系数为 0.5，通常要求的含有风险的最低报酬率为 11%，无风险报酬率为 6%，则风险报酬斜率为

$$b = (11\% - 6\%) \div 0.5 = 0.1$$

3. 计算含有风险的贴现率

在已知无风险收益率、风险报酬斜率和代表项目风险程度的综合变化系数的情况下，根据公式 $k = r + bQ$ 可以计算出含有风险的贴现率。即 A 方案的风险调整贴现率为

$$K_{(A)} = 6\% + 0.1 \times 0.15 = 7.5\%$$

4. 计算项目的净现值

根据确定的风险调整贴现率计算项目的净现值 $\overline{NPV}$ 的计算公式为

$$\overline{NPV} = \sum_{i=1}^{m} \frac{\bar{E}_i}{(1+K)^i}$$

式中　i——年份；

$\bar{E}_i$——第 i 年现金流入量的期望值；

　K——风险调整贴现率；

　m——年份总数。

$$\overline{NPV}_{(A)} = 1\ 066$$

根据同样方法可以对方案 B、C 进行分析。

方案 B、C 的现金流量的期望值分别为

$$E_{(B)} = 4\ 000$$
$$E_{(C)} = 4\ 000$$

方案 B、C 的现金流量的标准差分别为

$$D_{(B)} = 1\ 581$$

$$D_{(C)} = 447$$

方案 B、C 的现金流量的变化系数分别为

$$Q_{(B)} = 1\ 581 \div 4\ 000 = 0.40$$

$$Q_{(C)} = 447 \div 4\ 000 = 0.11$$

方案 B、C 含有风险的贴现率分别为

$$K_{(B)} = 6\% + 0.1 \times 0.40 = 10\%$$

$$K_{(C)} = 6\% + 0.1 \times 0.11 = 7.1\%$$

方案 B、C 的净现值分别为

$$\overline{\mathrm{NPV}}_{(B)} = \frac{4\ 000}{1.100^3} - 2\ 000 = 1\ 005$$

$$\overline{\mathrm{NPV}}_{(C)} = \frac{4\ 000}{1.071^3} - 2\ 000 = 1\ 256$$

通过比较三个投资方案的净现值，三个方案的优先顺序为：C＞A＞B。

采用贴现率调整法时，对风险大的项目采用较高的贴现率，对风险小的项目采用较小的贴现率。这种方法简单明了，符合逻辑，在实际中运用较为普遍。但是这种方法把风险报酬与时间价值混在一起，并依次进行现金流量的贴现，不论第 i 年为哪一年，第 $i+1$ 年的复利现值系数总是小于第 i 年的复利现值系数，这意味着风险必然随着时间的推移而被人为地逐年扩大，这样处理常常与实际情况相反。有的投资项目，往往对前几年的现金流量没有把握，而对以后的现金流量却反而较有把握，如果按贴现率调整，则将不能正确地反映项目的风险程度。

用资本资产定价模型来确定含有风险的贴现率，适用于 100％权益资本的企业。其理论依据是，企业用留存收益追加投资的决策规则是投资项目的预期收益率应大于风险相当的金融资产的预期收益率。而金融资产的收益率等价于项目的资本成本，可以按资本资产定价模型来确定。若企业用权益资本和债务资本共同进行投资时，应用综合资本成本作为贴现率。综合资本成本是权益资本成本和债务资本成本的加权平均数，具体详见第 4 章融资决策。

5.5.2 肯定当量法

为了克服风险调整贴现率法的缺点，人们提出了肯定当量法。这种方法的基本思路是先用一个系数把有风险的现金流量调整为无风险的现金流量，然后用无风险的贴现率去计算净现值。其计算公式为

$$\mathrm{NPV} = \sum_{i=0}^{n} \frac{a_i \mathrm{CFAT}_i}{(1+r)^i}$$

式中　a_i——i 年现金流量的肯定当量系数，它为 0～1；

　　　r——无风险的贴现率；

　CFAT_i——第 i 年税后现金流量。

肯定当量系数是指不确定的 1 元现金流量期望值相当于使投资者满意的肯定的金额的

比值，它可以把各年不确定的现金流量换算成确定的现金流量。其计算公式为

$$a_i = 确定的现金流量 \div 不确定的现金流量期望值$$

如果仍以变化系数表示现金流量的不确定性，则变化系数与肯定当量系数的经验关系详见表5.6。

表 5.6 变化系数与肯定当量系数的经验关系

变化系数	肯定当量系数
0.01～0.07	1
0.08～0.15	0.9
0.16～0.23	0.8
0.24～0.32	0.7
0.33～0.42	0.6
0.43～0.54	0.5
0.55～0.70	0.4

根据上述原理和经验关系，则［例5.1］中A方案的净现值计算如下：

$$q_1 = d_1 \div \bar{E}_1 = 701.1 \div 2\,000 = 0.35$$
$$q_2 = d_2 \div \bar{E}_2 = 632.5 \div 3\,000 = 0.21$$
$$q_3 = d_3 \div \bar{E}_3 = 387.3 \div 2\,000 = 0.19$$

查表5.6得：

$$a_1 = 0.6$$
$$a_2 = 0.8$$
$$a_3 = 0.8$$

计算A方案的净现值：

$$\mathrm{NPV_{(A)}} = \frac{0.6 \times 2\,000}{1.06} + \frac{0.8 \times 3\,000}{1.06^2} + \frac{0.8 \times 2\,000}{1.06^3} - 5\,000 = -389$$

用同样方法可知：

$$q_B = d_B \div E_B = 1\,581 \div 4\,000 = 0.40$$
$$q_C = d_C \div E_C = 447 \div 4\,000 = 0.11$$
$$a_B = 0.6$$
$$a_C = 0.9$$
$$\mathrm{NPV_{(B)}} = 15$$
$$\mathrm{NPV_{(C)}} = 1\,022$$

计算结果表明，方案的优先次序为：C＞B＞A，与风险调整率法不同（C＞A＞B），主要差别是A和B互换了位置。其原因是风险调整法对远期现金流入予以较大的调整，使远期现金流入量大的B方案受到较大的影响。

肯定当量法是通过对现金流量的调整来反映各年投资风险，并将风险因素与时间因素分开讨论，这在理论上是成立的。但是，肯定当量系数a_t很难确定，每个人都会有不同的

估算，数值差别很大。因此，该方法在实际中很少应用。

5.6　用 Excel 进行投资决策案例

5.6.1　固定资产更新决策实例

【例 5.2】　某企业有一台旧设备，工程技术人员提出更新要求，有关数据详见表 5.7。

表 5.7　　　　　　　　　　　　　　设 备 更 新 数 据　　　　　　　　　　单位：万元

项目	旧设备	新设备
原值	2 200	2 400
预计使用年限	10	10
已经使用年限	4	0
最终残值	200	300
变现价值	600	2 400
年运行成本	700	400

假设该企业要求的最低报酬率为 15%，继续使用与更新的现金流量详见表 5.8。

表 5.8　　　　　　　　　　　　　　新、旧设备支出表　　　　　　　　　　单位：万元

年份 t	旧设备		新设备	
	现金流入	现金流入	现金流出	现金流入
0	600		2 400	
1	700		400	
2	700		400	
3	700		400	
4	700		400	
5	700		400	
6	700	200	400	
7			400	
8			400	
9			400	
10			400	300

分析：由于没有适当的现金流入，无法计算项目净现值和内含报酬率。实际上也没有必要通过净现值或内部收益率来进行决策。通常，在现金流入量相同时，认为现金流出量较低的方案是好方案。但要注意下面两种方法是不够妥当的。

（1）比较两个方案的总成本。因为，表 5.8 是旧设备尚可使用 6 年，而新设备可使用 10 年，两个方案取得的"产出"并不相同。因此，我们应当比较某一年的成本，即获得一年的生产能力所付出的代价，据以判断方案的优劣。

（2）使用差额分析法。因为两个方案投资相差 1 800 元，作为更新的现金流出，每年运行成本相差 300 元，是更新带来的成本节约，视同现金流入。问题在于旧设备第 6 年报废，新设备第 7~10 年仍可使用，后 4 年无法确定成本节约额。因此，这种方法也不妥。

那么，唯一的普遍的分析方法是比较继续使用和更新的年平均成本，以其较低的作为好方案。所谓固定资产的年平均成本是指该资产引起的现金流出的年平均值。如果不考虑货币的时间价值，那么它是未来使用年限内的现金流出总额与使用年限的比值。如果考虑货币的时间价值，那么它是未来使用年限内的现金流出总现值与年现值系数的比值。

在现金流入量相同而寿命不同的互斥项目的决策分析时，应使用年平均成本法（年均费用）。固定资产的年平均成本模本设计如下。

（1）打开工作簿"投资决策"，创建新工作表"年平均成本"。

（2）在工作表"年平均成本"中设计表格，设计好后的表格详见表 5.10。

（3）按表 5.9 所示在工作表"年平均成本"中输入公式。

表 5.9　　　　　　　　　　　　工作表"年平均成本"中公式

单元格	公　　　式	备　　注
1	=(B6+B7*(B3－B4)－B5)÷(B3－B4)	计算旧设备的年平均成本
2	=(C6+C7*(C3－C4)－C5)÷(C3－C4)	计算新设备的年平均成本
3	=－B6/PV(B8,B3－B4,1)+B7+B5/FV(B8,B3－B4,1)	计算旧设备的年平均成本
4	=－C6/PV(B8,C3－C4,1)+C7+C5/FV(B8,C3－C4,1)	计算新设备的年平均成本

这样便创建了一个固定资产的年平均成本法比较模本，详见表 5.10。

表 5.10　　　　　　　　　　　　年平均成本分析表（模本）

序号	A	B	C
1		旧设备	新设备
2	原值	*	*
3	预计使用年限	*	*
4	已经使用年限	*	*
5	最终残值	*	*
6	变现价值	*	*
7	年运行成本	*	*
8	最低报酬率	*	*
9			
10	不考虑货币时间价值		
11	旧设备的年平均成本	=(B6+B7*(B3－B4)－B5)÷(B3－B4)	
12	新设备的年平均成本	=(C6+C7*(C3－C4)－C5)÷(C3－C4)	
13			
14	不考虑货币时间价值		
15	旧设备的年平均成本	=－B6/PV(B8,B3－B4,1)+B7+B5/FV(B8,B3－B4,1)	
16	新设备的年平均成本	=－C6/PV(B8,C3－C4,1)+C7+C5/FV(B8,C3－C4,1)	

（4）在相应单元格中输入数据。

（5）输入数据完毕后，并可看到计算结果详见表 5.11。

（6）保存工作表"年平均成本"。

表 5.11　　　　　　　　　　年平均成本分析表（计算结果）　　　　　　　　单位：万元

序号	A	B	C
1		旧设备	新设备
2	原值	2 200	2 400
3	预计使用年限	10	10
4	已经使用年限	4	0
5	最终残值	200	300
6	变现价值	600	2 400
7	年运行成本	700	400
8	最低报酬率	0.15	
9			
10	不考虑货币时间价值		
11	旧设备的年平均成本	767	
12	新设备的年平均成本	610	
13			
14	考虑货币时间价值		
15	旧设备的年平均成本	836	
16	新设备的年平均成本	863	

表 5.11 中计算结果表明：在不考虑货币的时间价值时，旧设备的年平均成本为 767 元高于新设备的年平均成本 610 元。而考虑货币的时间价值时，在最低报酬率为 15% 的条件下，旧设备的年平均成本为 836 元低于新设备的年平均成本 863 元。一般进行投资决策分析时，需要考虑货币的时间价值，因此，继续使用旧设备应优先考虑。

5.6.2　固定资产的经济寿命决策案例

【例 5.3】　设某资产原值为 1 400 万元，运行成本逐年增加，折余价值逐年下降，有关数据详见表 5.12。

表 5.12　　　　　　　　　　固定资产运行成本和折余价值　　　　　　　　单位：万元

更新年限	原值	余值	运行成本
1	1 400	1 000	200
2	1 400	760	220
3	1 400	600	250
4	1 400	460	290
5	1 400	340	340

续表

更新年限	原值	余值	运行成本
6	1 400	240	400
7	1 400	160	450
8	1 400	100	500

分析：为计算固定资产经济寿命，必须计算不同使用年限下的总成本，然后进行比较便可得到固定资产的经济寿命。因此，固定资产经济寿命计算模型就是用于计算不同使用年限下的总成本。

（1）打开工作簿"投资决策"，创建新工作表"经济寿命"。

（2）在工作表"经济寿命"中设计表格，详见表 5.14。

（3）按表 5.13 所示在工作表"经济寿命"中输入公式。

表 5.13 单 元 格 中 公 式

单元格	公式	复制	功能
H2	$=-G2/PV(\$C\$10, A2, 1)$	复制到单元格区域 H2:H9①	平均年成本
G2	$=B2-D2+F2$	复制到单元格区域 G2:G9	计算现值总成本
F2	$=NPV(\$C\$10, E2)$	复制到单元格区域 F2:F9	计算更新时运行成本现值
D2	$=C2/POWER(1+\$C\$10, A2)$	复制到单元格区域 D2:D9	计算余值现值

① 将单元格 H2 中公式复制到单元格区域 H2:H9 中的步骤为：

·选择单元格 H2；

·单击"编辑"菜单，单击"复制"；

·选择单元格区域 H2:H9；

·单击"编辑"菜单，单击"粘贴"。

其他复制类似上述过程。

这样便创建了固定资产的经济寿命计算模本，详见表 5.14。

表 5.14 经济寿命分析表（模本）

序号	A	B	C	D	E	F	G	H
1	更新年限	原值	余值	余值现值	运行成本	更新时运行成本现值	现值总成本	平均年成本
2	1	*	*	$=C2/POWER(1+\$C\$10, A2)$	*	$=NPV(C10, E2)$	$=B2-D2+F2$	$=-G2/PV(\$C\$10, A2, 1)$
3	2	*	*	$=C3/POWER(1+\$C\$10, A3)$	*	$=NPV(C10, E2:E3)$	$=B3-D3+F3$	$=-G3/PV(\$C\$10, A3, 1)$
4	3	*	*	$=C4/POWER(1+\$C\$10, A4)$	*	$=NPV(C10, E3:E4)$	$=B4-D4+F4$	$=-G4/PV(\$C\$10, A4, 1)$
5	4	*	*	$=C5/POWER(1+\$C\$10, A5)$	*	$=NPV(C10, E2:E5)$	$=B5-D5+F5$	$=-G5/PV(\$C\$10, A5, 1)$

续表

序号	A	B	C	D	E	F	G	H
6	5	*	*	= C6/POWER（1＋＄C＄10，A6）	*	= NPV（C10，E2：E6）	= B6－D6＋F6	= －G6/PV（＄C＄10，A6，1）
7	6	*	*	= C7/POWER（1＋＄C＄10，A7）	*	= NPV（C10，E2：E7）	= B7－D7＋F7	= －G7/PV（＄C＄10，A7，1）
8	7	*	*	= C8/POWER（1＋＄C＄10，A8）	*	= NPV（C10，E2：E8）	= B8－D8＋F8	= －G8/PV（＄C＄10，A8，1）
9	8	*	*	= C9/POWER（1＋＄C＄10，A9）	*	= NPV（C10，E2：E9）	= B9－D9＋F9	= －G9/PV（＄C＄10，A9，1）
10	贴现率	*						

（4）在相应单元格中输入数据。

（5）输入数据完毕后，并可看到计算结果，详见表 5.15。

（6）保存工作表"经济寿命"。

表 5.15　　　　　　　　　　经济寿命分析表（计算结果）　　　　　　单位：万元

序号	A	B	C	D	E	F	G	H
1	更新年限	原值	余值	余值现值	运行成本	更新时运行成本现值	现值总成本	平均年成本
2	1	1 400	1 000	926	200	185	659	712
3	2	1 400	760	651	220	373	1 122	629
4	3	1 400	600	476	250	571	1 495	580
5	4	1 400	460	338	290	784	1 846	557
6	5	1 400	340	231	340	1 015	2 184	546
7	6	1 400	240	151	400	1 267	2 516	544
8	7	1 400	160	93	450	1 529	2 836	545
9	8	1 400	100	54	500	1 799	3 145	547
10	贴现率		0.08					

5.6.3　所得税和折旧对投资的影响的案例

【例 5.4】　某公司有一台设备，购于两年前，现考虑是否更新。该公司所得税率为 40％，其他有关资料详见表 5.16。此外假定两设备的生产能力相同，并且未来可使用年限相同，公司期望的最低报酬率为 10％。

| 表 5.16 | | 某公司新、旧设备有关数据 | |

项目	旧设备	新设备
原价	60 000	50 000
税法规定残值率	10%	10%
税法规定使用年限	6	4
已使用年限	2	0
尚可使用年限	4	4
每年操作成本	8 600	5 000
两年后大修成本	2 800	0
最终残值	700	10 000
目前变现价值	1 000	50 000
折旧方法	直线法	年数总和法

（1）打开工作簿"投资决策"，创建新工作表"投资决策"。

（2）在工作表"投资决策"中设计表格。

（3）按表 5.17 所示在工作表"投资决策"中输入公式。

| 表 5.17 | | 单元格中公式 | |

单元格	公　　式	备　　注
B12	＝－B10	计算设备变现价值
B13	＝(B10－B2＋(B2＊(1－B3)/B4)＊B5)＊0.4	计算设备变现损失减税
B14	＝PV(0.1,B6,－B7)＊(1－0.4)	计算年付现成本变现
B15	0	计算每年折旧抵税
B16	＝SLN(B2,B2＊B3,B4)＊0.4	计算第一年折旧
B17	＝B16	计算第二年折旧
B18	＝B16	计算第三年折旧
B19	0	计算第四年折旧
B20	＝NPV(0.1,B16:B19)	折旧变现合计
B21	＝－B8＊(1－0.4)/POWER(1.1,2)	两年后大修成本变现
B22	＝B9/POWER(1.1,B6)	残值收入变现
B23	＝(B2＊B3－B9)＊0.4/POWER(1.1,B6)	残值收入纳税变现
B24	＝SUM(B12:B14)＋SUM(B20:B23)	旧设备现金流量合计
C12	＝－C10	计算设备变现价值
C13	0	计算设备变现损失减税
C14	＝PV(0.1,C6,－C7)＊(1－0.4)	计算年付现成本变现
C15	0	计算每年折旧抵税:
C16	＝SYD(C2,C2＊C3,C4,1)＊0.4	计算第一年折旧
C17	＝SYD(C2,C2＊C3,C4,2)＊0.4	计算第二年折旧

单元格	公　式	备　注
C18	＝SYD(C2,C2 * C3,C4,3) * 0.4	计算第三年折旧
C19	＝SYD(C2,C2 * C3,C4,4) * 0.4	计算第四年折旧
C20	＝NPV(0.1,C16:C19)	折旧变现合计
C21	＝－C8 * (1－0.4)/POWER(1.1,2)	两年后大修成本变现
C22	＝C9/POWER(1.1,C6)	残值收入变现
C23	＝(C2 * C3－C9) * 0.4/POWER(1.1,C6)	残值收入纳税变现
C24	＝SUM(C12:C14)＋SUM(C20:C23)	旧设备现金流量合计

这样便创建了一个固定资产的投资决策分析比较模本，详见表 5.18。

表 5.18　　　　　投资决策分析表（模本）

序号	A	B	C
1	项目	旧设备	新设备
2	原价	*	*
3	税法规定残值率	*	*
4	税法规定使用年限	*	*
5	已使用年限	*	*
6	尚可使用年限	*	*
7	每年操作成本	*	*
8	两年后大修成本	*	*
9	最终残值	*	*
10	目前变现价值	*	*
11			
12	设备变现价值	＝－B10	＝－C10
13	设备变现损失减税	＝(B10－B2＋(B2 * (1－B3)/B4) * B5) * 0.4	0
14	年付现成本变现	＝PV(0.1,B6,－B7 * (1－B3))	＝PV(0.1,C6,－C7 * (1－C3))
15	每年折旧抵税：	0	0
16	第一年	＝SLN(B2,B2 * B3,B4) * 0.4	＝SYD(C2,C2 * C3,C4,1) * 0.4
17	第二年	＝B16	＝SYD(C2,C2 * C3,C4,2) * 0.4
18	第三年	＝B16	＝SYD(C2,C2 * C3,C4,3) * 0.4

序号	A	B	C
19	第四年	0	＝SYD（C2，C2＊C3，C4，4）＊0.4
20	折旧变现合计	＝NPV(0.1,B16:B19)	＝NPV(0.1,C16:C19)
21	两年后大修成本变现	＝－B8＊(1－0.4)/POWER(1.1,2)	＝－C8＊(1－0.4)/POWER(1.1,2)
22	残值收入变现	＝B9/POWER(1.1,B6)	＝C9/POWER(1.1,C6)
23	残值收入纳税变现	＝(B2＊B3－B9)＊0.4/POWER(1.1,B6)	＝(C2＊C3－C9)＊0.4/POWER(1.1,C6)
24	旧设备现金流量合计	＝SUM(B12:B14)＋SUM(B20:B23)	＝SUM（C12:C14）＋SUM(C20:C23)

（4）在相应单元格输入数据。

（5）输入数据完毕后，并可看到计算结果，详见表 5.19。

（6）保存工作表"投资决策"。

表 5.19　　　　　　　　　投资决策分析表（计算结果）

序号	A	B	C
1	项目	旧设备	新设备
2	原价	60 000	50 000
3	税法规定残值率	10％	10％
4	税法规定使用年限	6	4
5	已使用年限	3	0
6	尚可使用年限	4	4
7	每年操作成本	8 600	5 000
8	两年后大修成本	2 800	0
9	最终残值	700	10 000
10	目前变现价值	10 000	50 000
11			
12	设备变现价值	－10 000	－50 000
13	设备变现损失减税	－9 200	0
14	每年付现成本	－16 357.2	9 510
15	每年折旧抵税：		
16	第一年	3 600	6 544.8

续表

序号	A	B	C
17	第二年	3 600	4 460.4
18	第三年	3 600	2 703.6
19	第四年	0	1 229.4
20	折旧变现合计	8 953.2	14 938.2
21	两年后大修成本	−13 876.8	0
22	残值收入	4 781	6 830
23	残值收入纳税	−273.2	−1 366
24	旧设备现金流量合计	−35 973	−39 107.8

表 5.19 中计算结果表明：更换新设备的现金流出总现值为 39 107.8 元，比继续使用旧设备的现金流出总现值 35 973 元要多出 3 134.8 元。因此，继续使用旧设备较好。值得指出的是，如果未来的尚可使用年限不同，则需要将总现值转换成年平均成本，然后进行比较。

5.6.4 风险调整贴现率法案例

下面将用 Excel 来求解 [例 5.1] 。

解：

（1）打开工作簿"投资决策"，创建新工作表"风险调整"。

（2）在工作表"风险调整"中设计表格。

（3）按表 5.20 所示在工作表"风险调整"中输入公式。

表 5.20　　　　　　　　　　工 作 表 中 公 式

单元格	公　式	备　注
16	＝NPVA（A15，B15，C15，D15，B3，B4：B12，C4：C12）	计算 A 方案净现值
17	＝NPVA（A15，B15，C15，D15，D3，D4：D12，E4：E12）	计算 B 方案净现值
18	＝NPVA（A15，B15，C15，D15，F3，F4：F12，G4：G12）	计算 C 方案净现值

注　函数 NPVA 为编者自己开发的一个宏函数，其详细内容见附录。

格式为：NPVA（no_risk，has_risk，factor，nyear，init_cost，flowin，possible）

其中，no_risk 为无风险的最低报酬率数值单元格；has_risk 为有风险的最低报酬率数值单元格；factor 为项目变化系数数值单元格；init_cost 为原始成本数值单元格；nyear 为总投资年数数值单元格；flowin 为营业现金流入数值单元格区域，必须为列区域，单元格区域中的值必须为数值型；possible 取得营业现金的概率数值单元格区域，必须为列区域，单元格区域中的值必须为数值型。

这样创建了一个固定资产投资的风险调整贴现率法模本，详见表 5.21。

表 5.21 工作表"风险调整"(计算模本)

序号	A	B	C	D	E	F	G
1	年份	A 方案		B 方案		C 方案	
2		CAFT	概率	CAFT	概率	CAFT	概率
3	0						
4							
5	1						
6							
7							
8	2						
9							
10							
11	3						
12							
13							
14	无风险最低报酬率	有风险最低报酬率	项目变化系数	年份			
15							
16	A 方案净现值	=NPVA (A15, B15, C15, D15, B3, B4：B12, C4：C12)					
17	B 方案净现值	=NPVA (A15, B15, C15, D15, D3, D4：D12, E4：E12)					
18	C 方案净现值	=NPVA (A15, B15, C15, D15, F3, F4：F12, G4：G12)					

(4) 按［例 5.1］中提供的数据在表 5.21 中的单元格区域 B3：G12 和单元格 A15：D15 中输入数据后便可得到计算结果,详见表 5.22。

(5) 保存工作表"风险调整"。

表 5.22 工作表"风险调整"(计算结果)

序号	A	B	C	D	E	F	G
1	年份	A 方案		B 方案		C 方案	
2		CAFT	概率	CAFT	概率	CAFT	概率
3	0	5 000	1	2 000	1	2 000	1
4		3 000	0.25	0	0	0	0
5	1	2 000	0.50	0	0	0	0
6		1 000	0.25	0	0	0	0
7		4 000	0.20	0	0	0	0
8	2	3 000	0.60	0	0	0	0
9		2 000	0.20	0	0	0	0

续表

序号	A	B	C	D	E	F	G
10		2 500	0.30	1 500	0.20	3 000	0.1
11	3	2 000	0.40	4 000	0.60	4 000	0.8
12		1 500	0.30	6 500	0.20	5 000	0.1
13							
14	无风险最低报酬率	有风险最低报酬率	项目变化系数	年份			
15	0.06	0.11	0.5	3			
16	A 方案净现值			1 066			
17	B 方案净现值			1 005			
18	C 方案净现值			1 256			

表 5.22 中计算结果表明：C 投资机会所产生的净现值最大，A 投资机会次之，B 投资机会做所产生的净现值最少。因此，三个投资机会的优先顺序为：C＞A＞B。

5.6.5 综合案例

1997 年 1 月，ABC 飞机制造公司打算建立一条生产小型减震系统。为此，公司要花费 1 000 万元购买设备，另外还要支付 50 万元的安装费，该设备的经济寿命为 5 年，属于加速成本回收系统中回收年限为 5 年的资产类别（此案例所用的折旧率依次为 20%、34%、20%、14%、14%，此折旧系国外企业使用，对国内企业只需使用相应折旧方法就算出折旧率）。

该项目要求公司增加营运资本，增加部分主要用于原材料及备用零件储存。但是，预计的原材料采购额也会增加公司的应付账款，其结果是需增加 5 万元净营运资本。

1996 年，该公司曾请咨询公司为该项目进行了一次论证，咨询费共计 5 万元。咨询公司认为，如果不实施该项目，这个仓库只有被卖掉。研究表明，除去各项费用和税金后，这个仓库能净卖 20 万元。

尽管该项目投资大部分于 1997 年间支出，公司原则上假定所有投资引起的现金流量都发生在年末，而且假定每年的经营现金流量也发生在年末。新生产线于 1998 年初可安装完毕并投入生产。不包括折旧费在内的固定成本每年为 100 万元，变动成本为销售收入的 60%。公司适用 40% 的所得税。具有平均风险的投资项目的资本成本为 10%。

5 年后，公司计划拆除生产线和厂房，将地皮捐赠给某市作为公园用地。因公司的公益贡献，公司可免缴一部分税款。免缴额与清理费用大致相等。如果不捐赠，生产设备可以卖掉，其残值收入取决于经济状况。残值在经济不景气、经济状况一般和高涨时分别为 50 万元、100 万元和 200 万元。

工程技术人员和成本分析专家认为以上数据真实可靠。

另外销售量取决于经济状况。如果经济保持目前增长水平，1998 年的销售收入可达 1 000 万元（销售量为 1 000 套，单价 1 万元）。5 年中，预计销售量稳定不变。但是销售收入预计随通货膨胀而增长，预计每年通货膨胀率为 5%。如果 1998 年经济不景气，销售量只有 900 套；反之，经济高涨，销售量可达 1 100 套。5 年内各年销售量依据各种经济状况下的 1998 年的销售水平进行估计。该公司管理人员对经济状况的估计为：不景气可能性为 25%，状况一般的可能性为 50%，状况高涨可能性为 25%。

问题如下：

（1）假设该项目风险水平与公司一般项目风险水平相同，依据销售量和残值的期望值，请计算该项目的净现值。

该项目在 1999 年发生亏损，请说明负所得税的意义，这种处理对只有一条生产线的新公司是否合适？咨询费是否应包含在项目分析中？

（2）计算不同经济状况下该项目的净现值，并将他们用各自经济状况的概率加权求得期望净现值，并同第 1 个问题比较说明是否一致。

（3）试讨论对一个大公司中的许多小项目进行的概率分析的作用与对一个小公司的一个大项目进行的概率分析的作用是否相同。

（4）假设公司具有平均风险的项目的净现值变异系数为 0.5～1.0。关于项目的资本成本，公司的处理原则是：高于平均风险项目的资本成本为在平均风险项目的资本成本基础上增加 2%，低于平均风险项目的，则降低 1%。请根据 1 所得的净现值重新评价项目的风险水平。是否应该接受该项目？

（5）如果经济不景气，项目可在 1999 年末下马（不能在第一年末下马，因为项目一旦上马，公司必须履行合同规定的责任和义务）。由于设备磨损不大，可卖得 800 万元。建筑物（含厂房）及地皮出售可得税后收入 15 万元。5 万元的营运资本也可回收。请计算净现值，并说明这个假设对项目预计收益和风险产生的影响。

（6）在投资项目分析时，存在两种风险：总风险和市场风险（用 β 表示）。请说明本案例评估的是哪一种风险，并讨论这两种风险及它们与投资决策的相关性。

（7）假设销售量和残值在销售量 1 000 套、残值 113.5 万元的基础上发生 ±10%，±20%，±30% 的变动。当销售量变化时，残值不变；反之亦然。做现值对销售量和残值的敏感性，并说明计算结果。

1. 根据案例提供的信息建立计算净现值的模本。

（1）创建一个名为"净现值分析表"的工作表。

（2）在所创建的工作表中设计一个表格。

（3）创建模本。

按照表 5.23 所示在工作表"净现值分析表"中输入公式。

表 5. 23 单 元 格 工 公 式

单元格		复　制	功　能
B8	＝F1＊F2		计算现金收入
B8	＝B8＊(1＋＄D＄4)	复制到单元格区域 C8:F8①	计算现金收入
B9	＝B8＊＄D＄2	复制到单元格区域 B9:F9	计算变动成本
B10	＝＄D＄1	复制到单元格区域 B10:F10	计算固定成本

续表

单元格		复　制	功　能
B11	=($B$1+$B$2)*B6	复制到单元格区域 B11:F11	计算折旧费用
B12	=B8−SUM(B9:B11)	复制到单元格区域 B12:F12	计算税前利润
B13	=B12*$D$3	复制到单元格区域 B13:F13	计算所得税
B14	=B12−B13	复制到单元格区域 B14:F14	计算税后利润
B15	=B11	复制到单元格区域 B15:F15	计算折旧费
B16	=B14+B15	复制到单元格区域 B16:F16	计算现金净流量
F17	=F3		计算残值收入
F18	=F17*D3		计算税收减少
F19	=F16+F17−F18		计算
B20	=POWER(1+$D$5,−1)		计算贴现系数(10%)
B21	=B16*B20		计算现值
B22	=SUM(B21:F21)−B5		计算净现值

① 将单元格 C8 中公式复制到单元格区域 C8:F8 中的步骤为：

· 选择单元格 C8；

· 单击"编辑"菜单，单击"复制"；

· 选择单元格区域 C8:F8；

· 单击"编辑"菜单，单击"粘贴"。

其他复制类似上述过程。

这样便创建了一个模本，详见表 5.24。

表 5.24　　　　　　　　　　**计算净现值的模本**

序号	A	B	C	D	E	F
1	设备成本	#①	固定成本	#	销售数量	#
2	安装费用	#	变动成本率	#	单价	#
3	建筑物地皮机会成本	#	税率	#	残值	#
4	营运资本增加额	#	通货膨胀率	#		
5	期初投资净额	#	贴现率	#		
6	折旧率	#	#	#	#	#
7		1998 年	1999 年	2000 年	2001 年	2002 年
8	现金收入	=F1*F2	=B8*(1+$D$4)	=C8*(1+$D$4)	=D8*(1+$D$4)	=E8*(1+$D$4)
9	变动成本	=B8*$D$2	=C8*$D$2	=D8*$D$2	=E8*$D$2	=F8*$D$2
10	固定成本	=$D$1	=$D$1	=$D$1	=$D$1	=$D$1
11	折旧费用	=($B$1+$B$2)*B6	=($B$1+$B$2)*C6	=($B$1+$B$2)*D6	=($B$1+$B$2)*E6	=($B$1+$B$2)*F6

续表

序号	A	B	C	D	E	F
12	税前利润	= B8 − SUM(B9:B11)	= C8 − SUM(C9:C11)	= D8 − SUM(D9:D11)	= E8 − SUM(E9:E11)	= F8 − SUM(F9:F11)
13	所得税	=B12 * $D$3	=C12 * $D$3	=D12 * $D$3	=E12 * $D$3	=F12 * $D$3
14	税后利润	=B12−B13	=C12−C13	=D12−D13	=E12−E13	=F12−F13
15	加:折旧费	= B11	= C11	= D11	= E11	= F11
16	现金净流量	= B14+B15	= C14+C15	= D14+D15	= E14+E15	= F14+F15
17	残值收入					= F3
18	税收减少					= F17 * D3
19						= F16 + F17 − F18
20	贴现系数(10%)	= POWER(1+ $D$5,−1)	= POWER(1+ $D$5,−2)	= POWER(1+ $D$5,−3)	= POWER(1+ $D$5,−4)	= POWER(1+ $D$5,−5)
21	现值	= B16 * B20	= C16 * C20	= D16 * D20	= E16 * E20	= F19 * F20
22	净现值	= SUM(B21:F21)−B5				

① 这些单元格需要输入数据。

（4）保存工作表"净现值分析表"。

2．计算期望净现值和各种经济状况下的净现值

在上述模本中数据输入单元格中输入不同组数据，便可计算得到期望净现值和各种经济状况下的净现值，计算结果详见表 5.25～表 5.28。

表 5.25　　　　　　　　　　　　**期望净现值计算结果表**

序号	A	B	C	D	E	F
1	设备成本	10 000 000.00	固定成本	1 000 000.00	销售数量	1 000.00
2	安装费用	500 000.00	变动成本率	0.60	单价	10 000.00
3	建筑物地皮机会成本	200 000.00	税率	0.40	残值	1 125 000.00
4	营运资本增加额	50 000.00	通货膨胀率	0.05		
5	期初投资净额	10 750 000.00	贴现率	0.10		
6	折旧率	0.20	0.34	0.20	0.14	0.14
7		1998 年	1999 年	2000 年	2001 年	2002 年
8	现金收入	10 000 000.00	10 500 000.00	11 025 000.00	11576 250	12 155 062.50
9	变动成本	6 000 000.00	6 300 000.00	6 615 000.00	6 945 750.00	7 293 037.50

续表

序号	A	B	C	D	E	F
10	固定成本	1 000 000.00	1 000 000.00	1 000 000.00	1 000 000.00	1 000 000.00
11	折旧费用	2 100 000.00	3 570 000.00	2 100 000.00	1 470 000.00	1 470 000.00
12	税前利润	900 000.00	−370 000.00	1 310 000.00	2 160 500.00	2 392 025.00
13	所得税	360 000.00	−148 000.00	524 000.00	864 200.00	956 810.00
14	税后利润	540 000.00	−222 000.00	786 000.00	1 296 300.00	1 435 215.00
15	加:折旧费	2 100 000.00	3 570 000.00	2 100 000.00	1 470 000.00	1 470 000.00
16	现金净流量	2 640 000.00	3 348 000.00	2 886 000.00	2 766 300.00	2 905 215.00
17	残值收入					1 125 000.00
18	税收减少					450 000.00
19						3 580 215.00
20	贴现系数(10%)	0.91	0.83	0.75	0.68	0.62
21	现值	2 400 000.00	2 766 942.15	2 168 295.00	1 889 420.00	2 223 031.83
22	净现值	697 688.62				

表 5.26　　　　　　　　　　经济不景气下期望净现值计算结果表

序号	A	B	C	D	E	F
1	设备成本	10 000 000.00	固定成本	1 000 000.00	销售数量	900.00
2	安装费用	500 000.00	变动成本率	0.60	单价	10 000.00
3	建筑物地皮机会成本	200 000.00	税率	0.40	残值	500 000.00
4	营运资本增加额	50 000.00	通货膨胀率	0.05		
5	期初投资净额	10 750 000.00	贴现率	0.10		
6	折旧率	0.20	0.34	0.20	0.14	0.14
7		1998 年	1999 年	2000 年	2001 年	2002 年
8	现金收入	9 000 000.00	9 450 000.00	9 922 500.00	10 418 625.00	10 939 556.30
9	变动成本	5 400 000.00	5 670 000.00	5 953 500.00	6 251 175.00	6 563 733.75
10	固定成本	1 000 000.00	1 000 000.00	1 000 000.00	1 000 000.00	1 000 000.00
11	折旧费用	2 100 000.00	3 570 000.00	2 100 000.00	1 470 000.00	1 470 000.00
12	税前利润	500 000.00	−790 000.00	869 000.00	1 697 450.00	1 905 822.50
13	所得税	200 000.00	−316 000.00	347 600.00	678 980.00	762 329.00
14	税后利润	300 000.00	−474 000.00	521 400.00	1 018 470.00	1 143 493.50
15	加:折旧费	2 100 000.00	3 570 000.00	2 100 000.00	1 470 000.00	1 470 000.00
16	现金净流量	2 400 000.00	3 096 000.00	2 621 400.00	2 488 470.00	2 613 493.50
17	残值收入					500 000.00

续表

序号	A	B	C	D	E	F
18	税收减少					200 000.00
19						2 913 493.50
20	贴现系数（10%）	0.91	0.83	0.75	0.68	0.62
21	现值	2 181 818.00	2 558 677.69	1 969 497.00	1 699 658.00	1 809 050.24
22	净现值	−531 298.78				

表 5.27　　　　　　　　　　经济一般期望净现值计算结果表

序号	A	B	C	D	E	F
1	设备成本	10 000 000.00	固定成本	1 000 000.00	销售数量	1 000.00
2	安装费用	500 000.00	变动成本率	0.60	单价	10 000.00
3	建筑物地皮机会成本	200 000.00	税率	0.40	残值	1 000 000.00
4	营运资本增加额	50 000.00	通货膨胀率	0.05		
5	期初投资净额	10 750 000.00	贴现率	0.10		
6	折旧率	0.20	0.34	0.20	0.14	0.14
7		1998 年	1999 年	2000 年	2001 年	2002 年
8	现金收入	10 000 000.00	10 500 000.00	11 025 000.00	11 576 250.00	12 155 062.50
9	变动成本	6 000 000.00	6 300 000.00	6 615 000.00	6 945 750.00	7 293 037.50
10	固定成本	1 000 000.00	1 000 000.00	1 000 000.00	1 000 000.00	1 000 000.00
11	折旧费用	2 100 000.00	3 570 000.00	2 100 000.00	1 470 000.00	1 470 000.00
12	税前利润	900 000.00	−370 000.00	1 310 000.00	2 160 500.00	2 392 025.00
13	所得税	360 000.00	−148 000.00	524 000.00	864 200.00	956 810.00
14	税后利润	540 000.00	−222 000.00	786 000.00	1 296 300.00	1 435 215.00
15	加:折旧费	2 100 000.00	3 570 000.00	2 100 000.00	1 470 000.00	1 470 000.00
16	现金净流量	2 640 000.00	3 348 000.00	2 886 000.00	2 766 300.00	2 905 215.00
17	残值收入					1 000 000.00
18	税收减少					400 000.00
19						3 505 215.00
20	贴现系数（10%）	0.91	0.83	0.75	0.68	0.62
21	现值	2 400 000.00	2 766 942.15	2 168 295.00	1 889 420.00	2 176 462.74
22	净现值	651 119.52				

表 5.28　　　　　　　　　　　　　经济高涨期望净现值计算结果表

序号	A	B	C	D	E	F
1	设备成本	10 000 000.00	固定成本	1 000 000.00	销售数量	1 100.00
2	安装费用	500 000.00	变动成本率	0.60	单价	10 000.00
3	建筑物地皮机会成本	200 000.00	税率	0.40	残值	2 000 000.00
4	营运资本增加额	50 000.00	通货膨胀率	0.05		
5	期初投资净额	10 750 000.00	贴现率	0.10		
6	折旧率	0.20	0.34	0.20	0.14	0.14
7		1998 年	1999 年	2000 年	2001 年	2002 年
8	现金收入	11 000 000.00	11 550 000.00	12 127 500.00	12 733 875.00	13 370 568.80
9	变动成本	6 600 000.00	6 930 000.00	7 276 500.00	7 640 325.00	8 022 341.25
10	固定成本	1 000 000.00	1 000 000.00	1 000 000.00	1 000 000.00	1 000 000.00
11	折旧费用	2 100 000.00	3 570 000.00	2 100 000.00	1 470 000.00	1 470 000.00
12	税前利润	1 300 000.00	50 000.00	1 751 000.00	2 623 550.00	2 878 227.50
13	所得税	520 000.00	20 000.00	700 400.00	1 049 420.00	1 151 291.00
14	税后利润	780 000.00	30 000.00	1 050 600.00	1 574 130.00	1 726 936.50
15	加:折旧费	2 100 000.00	3 570 000.00	2 100 000.00	1 470 000.00	1 470 000.00
16	现金净流量	2 880 000.00	3 600 000.00	3 150 600.00	3 044 130.00	3 196 936.50
17	残值收入					2 000 000.00
18	税收减少					800 000.00
19						4 396 936.50
20	贴现系数(10%)	0.91	0.83	0.75	0.68	0.62
21	现值	2 618 182.00	2 975 206.61	2 367 092.00	2 079 182.00	2 730 151.63
22	净现值	2 019 814.22				

3. 回答第 1~5 个问题

(1)表 5.25 的计算结果表明,净现值为 697 688.62 元。这是期望净现值,是在给定了不同经济状况下现金流量的估计值和每种经济状况发生概率的条件下,并假设该项目具有平均风险的情况下得出的数值。

如果公司有其他盈利项目,那么 2000 年末发生的亏损额被其他项目的利润额抵偿,公司应税收益总额会降低,减税额即负所得税。如果公司只有这样一个亏损项目而没有有利可图的项目来抵偿这部分亏损,那么预计现金流量是不准确的。在这种情况下,公司只有等到赚取了可纳税的收入后才能提供纳税收益,由于这种收益不能立即成为现实,那么该项目的价值就降低了。

咨询费是沉没成本,与投资决策无关,不应包含在决策分析之中。

(2)从表 5.26~表 5.28 可以看出,经济不景气下净现值为—531298.78 元,经济状况一般情况下净现值为 651 119.52 元,经济高涨情况下净现值 2 019 814.22 元。

期望净现值为 697 688.62 元[0.25×(—531 298.78)+0.5×651 119.52+0.25×2 019 814.22]。该结果与表 5.25 的计算结果相同。

(3)在现实生活中,经济状况可能在估计范围内任意变动,销售量和残值不可能只表现为三种估计值的一种。因此,依据离散数值计算出来的净现值不可能是真正有用的信息。

具有众多小型项目的大公司和只有一个大型项目的小公司相比较,概率分析对后者显得更为重要。在大公司,某个项目中高估了现金流量可能被另一个项目低估的现金流量抵消,此外,对某个小型项目现金流量的错误估计不可能像对大型项目现金流量的错误估计那样而导致破产。尽管概率分析对小型项目来说比较适用,但花费的成本可能要大于收益。

(4)使用 Excel 计算变异系数。表 5.29 是计算变异系数的模本。

表 5.29　　　　　　　　　　　　计算变异系数的模本

序号	A	B	C	D
1	经济状况	概率 ①	净现值 ②	中间值=(②—①)²
2				
3	一般			=(C3—\$B\$7)*(C3—\$B\$7)
4	景气			=(C4—\$B\$7)*(C4—\$B\$7)
5	高涨			=(C5—\$B\$7)*(C5—\$B\$7)
6				
7	均值 E	=SUMPRODUCT(B3:B5,C3:C5)		
8	标准差	=SQRT(SUMPRODUCT(B3:B5,D3:D5))		
9	变异系数	=B8/B7		

根据上述模本可以得到如下计算结果,详细见表 5.30。

表 5.30　　　　　　　　　　　　变异系数的计算结果

序号	A	B	C	D
1	经济状况	概率 ①	净现值 ②	中间值＝（②—①)²
2				
3	一般	0.25	—531 299.00	1 510 410 275 156.25
4	景气	0.50	651 119.50	2 168 671 761.00
5	高涨	0.25	2 019 814.00	1 748 015 837 750.25
6				
7	均值 E	697 688.50		
8	标准差	903 156.06		
9	变异系数	1.29		

根据表 5.30 所示模本计算得到变异系数为 1.29。该系数要比公司一般项目的变异系数 0.5~1.0 要大,该项目风险水平高于平均风险,资本成本应增加 2%,用以贴现该项

目的每年现金净流量。

根据表 5.24 所给的模本计算风险调整后的净现值（贴现率为 12%），详见表 5.31。

表 5.31　　　　　　　　　　　风险调整后期望净现值计算结果表

序号	A	B	C	D	E	F
1	设备成本	10 000 000.00	固定成本	1 000 000.00	销售数量	1 000.00
2	安装费用	500 000.00	变动成本率	0.60	单价	10 000.00
3	建筑物地皮机会成本	200 000.00	税率	0.40	残值	1 125 000.00
4	营运资本增加额	50 000.00	通货膨胀率	0.05		
5	期初投资净额	10 750 000.00	贴现率	0.12		
6	折旧率	0.20	0.34	0.20	0.14	0.14
7		1998 年	1999 年	2000 年	2001 年	2002 年
8	现金收入	10 000 000.00	10 500 000.00	11 025 000.00	11 576 250.00	12 155 062.50
9	变动成本	6 000 000.00	6 300 000.00	6 615 000.00	6 945 750.00	7 293 037.50
10	固定成本	1 000 000.00	1 000 000.00	1 000 000.00	1 000 000.00	1 000 000.00
11	折旧费用	2 100 000.00	3 570 000.00	2 100 000.00	1 470 000.00	1 470 000.00
12	税前利润	900 000.00	−370 000.00	1 310 000.00	2 160 500.00	2 392 025.00
13	所得税	360 000.00	−148 000.00	524 000.00	864 200.00	956 810.00
14	税后利润	540 000.00	−222 000.00	786 000.00	1 296 300.00	1 435 215.00
15	加:折旧费	2 100 000.00	3 570 000.00	2 100 000.00	1 470 000.00	1 470 000.00
16	现金净流量	2 640 000.00	3 348 000.00	2 886 000.00	2 766 300.00	2 905 215.00
17	残值收入					1 125 000.00
18	税收减少					450 000.00
19						3 580 215.00
20	贴现系数	0.89	0.80	0.71	0.64	0.57
21	现值	2 357 143.00	2 669 005.10	2 054 198.00	1 758 034.00	2 031 510.14
22	净现值	119 889.60				

从表 5.31 可知净现值为 119 889.60 元，应该接受该项目。

（5）计算经济不景气情况下 1999 年下马时的净现值。利用类似表 5.24 所示的计算净现值的模本，设计计算贴现率为 10% 时经济不景气情况下 1999 年下马时的计算净现值的模本，详见表 5.32。

表 5.32　　　　经济不景气情况下 1999 年下马时期望净现值计算模本

序号	A	B	C	D	E	F
1	设备成本		固定成本		销售数量	
2	安装费用		变动成本率		单价	

序号	A	B	C	D	E	F
3	建筑物地皮机会成本		税率		残值	
4	营运资本增加额		通货膨胀率			
5	期初投资净额	＝SUM(B1:B4)	贴现率			
6	折旧率					
7		1998 年	1999 年			
8	现金收入		＝B8＊(1＋$D$4)			
9	变动成本	＝B8＊$D$2	＝C8＊$D$2			
10	固定成本	＝$D$1	＝$D$1			
11	折旧费用	＝($B$1＋$B$2)＊B6	＝($B$1＋$B$2)＊C6			
12	税前利润	＝B8－SUM(B9:B11)	＝C8－SUM(C9:C11)			
13	所得税	＝B12＊$D$3	＝C12＊$D$3			
14	税后利润	＝B12－B13	＝C12－C13			
15	加:折旧费	＝B11	＝C11			
16	现金净流量	＝B14＋B15	＝C14＋C15			
17	营运资金收回		50 000			
18	建筑物及地皮出售收入		150 000			
19	设备残值		＝F3			
20	设备残值减税		＝－(C19－(B1＋B2－B15－C15))＊D3			
21	贴现系数	＝POWER(1＋$D$5,－1)	＝POWER(1＋$D$5,－2)			
22	现值	＝SUM(B16:B20)＊B21	＝SUM(C16:C20)＊C21			
23	净现值	＝C22＋B22－B5				

基于上述模本可以得到 1999 年下马时的净现值，详见表 5.33。

表 5.33　　　　　经济不景气情况下 1999 年下马时期望净现值计算结果表

序号	A	B	C	D	E	F
1	设备成本	10 000 000.00	固定成本	1 000 000.00	销售数量	1 000.00
2	安装费用	500 000.00	变动成本率	0.60	单价	10 000.00
3	建筑物地皮机会成本	200 000.00	税率	0.40	残值	8 000 000.00
4	营运资本增加额	50 000.00	通货膨胀率	0.05		
5	期初投资净额	10 750 000.00	贴现率	0.10		
6	折旧率	0.20	0.34	0.20	0.14	0.14
7		1998 年	1999 年			
8	现金收入	9 000 000.00	9 450 000.00			
9	变动成本	5 400 000.00	5 670 000.00			
10	固定成本	1 000 000.00	1 000 000.00			
11	折旧费用	2 100 000.00	3 570 000.00			
12	税前利润	500 000.00	−790 000.00			
13	所得税	200 000.00	−316 000.00			
14	税后利润	300 000.00	−474 000.00			
15	加：折旧费	2 100 000.00	3 570 000.00			
16	现金净流量	2 400 000.00	3 096 000.00			
17	营运资金收回		50 000.00			
18	建筑物及地皮出售收入		150 000.00			
19	设备残值		8 000 000.00			
20	设备残值减税		−1 268 000.00			
21	贴现系数	0.91	0.83			
22	现值	2 181 818.00	8 287 603.31			
23	净现值	−280 579.00				

从表 5.33 可知，经济不景气下马时，净现值为 −280 579.00 元，但这个损失比经济不景气上马时的损失 −531 299 元要小。因此，经济不景气时下马有利。

5.7　常用函数

5.7.1　投资函数

1. PV

（1）含义：返回投资的现值。现值为一系列未来付款当前值的累积和。例如，借入方的借入款即为贷出方贷款的现值。

（2）语法：PV（rate，nper，pmt，fv，type）。

rate 为各期利率。例如，如果按 10% 的年利率借入一笔贷款来购买汽车，并按月偿还贷款，则月利率为 10%/12（即 0.83%）。可以在公式中输入 10%/12、0.83% 或 0.0083 作为 rate 的值。

nper 为总投资（或贷款）期，即该项投资（或贷款）的付款期总数。例如，对于一笔 4 年期按月偿还的汽车贷款，共有 4×12 个偿款期次。可以在公式中输入 48 作为 nper 的值。

pmt 为各期所应付给（或得到）的金额，其数值在整个年金期间（或投资期内）保持不变。通常 pmt 包括本金和利息，但不包括其他费用及税款。例如，10 000 元的年利率为 12% 的四年期汽车贷款的月偿还额为 263.33 元。可以在公式中输入 263.33 作为 pmt 的值。

fv 为未来值，或在最后一次支付后希望得到的现金余额，如果省略 fv，则假设其值为零（一笔贷款的未来值即为零）。例如，如果需要在 18 年后支付 50 000 元，则 50 000 元 就是未来值。可以根据保守估计的利率来决定每月的存款额。

type 为数字 0 或 1，用以指定各期的付款时间是在期初还是期末。如果省略 type，则假设其值为零，期末付款。

说明：应确认所指定的 rate 和 nper 单位的一致性。例如，同样是四年期年利率为 12% 的贷款，如果按月支付，rate 应为 12%/12，nper 应为 4×12；如果按年支付，rate 应为 12%，nper 为 4。

（3）示例。假设要购买一项保险年金，该保险可以在今后 20 年内于每月未回报 500 元。此项年金的购买成本为 60 000 元，假定投资回报率为 8%。现在可以通过函数 PV 计算一下这笔投资是否值得。该项年金的现值为：

PV（0.08/12，12×20，500，…，0）＝ －59 777.15（元）

结果为负值，因为这是一笔付款，亦即支出现金流。年金（59 777.15 元）的现值小于实际支付的 60 000 元。因此，这不是一项合算的投资。

2. NPV

（1）涵义：基于一系列现金流和固定的各期贴现率，返回一项投资的净现值。投资的净现值是指未来各期支出（负值）和收入（正值）的当前值的总和。

（2）语法：NPV（rate，value1，value2，…）。

rate 为各期贴现率，是一固定值。

value1，value2，…，代表 1~29 笔支出及收入的参数值。

1）value1，value2，…，所属各期间的长度必须相等，而且支付及收入的时间都发生在期末。

2）NPV 按次序使用 value1，value2，…，来注释现金流的次序。所以一定要保证支出和收入的数额按正确的顺序输入。

3）如果参数是数值、空白单元格、逻辑值或表示数值的文字表达式，则都会计算在内；如果参数是错误值或不能转化为数值的文字，则被忽略。

4）如果参数是一个数组或引用，只有其中的数值部分计算在内。忽略数组或引用中的空白单元格、逻辑值、文字及错误值。

（3）说明。

1）函数 NPV 假定投资开始于 value1 现金流所在日期的前一期，并结束于最后一笔现金流的当期。函数 NPV 依据未来的现金流计算。如果第一笔现金流发生在第一个周期的期初，则第一笔现金必须加入到 函数 NPV 的结果中，而不应包含在 values 参数中。详细内容请参阅下面的实例。

2）如果 n 是 values 参数表中的现金流的次数，则 NPV 的公式如下：

$$NPV = \sum_{i=1}^{n} \frac{value_i}{(1+rate)^i}$$

3）函数 NPV 与函数 PV（现值）相似。PV 与 NPV 之间的主要差别在于：函数 PV 允许现金流在期初或期末开始；而且，PV 的每一笔现金流数额在整个投资中必须是固定的；而函数 NPV 的现金流数额是可变的。有关年金与财务函数的详细内容，请参阅函数 PV。

4）函数 NPV 与函数 IRR（内部收益率）也有关，函数 IRR 是使 NPV 等于零的比率：NPV（IRR（…），…）＝ 0。

（4）示例。

假设第一年投资 10 000 元，而未来三年中各年的收入分别为 3 000 元、4 200 元 和 6 800元。假定每年的贴现率是 10％，则投资的净现值是：

NPV（10％，－10 000，3 000，4 200，6 800）＝1 188.44（元）

上述的例子中，将开始投资的 10 000 元作为 value 参数的一部分。这是因为付款发生在第一个周期的期末。

下面考虑在第一个周期的期初投资的计算方式。假如要购买一家鞋店，投资成本为 40 000 元，并且希望前五年的营业收入如下：8 000 元、9 200 元、10 000 元、12 000 元 和 14 500 元。每年的贴现率为 8％（相当于通货膨胀率或竞争投资的利率）。

如果鞋店的成本及收入分别存储在 B1 到 B6 中，下面的公式可以计算出鞋店投资的净现值：

NPV(8％，B2：B6)＋B1＝1 922.06（元）

在上面的例子中，一开始投资的 40 000 元并不包含在 values 参数中，因为此项付款发生在第一期的期初。

假设鞋店的屋顶在营业的第六年倒塌，估计这一年的损失为 9 000 元，则 6 年后鞋店投资的净现值为：

NPV(8％，B2：B6，－9 000)＋B1＝－3 749.47（元）

3. FV

（1）含义：基于固定利率及等额分期付款方式，返回某项投资的未来值。

（2）语法：FV（rate，nper，pmt，pv，type）。

有关函数 FV 中各参数以及其他年金函数的详细内容，请参阅函数 PV。

rate 为各期利率，是固定值。

nper 为总投资（或贷款）期，即该项投资（或贷款）的付款期总数。

pmt 为各期所应付给（或得到）的金额，其数值在整个年金期间（或投资期内）保持不变。通常 pmt 包括本金和利息，但不包括其他费用及税款。

pv 为现值，即从该项投资（或贷款）开始计算时已经入账的款项，或一系列未来付款当前值的累积和，也称为本金。如果省略 pv，则假设其值为零。

type 为数字 0 或 1，用以指定各期的付款时间是在期初还是期末。如果省略 type，则假设其值为零，期末付款。

（3）说明。

1）应确认所指定的 rate 和 nper 单位的一致性。例如，同样是 4 年期年利率为 12％的贷款，如果按月支付，rate 应为 12％/12，nper 应为 4×12；如果按年支付，rate 应为 12％，nper 为 4。

2）在所有参数中，支出的款项，如银行存款，表示为负数；收入的款项，如股息收入，表示为正数。

（4）示例。

$$FV(0.5\%, 10, -200, -500, 1) = 2581.40 （元）$$
$$FV(1\%, 12, -000) = 12\ 682.50 （元）$$
$$FV(11\%/12, 35, -2\ 000, \cdots, 1) = 82\ 846.25 （元）$$

假设需要为一年后的某个项目预筹资金，现在将 1 000 元以年利 6％，按月计息（月利 6％/12 或 0.5％）存入储蓄存款账户中，并在以后 12 个月的每个月初存入 100 元，则一年后该账户的存款额等于多少？

$$FV(0.5\%, 12, -100, -1\ 000, 1) = 2\ 301.40 （元）$$

4．PMT

（1）含义：基于固定利率及等额分期付款方式，返回投资或贷款的每期付款额。

（2）语法：PMT（rate, nper, pv, fv, type）。

有关函数 PMT 中参数的详细描述，请参阅函数 PV。

rate 为各期利率，是固定值。

nper 为总投资（或贷款）期，即该项投资（或贷款）的付款期总数。

pv 为现值，即从该项投资（或贷款）开始计算时已经入账的款项，或一系列未来付款当前值的累积和，也称为本金。

fv 为未来值，或在最后一次付款后希望得到的现金余额，如果省略 fv，则假设其值为零（例如，一笔贷款的未来值即为零）。

type 为数字 0 或 1，用以指定各期的付款时间是在期初还是期末。如果省略 type，则假设其值为零，期末付款。

（3）说明。

1）PMT 返回的支付款项包括本金和利息，但不包括税款、保留支付或某些与贷款有关的费用。

2）应确认所指定的 rate 和 nper 单位的一致性。例如，同样是 4 年期年利率为 12％的贷款，如果按月支付，rate 应为 12％/12，nper 应为 4×12；如果按年支付，rate 应为 12％，nper 为 4。

3）如果要计算一笔款项的总支付额，请用 PMT 返回值乘以 nper。

（4）示例。

下面的公式将返回需要 10 个月付清的年利率为 8％ 的 10 000 元贷款的月支付额：

$$PMT(8\%/12, 10, 10\,000) = -1\,037.03 （元）$$

对于同一笔贷款，如果支付期限在每期的期初，支付额应为：

$$PMT(8\%/12, 10, 10\,000, 0, 1) = -1\,030.16 （元）$$

如果以 12％ 的利率贷出 5 000 元，并希望对方在 5 个月内还清，下列公式将返回每月所得款数：

$$PMT(12\%/12, 5, -5\,000) = 1\,030.20 （元）$$

除了用于贷款之外，函数 PMT 还可以计算出别的以年金方式付款的支付额。例如，如果需要以按月定额存款方式在 18 年中存款 50 000 元，假设存款年利率为 6％，则函数 PMT 可以用来计算月存款额：

$$PMT(6\%/12, 18\times12, 0, 50\,000) = -129.08 （元）$$

即向 6％ 的存款账户中每月存入 129.08 元，18 年后可获得 50 000 元。

5. IPMT

（1）含义：基于固定利率及等额分期付款方式，返回投资或贷款在某一给定期次内的利息偿还额。有关函数 IPMT 的参数和年金函数的详细内容，请参阅函数 PV。

（2）语法：IPMT (rate, per, nper, pv, fv, type)。

rate 为各期利率，是固定值。

per 用于计算其利息数额的期次，必须为 1～nper。

nper 为总投资（或贷款）期，即该项投资（或贷款）的付款期总数。

pv 为现值，即从该项投资（或贷款）开始计算时已经入账的款项，或一系列未来付款当前值的累积和，也称为本金。

fv 为未来值，或在最后一次付款后希望得到的现金余额。如果省略 fv，则假设其值为零（例如，一笔贷款的未来值即为零）。

type 为数字 0 或 1。用以指定各期的付款时间是在期初还是期末。如果省略 type，则假设其值为零，期末付款。

（3）说明。

1）应确认所指定的 rate 和 nper 单位的一致性。例如，同样是 4 年期年利率为 12％ 的贷款，如果按月支付，rate 应为 12％/12，nper 应为 4×12；如果按年支付，rate 应为 12％，nper 为 4。

2）在所有参数中，支出的款项，如银行存款，表示为负数；收入的款项，如股息收入，表示为正数。

（4）示例。下面的公式可以计算出 3 年期，本金 8 000 元，年利 10％ 的银行贷款的第一个月的利息：

$$IPMT(0.1/12, 1, 36, 8\,000) = -66.67 （元）$$

下面的公式可以计算出 3 年期，本金 8 000 元，年利 10％ 且按年支付的银行贷款的第三年的利息：

$$IPMT(0.1, 3, 3, 8\,000) = -292.45 \ （元）$$

6. PPMT

（1）含义：基于固定利率及等额分期付款方式，返回投资或贷款在某一给定期次内的本金偿还额。

（2）语法：PPMT（rate，per，nper，pv，fv，type）。

有关函数 PPMT 中参数的详细内容，请参阅函数 PV。

rate 为各期利率，是固定值。

per 用于计算其本金数额的期次，必须在 1～nper。

nper 为总投资（或贷款）期，即该项投资（或贷款）的付款期总数。

pv 为现值，即从该项投资（或贷款）开始计算时已经入账的款项，或一系列未来付款当前值的累积和，也称为本金。

fv 为未来值，或在最后一次付款后希望得到的现金余额，如果省略 fv，则假设其值为零（例如，一笔贷款的未来值即为零）。

type 为数字 0 或 1，用以指定各期的付款时间是在期初还是期末。如果省略 type，则假设其值为零，期末付款。

（3）说明。

应确认所指定的 rate 和 nper 单位的一致性。例如，同样是 4 年期年利率为 12％ 的贷款，如果按月支付，rate 应为 12％/12，nper 应为 4×12；如果按年支付，rate 应为 12％，nper 为 4。

（4）示例。下列公式将返回 2 000 元的年利率为 10％ 的两年期贷款的第一个月的本金支付额：

$$PPMT(10％/12, 1, 24, 2\,000) = -75.62 \ （元）$$

下面的公式将返回 200 000 元的年利率为 8％ 的 10 年期贷款的最后一年的本金支付额：

$$PPMT(8％, 10, 10, 200\,000) = -27\,598.05 \ （元）$$

7. NPER

（1）含义：基于固定利率及等额分期付款方式，返回某项投资（或贷款）的总期数。

（2）语法：NPER（rate，pmt，pv，fv，type）。

有关函数 NPER 中各参数的详细说明及有关年金函数的详细内容，请参阅函数 PV。

rate 为各期利率，是固定值。

pmt 为各期所应付给（或得到）的金额，其数值在整个年金期间（或投资期内）保持不变。通常 pmt 包括本金和利息，但不包括其他的费用及税款。

pv 为现值，即从该项投资（或贷款）开始计算时已经入账的款项，或一系列未来付款当前值的累积和，也称为本金。

fv 为未来值，或在最后一次付款后希望得到的现金余额。如果省略 fv，则假设其值为零（例如，一笔贷款的未来值即为零）。

type 为数字 0 或 1，用以指定各期的付款时间是在期初还是期末。如果省略 type，则假设其值为零，期末付款。

（3）示例。

$$NPER(12\%/12，-100，-1\ 000，10\ 000，1)=60$$
$$NPER(1\%，-100，-1\ 000，10\ 000)=60$$
$$NPER(1\%，-100，1\ 000)=11$$

5.7.2 偿还率函数

1. RATE

（1）含义：返回年金的各期利率。函数 RATE 通过迭代法计算得出，并且可能无解或有多个解。如果在进行 20 次迭代计算后，函数 RATE 的相邻两次结果没有收敛于 0.0000001，函数 RATE 返回错误值 ♯NUM!。

（2）语法：RATE（nper，pmt，pv，fv，type，guess）。

有关参数 nper、pmt、pv、fv 及 type 的详细描述，请参阅函数 PV。

nper 为总投资（或贷款）期，即该项投资（或贷款）的付款期总数。

pmt 为各期付款额，其数值在整个投资期内保持不变。通常 pmt 包括本金和利息，但不包括其他费用或税金。

pv 为现值，即从该项投资（或贷款）开始计算时已经入账的款项，或一系列未来付款当前值的累积和，也称为本金。

fv 为未来值，或在最后一次付款后希望得到的现金余额，如果省略 fv，则假设其值为零（例如，一笔贷款的未来值即为零）。

type 为数字 0 或 1，用以指定各期的付款时间是在期初还是期末。如果省略 type，则假设其值为零，期末付款。

guess 为预期利率（估计值）。

1）如果省略预期利率，则假设该值为 10%。

2）如果函数 RATE 不收敛，请改变 guess 的值。通常当 guess 位于 0 和 1 之间时，函数 RATE 是收敛的。

（3）说明。应确认所指定的 guess 和 nper 单位的一致性，对于年利率为 12% 的 4 年期贷款，如果按月支付，guess 为 12%/12，nper 为 4×12；如果按年支付，guess 为 12%，nper 为 4。

（4）示例。金额为 8 000 元的 4 年期贷款，月支付额为 200 元，该笔贷款的利率为：

$$RATE(48，-200，8\ 000)=0.77\%$$

因为按月计息，故结果为月利率，年利率为 0.77%×12，等于 9.24%。

2. IRR

（1）含义：返回由数值代表的一组现金流的内部收益率。这些现金流不一定必须为均衡的，但作为年金，它们必须按固定的间隔发生，如按月或按年。内部收益率为投资的回收利率，其中包含定期支付（负值）和收入（正值）。

（2）语法：IRR（values，guess）。

values 为数组或单元格的引用，包含用来计算内部收益率的数字，values 必须包含至少一个正值和一个负值，以计算内部收益率。

1）函数 IRR 根据数值的顺序来解释现金流的顺序。故应确定按需要的顺序输入了支付和收入的数值。

2）如果数组或引用包含文本、逻辑值或空白单元格，这些数值将被忽略。

guess 为对函数 IRR 计算结果的估计值。

1）Microsoft Excel 使用迭代法计算函数 IRR。从 guess 开始，函数 IRR 不断修正收益率，直至结果的精度达到 0.00001％。如果函数 IRR 经过 20 次迭代，仍未找到结果，则返回错误值 ＃NUM！。

2）在大多数情况下，并不需要为函数 IRR 的计算提供 guess 值。如果省略 guess，假设它为 0.1（10％）。

3）如果函数 IRR 返回错误值 ＃NUM！，或结果没有靠近期望值，可以给 guess 换一个值再试一下。

（3）说明。函数 IRR 与函数 NPV（净现值函数）的关系十分密切。函数 IRR 计算出的收益率即为净现值为 0 时的利率。下面的公式显示了函数 NPV 和函数 IRR 的相互关系：

$$NPV(IRR（B1：B6），B1：B6）=3.60E—08$$

在函数 IRR 计算的精度要求之中，数值 3.60E—08 可以当作 0 的有效值。

（4）示例。假设要开办一家饭店。估计需要 70 000 元的投资，并预期今后 5 年的净收益为：12 000 元、15 000 元、18 000 元、21 000 元 和 26 000 元。B1：B6 分别包含下面的数值：−70 000 元、12 000 元、15 000 元、18 000 元、21 000 元和 26 000 元。

计算此项投资 4 年后的内部收益率：

$$IRR(B1：B5)=−2.12％$$

计算此项投资 5 年后的内部收益率：

$$IRR(B1：B6)=8.66％$$

计算 2 年后的内部收益率，必须在函数中包含 guess：

$$IRR(B1：B3，−10％)=−44.35％$$

3. MIRR

（1）含义：返回某一连续期间内现金流的修正内部收益率。函数 MIRR 同时考虑了投资的成本和现金再投资的收益率。

（2）语法：MIRR（values, finance_rate, reinvest_rate）。

values 为一个数组，或对数字单元格区的引用。这些数值代表着各期支出（负值）及收入（正值）。

1）参数 values 中必须至少包含一个正值和一个负值，才能计算修正后的内部收益率，否则函数 MIRR 会返回错误值 ＃DIV/0！。

2）如果数组或引用中包括文字串、逻辑值或空白单元格，这些值将被忽略；但包括数值零的单元格计算在内。

finance_rate 为投入资金的融资利率。

reinvest_rate 为各期收入净额再投资的收益率。

（3）说明。函数 MIRR 根据输入值的次序来注释现金流的次序。所以，务必按照实际的顺序输入支出和收入数额，并使用正确的正负号（现金流入用正值，现金流出用负值）。

（4）示例。假设您正在从事商业性捕鱼工作，现在已经是第 5 个年头了。5 年前以年利率 10％ 借款 120 000 元 买了一艘捕鱼船，这 5 年每年的收入分别为 39 000 元、30 000 元、21 000 元、37 000 元和 46 000 元。其间又将所获利润用于重新投资，每年报酬率为 12％，在工作表的单元格 B1 中输入贷款总数 120 000 元，而这 5 年的年利润输入在单元格 B2：B6 中。

开业 5 年后的修正收益率为

$$MIRR(B1：B6, 10\%, 12\%) = 12.61\%$$

开业 3 年后的修正收益率为

$$MIRR(B1：B4, 10\%, 12\%) = -4.80\%$$

若以 14％ 的 reinvest_rate 计算，则 5 年后的修正收益率为

$$MIRR(B1：B6, 10\%, 14\%) = 13.48\%$$

5.7.3 折旧函数

1. SLN

（1）含义：返回一项资产每期的直线折旧费。

（2）语法：SLN（cost, salvage, life）。

cost 为资产原值。

salvage 为资产在折旧期末的价值（也称为资产残值）。

life 为折旧期限（有时也称作资产的生命周期）。

（3）示例。假设购买了一辆价值 30 000 元的卡车，其折旧年限为 10 年，残值为 7 500 元，则每年的折旧额为：

$$SLN(30\ 000, 7\ 500, 10) = 2\ 250\ （元）$$

2. DDB

（1）含义：使用双倍余额递减法或其他指定方法，计算一笔资产在给定期间内的折旧值。

（2）语法：DDB（cost, salvage, life, period, factor）。

cost 为资产原值。

salvage 为资产在折旧期末的价值（也称为资产残值）。

life 为折旧期限（有时也可称作资产的生命周期）。

period 为需要计算折旧值的期间。period 必须使用与 life 相同的单位。

factor 为余额递减速率。如果 factor 被省略，则假设为 2（双倍余额递减法）。

这五个参数都必须为正数。

（3）说明。双倍余额递减法以加速速率计算折旧。第一个期间的折旧最大，在以后的期间依次降低。函数 DDB 使用下列计算公式计算某个周期的折旧值：

$$cost - salvage(前期折旧总值) * factor/life$$

如果不想使用双倍余额递减法，可以更改 factor 值。

（4）示例。假定某工厂购买了一台新机器。价值为 2 400 元，使用期限为 10 年，残值为 300 元。下面的例子给出几个期间内的折旧值。结果保留两位小数。

$$DDB(2\ 400, 300, 3\ 650, 1) = 1.32\ （元）$$

即第一天的折旧值。Microsoft Excel 自动设定 factor 为 2。

$$DDB(2\ 400, 300, 120, 1, 2) = 40.00\ （元）$$

即第 1 个月的折旧值。

$$DDB(2\ 400, 300, 10, 1, 2) = 480.00\ （元）$$

即第 1 年的折旧值。

$$DDB(2\ 400, 300, 10, 2, 1.5) = 306.00\ （元）$$

即第 2 年的折旧。这里没有使用双倍余额递减法，factor 为 1.5。

$$DDB(2\ 400, 300, 10, 10) = 22.12\ （元）$$

即第 10 年的折旧值。Microsoft Excel 自动设定 factor 为 2。

3. VDB

（1）使用双倍递减余额法或其他指定的方法，返回指定期间内或某一时间段内的资产折旧额。函数 VDB 代表可变余额递减法。

（2）语法：VDB（cost，salvage，life，start_period，end_period，factor，no_switch）。

cost 为资产原值。

salvage 为资产在折旧期未的价值（也称为资产残值）。

life 为折旧期限（有时也称作资产的生命周期）。

start_period 为进行折旧计算的起始期次，start_period 必须与 life 的单位相同。

end_period 为进行折旧计算的截止期次，end_period 必须与 life 的单位相同。

factor 为余额递减折旧因子，如果省略参数 factor，则函数假设 factor 为 2（双倍余额递减法）。如果不想使用双倍余额法，可改变参数 factor 的值。有关双倍余额递减法的详细描述，请参阅函数 DDB。

no_switch 为一逻辑值，指定当折旧值大于余额递减计算值时，是否转到直线折旧法。

1）如果 no_switch 为 TRUE，即使折旧值大于余额递减计算值，Microsoft Excel 也不转换到直线折旧法。

2）如果 no_switch 为 FALSE 或省略，且折旧值大于余额递减计算值，Microsoft Excel 将转换到直线折旧法。

除 no_switch 外的所有参数必须为正数。

（3）示例。假设某工厂购买了一台新机器，该机器成本为 2 400 元，使用寿命为 10 年。机器的残值为 300 元。下面的示例将显示若干时期内的折旧值。结果舍入到两位小数。

$$VDB(2\ 400, 300, 3\ 650, 0, 1) = 1.32\ （元）$$

即为第 1 天的折旧值。Microsoft Excel 自动假设 factor 为 2。

$$VDB(2\ 400, 300, 120, 0, 1) = 40.00\ （元）$$

即为第 1 个月的折旧值。

$$VDB(2\ 400，300，10，0，1)=480.00\ （元）$$

即为第 1 年的折旧值。

$$VDB(2\ 400，300，120，6，18)=396.31\ （元）$$

即为第 6～18 个月的折旧值。

$$VDB(2\ 400，300，120，6，18，1.5)=311.81\ （元）$$

即为第 6～18 个月的折旧值，设折旧因子为 1.5，代替双倍余额递减法。

现在进一步假定价值 2 400 元 的机器购买于某一财政年度的第一个季度的中期，并假设税法限定递减余额按 150% 折旧，则下面公式可以得出购置资产后的第一个财政年度的折旧值：

$$VDB(2\ 400，300，10，0，0.875，1.5)=315.00\ （元）$$

4. SYD

(1) 返回某项资产按年限总和折旧法计算的某期的折旧值。

(2) 语法：SYD (cost，salvage，life，per)。

cost 为资产原值。

salvage 为资产在折旧末的价值（也称为资产残值）。

life 为折旧期限（有时也称用资产的生命周期）。

per 为期间，其单位与 life 相同。

(3) 示例。假设购买一辆卡车，价值 30 000 元，使用期限为 10 年，残值为 3 500 元，第 1 年的折旧值为：

$$SYD(30\ 000，7\ 500，10，1)=4\ 090.91\ （元）$$

第 10 年的折旧值为：

$$SYD(30\ 000，7\ 500，10，10)=409.09\ （元）$$

5. DB

(1) 含义：使用固定余额递减法，计算一笔资产在给定期间内的折旧值。

(2) 语法：DB (cost，salvage，life，period，month)。

cost 为资产原值。

salvage 为资产在折旧末的价值（也称为资产残值）。

life 为折旧期限（有时也可称作资产的生命周期）。

period 为需要计算折旧值的期间。period 必须使用与 life 相同的单位。

month 为第 1 年的月份数，如省略，则假设为 12。

(3) 说明。固定余额递减法用于计算固定利率下的资产折旧值，函数 DB 使用下列计算公式来计算一个期间的折旧值：

$$（cost-前期折旧总值）* rate$$

式中：rate=1-((salvage/cost)^(1/life))，保留 3 位小数。

第一个周期和最后一个周期的折旧属于特例。对于第一个周期，函数 DB 的计算公式为：

$$cost * rate * month/12$$

对于最后一个周期，函数 DB 的计算公式为：

$$((\text{cost}-\text{前期折旧总值}) * \text{rate} * (12-\text{month}))/12$$

（4）示例。假定某工厂购买了一台新机器。价值为 1 000 000 元，使用期限为 6 年。残值为 100 000 元。下面的例子给出机器在使用期限内的历年折旧值，结果保留整数。

$$\text{DB}(1\,000\,000,\ 100\,000,\ 6,\ 1,\ 7) = 186,083\ (\text{元})$$
$$\text{DB}(10\,00\,000,\ 100\,000,\ 6,\ 2,\ 7) = 259,639\ (\text{元})$$
$$\text{DB}(1\,000\,000,\ 100\,000,\ 6,\ 3,\ 7) = 176,814\ (\text{元})$$
$$\text{DB}(1\,000\,000,\ 100\,000,\ 6,\ 4,\ 7) = 120,411\ (\text{元})$$
$$\text{DB}(1\,000\,000,\ 100\,000,\ 6,\ 5,\ 7) = 82,000\ (\text{元})$$
$$\text{DB}(1\,000\,000,\ 100\,000,\ 6,\ 6,\ 7) = 55,842\ (\text{元})$$
$$\text{DB}(1\,000\,000,\ 100\,000,\ 6,\ 7,\ 7) = 15,845\ (\text{元})$$

第6章 流动资金管理与控制

　　流动资金是指投放在流动资产上的资金，流动资金的主要项目是现金、应收账款和存货。拥有一定量的流动资金是企业进行生产经营活动必不可少的物质条件。流动资金管理不当是企业产生财务困难的主要原因。管理好流动资金则可减少资金占用量，增加盈利，减少企业失败的可能性。本章介绍了流动资金管理的基本方法和如何使用 Excel 进行流动资金管理。

　　作为一种投资，流动资金是不断投入、不断收回，并不断再投出的循环过程，没有终止的日期。这就使我们难以直接评价其投资的报酬率。因此，流动资金投资评价的基本方法是以最低的成本满足生产经营周转的需要。

6.1　现金和有价证券的管理

　　现金是立即可以投入流通的交换媒介。它的首要特点是普遍的可接受性，即可以有效地立即用来购买商品、货物、劳务或偿还债务等。因此，现金是企业中流通性最强的资产。现金包括企业的库存现金、各种形式的银行存款和银行本票、银行汇票。

　　有价证券是企业现金的一种转换形式。有价证券变现能力强，可以随时兑换成现金，所以当一些企业有了多余现金的时候，常将现金兑换成有价证券；待企业现金流出量大于流入量，需要补充现金的不足时，再出让有价证券，换回现金。在这种情况下，有价证券就成了现金的替代品。此外，将现金转换为有价证券，可以获取一定的收益，这是持有有价证券的另一个原因。

6.1.1　现金管理的目标

　　企业置存现金主要是为了满足交易性需要、预防性需要和投机性需要。

　　交易性需要是指满足日常业务的现金支付需要。企业日常经营中的收入和支出不可能做到同步同量。收入多于支出，形成现金置存；收入小于支出，形成现金短缺。企业必须维持适当的现金余额，才能使经营活动正常进行。

　　预防性需要是指置存现金以防发生意外的支付。企业有时会出现料想不到的开支，现金流量的不确定性越大，预防性现金的数额也就越大；反之，企业现金流量的可预测性强，预防性现金数额则可以小些。

　　投机性需要是指置存现金用于不寻常的购买机会，比如遇到廉价原材料或其他资产供应的机会，便可利用手头现金大量购入；再比如在适当时机购入价格有利的股票和其他有价证券等。

　　通常，企业只保持为满足交易性需要而保持的现金余额，除了金融企业和投资公司外，其他企业专为投机性需要而特殊置存现金的不多，遇有不寻常的购买机会也常设法临时筹集资金。

现金持有量过多过少对企业经营都不利。若现金持有量过少，则不能应付业务开支，由此造成的损失称为短缺现金成本，具体包括丧失购买机会、造成信用损失和得不到折扣好处等。若现金持有量过多，也会发生成本，如利息损失和机会成本，但也会有"效益"，即现金所提供的流动性和清偿性。现金管理的目的就是要使持有现金的成本最低而效益最大。

6.1.2 现金管理的有关规定

按照现行制度，国家有关部门对企业事业单位的现金的规定主要有以下几条：

（1）规定了现金使用范围。这里的现金，是指人民币现钞，即企业用现钞从事交易，只能在一定范围内进行。该范围包括：支付职工工资、津贴；支付个人劳务报酬；根据国家规定颁发个人的科学技术、文化艺术、体育等各项奖金；支付各种劳保、福利费用以及国家规定对个人的其他支出；向个人收购农副产品或其他物资的价款；出差人员必须随身携带的差旅费；结算起点 1 000 元以下的零星支出；中国人民银行确定需要支付现金的其他支出。

（2）规定了库存现金限额。企业库存现金，由其开户银行根据企业的实际需要核定限额，一般以 3～5 天的零星开支额为限。

（3）不得坐支现金。即企业不得从本单位的人民币现钞收入中直接支付交易款。现钞收入应于当日终了送存开户银行。

（4）不得出租、出借银行账户。

（5）不得签发空头支票和远期支票。

（6）不得套用银行信用。

（7）不得保存账外公款，包括不得将公款以个人名义存入银行和保存账外现钞等各种形式的账外公款。

6.1.3 现金收支管理

企业在经营过程中，要处理大量的现金收支业务。进行现金收支管理，需要做好以下几方面的工作。

1. 完善企业现金收支的内部管理

企业现金收支，首先应保证不出差错，财产安全完整。为此，企业需要完善的现金收支内部管理制度主要有以下几条：

（1）现金收支的职责分工与内部牵制制度。这主要指现金的保管职责与记账职责应由不同人员担任，以防止或减少误差的发生。

（2）现金的及时清理制度。现金收支应做到日清月结，确保库存现金的账面余额与实际库存额相互符合，银行存款的余额与银行对账单相互符合，现金、银行存款日记账数额分别与现金、银行存款总账数额相互符合。

（3）现金收支凭证的管理制度。包括强化收据与发票的领用制度，空白凭证与使用过的凭证的管理制度等。

（4）按国家《现金管理暂行条例》和《银行结算办法》中有关现金使用规定和结算纪律处理现金收支。

2. 制定现金预算和按预算安排现金收支

从理论上讲，企业如果能使现金收入量与流出量同时等量地发生，便可以极大地利用资金，不需要置存现金。但实际上这是不可能的。企业能够切实做到的，是尽可能准确地预测现金流入和流出，确定适当的现金余额，并及早采取措施合理安排使用多余的现金或弥补现金的不足，以充分发挥现金的使用效益和保证日常经营对现金的需求。

3. 现金日常管理策略

现金日常策略的目的在于提高现金使用效率。为了达到这一目的，应运用以下策略：

（1）力争现金流入与流出同步等量。

（2）使用现金浮游量。从企业开出支票，收款人收到支票并存入银行，至银行将款项划出企业账户，中间需要一段时间。现金在这段时间的占用称为现金浮游量。

（3）加速收款。

（4）推迟应付账款的支付。

6.1.4 目标现金余额的确定

目标现金余额又称为最佳现金，其确定要在持有过多现金产生的机会成本与持有过少现金而带来的短缺成本之间进行权衡。与现金持有量有关的成本主要包括：

（1）持有现金的机会成本，即持有现金所放弃的报酬（机会成本），通常按有价证券的利息率计算。它与现金持有量呈同方向变化。

（2）现金与有价证券的转换成本，即将有价证券转换为现金的交易成本，如经纪人费用、捐税及其他管理成本。假设这种交易成本与交易次数有关，交易次数越多，成本就越高。它与现金持有量呈反方向变化。

（3）短缺成本，是指因缺少必要的现金，不能应付业务开支所需而发生的丧失购买机会、造成信用损失和得不到折扣等成本。它与现金持有量呈反方向变化。

（4）管理成本，即企业持有现金所发生的管理费用，如管理人员工资、安全措施费等。管理成本是一种固定成本，它与现金持有量之间没有明显的比例关系。

现金持有量与这几种成本之间的关系如图 6.1 所示。

由图 6.1 可以看到，现金持有量越大，机会成本就越高，但短缺成本或转换成本就越

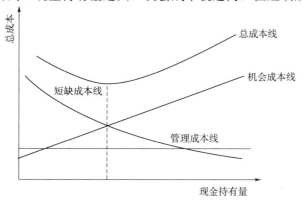

图 6.1 与现金持有量有关的成本

低；现金持有量越小，机会成本也越小，但短缺成本或转换成本就越高。

下面介绍几种确定目标现金持有量的方法。

1. 鲍莫模型

美国经济学家威廉 . J. 鲍莫（William. J. Baumol）认为，公司现金余额在许多方面与存货相似，存货的经济订货模型可以用于确定目标现金余额，并以此为出发点建立了鲍莫模型。鲍莫模型假设：

（1）公司总是按照稳定的、可预见的比率使用现金。

（2）公司经营活动的现金流入也是按照稳定的、可预见的比率发生的。

（3）公司净现金流出或净现金需要量也按照固定比率发生。

在现金流入和流出比率固定的假设下，公司现金流动状况可用图 6.2 表示。

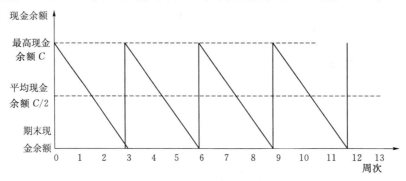

图 6.2　鲍莫模型下的现金余额

在图 6.2 中，假设公司在 t 为零时现金余额为 30 万美元，每周现金流出量超过流入量 10 万美元，则在第 3 周末现金余额降至零，其平均余额为 15 万美元。在第 3 周公司或者出售有价证券或者借款来补充其现金余额。

如果公司期初现金余额（C）提高（比如说 60 万美元），则其现金供给可以维持更长的时间（6 周），公司出售有价证券的次数就会减少，但平均现金余额会从 15 万美元升至 30 万美元。一般而言，出售有价证券或借款必然会发生"交易成本"，扩大现金余额就会降低现金与有价证券之间的交易成本；现金余额不能为公司带来收益，所以平均现金余额越大，其机会成本也越大，或者公司从有价证券投资中取得的报酬越少或借款的利息支出也越大。图 6.3 描述了现金余额与持有现金总成本之间的关系。

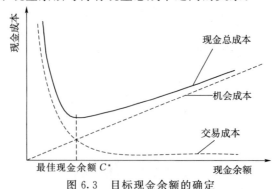

图 6.3　目标现金余额的确定

为了讨论最优现金余额的确定，首先定义下列符号的含义：

C 表示公司出售有价证券或借款筹集的现金余额，$C/2$ 表示平均现金余额。

C^* 表示公司出售有价证券或借款筹集的最佳现金余额，$C^*/2$ 表示最优平均现金余额。

F 表示有价证券交易或借款所发生的固定成本。

T 表示在整个期间内（通常为 1 年）公司经营活动所需的现金总额。

K 表示公司持有现金的机会成本。

因此，公司现金余额总成本由持有成本和交易成本两部分组成，即

总成本＝持有成本＋交易成本

＝平均现金余额×机会成本＋交易次数×每次交易成本

$$=\frac{C}{2}K+\frac{T}{C}F$$

由图 6.3 可知，随着现金持有量上升而产生的交易成本的边际减少额与随着现金持有量上升而产生的机会成本的边际增加额相等时，持有现金的总成本最低，此时的现金持有量为最佳现金持有量，即机会成本和交易成本之和最小时的现金余额为最佳现金持有量。

总成本最小的现金持有量，可以通过求上式导数并使之等于零求得，即

$$\frac{\mathrm{d}T}{\mathrm{d}e}=\frac{K}{2}-\frac{TF}{C^2}=0$$

简化上式得：

$$C^*=\sqrt{\frac{2TF}{K}}$$

上式就是通常所称的鲍莫模型，它可以用来确定公司最佳现金余额。

例如，假设 $F=150$ 元，$T=100\,000\times52=5\,200\,000$ 元，$K=15\%$，则

$$C^*=\sqrt{\frac{2\times150\times5\,200\,000}{0.15}}=101\,980\text{（元）}$$

因此，当公司现金余额达到零时，公司应该出售有价证券获得现金 101 980 元，这样公司现金余额又恢复到 101 980 元水平。此时，公司每年现金余额的总成本为：

$$\frac{101\,980}{2}\times0.15+\frac{5\,200\,000}{101\,980}\times150=15\,298.5\text{（元）}$$

很明显鲍莫模型是建立了在一系列假设基础之上，其中最重要的假设是认为公司现金流入和流出是稳定的、可预见的，忽视了公司现金流量的季节变化。故在使用这种方法确定最优现金余额时，还需依赖财务人员的经验和主观判断。

2. 米勒-奥模型

美国经济学家默顿·米勒（Merton Miller）和丹尼尔·奥（Deniel Orr）认为，公司现金流量中总存在着不确定性。在确定公司目标现金额时必须充分考虑这种不确定性因素。他们假定，公司每日净现金流量几乎呈正态分布，每日净现金流量可看做是正态分布的期望值，可能等于期望值也可能高于或低于期望值。因此，公司每天净现金流量呈无一定趋势的随机状态。假设现金余额随机波动，我们可以运用控制论，事先设定一个控制限额。当现金余额达到限额的上限时，就将现金转换为有价证券；当现金余额达到下限时，

就将有价证券转换为现金；当现金余额在上下限之间时，就不做现金与有价证券之间的转换。图 6.4 说明了米勒-奥模型的原理。

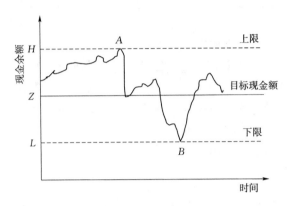

图 6.4　米勒-奥模型

该模型建立了现金流量的最高控制界限和最低控制界限，分别用 H 和 L 表示，同时也确定了目标现金余额 Z。当现金余额达到 H 点（如在 A 点），表明现金余额过多，企业将购入 $H-Z$ 单位的有价证券，使现金余额回落到 Z 线上；当现金接近 L 时（如在 B 点），表明现金余额过少，企业将出售 $Z-L$ 单位的有价证券，使现金余额回升到 Z 线上；现金在 H 和 L 之间波动时，企业不采取任何措施。最低界限 L 是公司管理部门根据公司愿意承担的现金短缺风险来确定的。

现金持有量的下限 L，可以按企业的现金的安全储备额或银行所要求的某一最低现金余额确定，当然它也受管理人员对于风险态度的影响。

确定了下限 L 以后，米勒-奥模型就可以确定公司目标现金余额 Z 和上限 H，其计算公式为

$$Z = \left(\frac{3F\delta^2}{4K}\right)^{\frac{1}{3}} + L$$

$$H = 3Z - 2L$$

式中　Z——目标现金余额；

　　　H——上限；

　　　L——下限；

　　　F——固定交易成本；

　　　K——按天计算的机会成本；

　　　δ^2——每天现金流量方差。

假定 F 为 150 元，机会成本为 15%，每日现金流量标准差 1 000 元，因此，每天现金流量的机会成本和方差为

$$(1+K)^{360} - 1.0 = 0.15 \Rightarrow K = 0.000\ 39$$

$$\delta^2 = 1\ 000\ 000$$

若现金流量控制下限（L）为 0，则

$$Z = \left(\frac{3 \times 150 \times 1\ 000\ 000}{4 \times 0.000\ 39}\right)^{1/3} + 0 = 6\ 607\ （元）$$

$$H = 3Z - 2L = 3 \times 6\ 607 - 0 = 19\ 821\ （元）$$

平均现金余额＝(4×6 607－0)/3＝8 809（元）

若现金流量控制下限（L）为1 000元，则

$$Z = 6\ 607 + 1\ 000 = 7\ 607\ （元）$$

$$H = 3Z - 2L = 3 \times 7\ 607 - 2 \times 1\ 000 = 20\ 821\ （元）$$

计算结果表明，当公司现金余额达到20 821元时，应立即将13 214元(20 821元－7 607元)的现金投资于有价证券，使现金持有量恢复到7 607元；当公司的现金余额降到1 000元时，应立即出售6 607元(7 607元－1 000元)的有价证券，使现金持有量回升到7 607元。

在理解米勒-奥模型时应该注意如下几点：

（1）目标现金余额并不是现金流量上限和下限的中间值。一般说来，现金余额达到下限的次数比达到上限的次数要多。当现金流量低于上下限中间值时会减少现金流量的交易成本。在模型推导中，米勒和奥认为，当L为零时目标现金余额是上限的1/3，因而减少现金流量的总成本。

（2）目标现金余额随着F和δ^2的变化而变动，当F增加时，现金余额达到上下限的成本会很高，同时δ^2越大，现金余额达到上下限的次数越频繁。

（3）随着K增大，目标现金余额越小。因为K值越大，公司持有现金的成本也越大。同时，现金流量下限应该大于零，因为公司需要一定补偿性存款额，同时也需要持有一定的"安全存货量"。

经过西方许多公司的检验，认为利用米勒-奥模型进行现金管理的效果比较好。

6.2 应收账款管理

6.2.1 应收账款管理的目标

这里所说的应收账款是指企业对外销售产品、材料、供应劳务及其他原因，应向购货单位或接受劳务的单位及其他单位收取的款项，包括应收销货款、其他应收款和应收票据等。

发生应收账款的原因主要有：

（1）商业竞争。这是发生应收账款的主要原因。在社会主义市场经济的条件下，存在激烈的商业竞争。竞争机制的作用迫使企业以各种手段扩大销售。除了依靠产品质量、价格、售后服务和广告等手段之外，赊销也是扩大销售的手段之一。对于同等的产品价格、类似的质量水平、一样的售后服务，实行赊销的产品或商品的销售额将大于现金销售的产品或商品的销售额。这是因为顾客从赊销中得到好处。出于扩大销售的竞争需要，企业不得不以赊销或其他优惠的方式招揽顾客，于是就产生了应收账款。由竞争引起的应收账款，是一种商业信用。

（2）销售和收款时间差距。商品成交的时间和收到货款的时间常常不一致，这也导致

了应收账款。当然，现实生活中现金销售是很普遍的，特别是零售企业更为常见。不过就一般批发和大量生产企业来讲，发货的时间和收到货款的时间往往不同。这是因为货款结算需要时间的缘故。结算手段越是落后，结算所需的时间越长，销售企业只能承认这种现实并承担由此引起的资金垫支。由于销售和收款的时间差而造成的应收账款，不属于商业信用，也不是应收账款的主要内容，下面不再对它进行深一步的研究，而只探讨属于商业信用的应收账款的管理。

既然企业发生应收账款的主要原因是扩大销售，增强竞争力，那么其管理的目标就是就是利润最大化。应收账款是一种短期投资行为，是为了扩大销售提高盈利而进行的投资。而任何投资都是有成本的，应收账款投资也不例外。这就需要在应收账款所增加的利润和所增加的成本之间作出权衡。只有当应收账款所增加的利润超过所增加的成本时，才应当实施赊销；如果应收账款赊销有着良好的盈利前景，就应当放宽信用条件增加赊销量，否则就减少赊销量。

6.2.2　应收账款的成本

进行应收账款投资的成本主要有：

（1）机会成本。应收账款的机会成本是指投资放在应收账款的资金而丧失的其他收入，如投资于有价证券的利息收入。这一成本通常与投资于应收账款上资金的数量、时间和资本成本成正比，恰当的资本成本一般是按有价证券的利息率计算的。

（2）管理成本。应收账款的管理成本包括调查客户信用状况的费用、账簿的记录费用、收账费用及其他费用。这部分成本随着应收账款的增加而增加。

（3）坏账成本。应收账款因无法收回而发生的损失就是坏账成本。这部分成本也是随着应收账款的增加而增加。

6.2.3　应收账款信用政策的确定

经营状况、产品定价、产品质量和信用政策是影响企业应收账款水平的主要因素。但除了信用政策外，其他因素基本上都不是财务经理所能控制的。

信用政策包括信用标准、现金折扣政策、信用期间和应收账款的收账政策，其中最重要的是信用标准的确定。

1. 信用标准

信用标准是指顾客获得企业的交易信用所应具备的条件。如果顾客达不到信用标准，便不能享受企业的信用或只能享受较低的信用优惠。

（1）信用分析。企业在设定某一顾客的信用标准时，往往先要评估他赖账的可能性。这可以通过"五C"系统来进行。"五C"系统是评估顾客信用品质的五个方面，即：①品质（character），是指顾客的信誉，即履行偿债义务的可能性；②能力（capacity），是指顾客的偿债能力，即其流动资产的数量与质量以及与流动负债的比例；③资本（capital），是指顾客的财务实力和财务状况，表明顾客可能偿还债务的背景；④抵押（collateral），是指顾客付款或无力支付款时能被用作抵押的资产；⑤条件（condition），是指可能影响顾客付款能力的经济环境。

（2）信用分析的信息来源。信用的"五C"系统代表了信用风险的判断因素，要做到客观、准确的判断，关键在于能否及时掌握客户的各种信用资料。这些资料的来源主要有以下几个渠道：

1）财务报表，即企业对预期的"准信用"客户索取或查询近期的资产负债表和利润表等报表。这些资料是企业进行分析评估的最重要信息，企业可据此对赊销对象的资产流动性、支付能力以及经营业绩诸方面进行详尽分析并作出判断。

2）银行证明，即应客户要求，由客户的开户银行出具一些有关其信用状况的证明材料，如客户在银行的平均现金余额、贷款的历史信用信息等。

3）企业间证明。一般而言，企业的每一客户对外会同时拥有许多供货单位，所以企业可以通过与同一客户有关的各供货企业交换信用资料，比如交易往来的持续时间、提供信用的条件、数额以及客户支付货款的及时程度等证明。这些供货单位出具的书面证明，再加上必要的调查了解，可为企业对客户信用状况做出评价奠定良好的基础。

4）信用评级和信用报告。公司可以从各种商业信用评级机构获取企业的信用评级资料。

（3）信用标准的制定。在收集、整理客户的信用资料后，即可采用"五C"系统分析客户的信用程度。为避免信用评价人员的主观性，在对客户信用状况进行定性分析的基础上，还有必要对客户的信用风险进行定量分析。具体可以采用多项判断法，其具体步骤有：

1）设立信用标准。首先查阅客户以前若干年的信用资料，找出具有代表性、能说明偿债能力和财务状况的比率，作为评判信用风险的指标，然后根据最近几年内"信用好"和"信用坏"两个客户相同比率的平均值，作为评价该客户的信用标准。

2）计算客户的风险系数。利用各客户的财务报表，计算这些指标，并与标准值进行比较。其方法是：若某客户的某项指标等于或低于最坏信用标准，则客户的风险系数增加10％；若某项指标节与好的信用标准与坏的信用标准之间，则客户的风险系数增加5％；若某客户的某项指标等于或高于好的信用标准，则客户的风险系数为0，即无信用风险。各项指标比较后，即可累计客户的风险系数。

3）风险排序。企业按上述方法分别计算出各客户的累计风险系数，即可按风险系数的大小进行排序：系数小的排在前面，系数大的排在后面，由此便可根据风险程度由小到大选择客户。

2.现金折扣政策

现金折扣是企业对顾客在商品价格上所作的扣减。向顾客提供这种价格上的优惠，主要目的在于吸引顾客为享受优惠而提前付款，缩短企业的平均收款期。另外，现金折扣也能招揽一些视折扣为减价出售的顾客前来购货，借此扩大销售额。

现金折扣的表示常采用如"5/10，3/20，N/30"的形式，5/10表示10天内付款，可享受5％的价格优惠，即只需支付原价的95％。如原价为10 000元，只需支付9 500元；3/20表示20天内付款，可享受3％的价格优惠，即只需支付原价的97％。如原价为10 000元，只支付9 700元。N/30表示付款的最后期限为30天，此时付款无优惠，即按全价付款。

企业采用什么程度的现金折扣，要与信用期间结合起来考虑。不论是信用期间还是现金折扣，都能给企业带来收益，但也会增加成本。当企业给予顾客某种现金折扣时，应当考虑折扣所能带来的收益与成本孰高孰低，权衡利弊，择优决断。

3. 信用期间

信用期间是企业允许顾客从购货到付款之间的时间，或者说是企业给予顾客的付款期间。例如，若某企业允许顾客在购货后的 50 天内付款，则信用期间为 50 天。信用期过短，不足以吸引顾客，在竞争中会使销售额下降；信用期放长，对销售额增加固然有利，但只顾及销售增长而盲目放宽信用期间，所得的收益有时会被增长的费用抵消，甚至造成利润减少。因此，企业必须慎重研究，规定出恰当的信用期。

信用期的确定，主要是分析改变现行信用期对收入和成本的影响。延长信用期，会使销售额增加，产生有利影响；与此同时应收账款的机会成本、管理成本和坏账损失增加，产生不利影响。当前者大于后者时，可以延长信用期，否则不宜延长。如果缩短信用期，情况与此相反。其中应收账款机会成本的计算公式如下：

$$应收账款机会成本＝应收账款占用资金×资金成本率$$
$$应收账款占用资金＝应收账款平均余额×变动成本率$$
$$应收账款平均余额＝日销售额×平均收现期$$

在后面有关章节将通过一个实例来说明在 Excel 中如何比较不同信用期对企业利润和成本的影响。

4. 应收账款的收账政策

应收账款发生后，企业应采取各种措施，尽量争取按期收回账款，否则会因拖欠时间过长而发生坏账，使企业遭受损失。这些措施包括对应收账款回收情况的监督，对坏账事先准备和制定适当的收账政策等。

（1）应收账款收回的监督。企业的应收账款时间有长有短，有的尚未超过信用期限，有的则超过了信用期限。一般讲，拖欠时间越长，款项收回的可能性越小，形成坏账的可能性越大。对此，企业应实施严密的监督，随时掌握回收情况。实施对应收账款回收情况的监督，可以通过编制账龄分析表进行，其格式见表 6.1。

利用账龄分析表，企业可以了解到以下情况：

表 6.1 账 龄 分 析 表

应收账款账龄	账户数量	金额/千元	百分率/%
信用期内	200	80	40
超过信用期 1～20 天	100	40	20
超过信用期 21～40 天	50	20	10
超过信用期 41～60 天	30	20	10
超过信用期 61～80 天	20	20	10
超过信用期 81～100 天	15	10	5
超过信用期 100 天以上	5	10	5
应收账款总额		200	100

1）有多少欠款尚在信用期内。表 6.1 显示，有价值 80 000 元的应收账款处在信用期内，占全部应收账款的 40%。这些款项未到偿付期，欠款是正常的。

2）有多少欠款超过了信用期，超过时间长短的款项各占多少，有多少欠款会因拖欠时间太久而可能成为坏账。表 6.1 显示，有价值 120 000 元的应收账款已超过了信用期，占全部应收账款的 60%。不过，其中拖欠时间较短（20 天内）的有 40 000 元，占全部应收账款的 20%，这部分欠款收回的可能性很大；拖欠时间较长的（20～100 天）有 70 000 元，占全部应收账款的 35%，这部分欠款收回有一定难度；拖欠时间很长（100 天以上）的有 10 000 元，占全部应收账款的 5%，这部分欠款很可能成为坏账。对不同拖欠时间的欠款，企业应采取不同的收账方法，制定出经济、可行的收账政策；对可能发生的坏账损失，则应提前作出准备，充分估计这一因素对损益的影响。

（2）收账政策的制定。企业对不同过期账款的收款方式，包括准备为此付出的代价，就是它的收账政策。比如，对过期较短的顾客，不予过多地打扰，以免将来失去这一客户；对过期稍长的顾客，可能措辞委婉地写信催款；对过期较长的顾客，频繁地写信催款并电话催询；对过期很长的顾客，可在催款时措辞严厉，必要时提请有关部门仲裁或提请诉讼等。

催收账款要发生费用，某些催款方式的费用还会很高（如诉讼费）。一般说来，收款的花费越大，收账措施越有力，可收回的账款就越多，坏账损失就越少。因此制定收账政策，要在收账费用和所减少的坏账损失之间作出权衡。制定有效、得当的收账政策很大程度上靠有关人员的经验；从财务管理的角度讲，也有一些量化的方法可予参照，根据应收账款总成本最小化的道理，可以通过各收账方案成本的大小进行比较来其加以选择。

6.3 存货管理

6.3.1 存货管理概述

1. 存货管理的目标

存货是指企业在生产经营中为销售或耗用而储备的物资，包括材料、燃料、低值易耗品、在产品、半成品、产成品和商品等。

如果工业企业能在生产投料时随时购入所需的原材料，或者商业企业能在销售时随时购入商品，就不需要储备存货。但实际上，企业不可能是零库存，企业总有储存存货的需要，并因此占用或多或少的资金。企业储备存货的原因主要有：

（1）保证生产或销售的正常进行。实际上，即使是市场供应量充足，企业也很难做到随时购入生产或销售所需要的各种物资。这不仅因为市场上随时可能会出现某种材料的断档，还因为企业距供货点较远而需要必要的途中运输及可能出现的运输故障。一旦生产或销售所需物资短缺，生产经营将被迫停顿，造成损失。为了避免或减少出现停工待料、停业待货等事故，企业需要储存存货。

（2）出自价格的考虑。零购物资的价格往往较高，而整批购买在价格上常有优惠。但是，过多的存货要占用较大的资金，并且会增加包括仓储费、保险费、维护费、管理人员工资等在内的各项开支，即存货占用资金是有成本的，占用资金越多成本越高。存货管理的目标就是在各种存货成本与存货收益之间作出权衡，达到两者的最佳结合。实现存货管理目标的主要方法是确定存货经济订货批量。

2. 储备存货的有关成本

与储备存货有关的成本，包括以下三种：

（1）取得成本。取得成本是指为取得某种存货而支出的成本，通常用 TC_a 来表示。取得成本又可分为订货成本和购置成本。

1）订货成本。订货成本是指取得订单的成本，如办公费、差旅费、邮资、电报电话费等支出。订货成本中有一部分与订货次数无关，如常设采购机构的基本开支等，称为订货的固定成本，用 F_1 表示；另一部分与订货次数有关，如差旅费、邮资等，称为订货的变动成本，每次订货的变动成本用 K 表示。订货的固定成本与采购批量没有关系；假设采购一次的变动成本是固定的，则订货成本与订货批量反方向变化而与订货次数成同方向变化。

订货次数等于存货年需要量 D 与每次订货批量 Q 之商，即 D/Q。

2）购置成本。购置成本是指存货本身的价值，即购货数量与单价的乘积。年需要量用 D 表示，单价用 U 表示，于是购置成本为 DU。

综上所述，取得成本的计算公式为

$$TC_a = F_1 + \frac{D}{Q}K + DU$$

（2）储存成本。储存成本是指为保持存货而发生的成本，包括存货占用资金所计的利息（若企业用现有现金购买存货，便失去将现金存放银行或投资于有价证券应取得的利息，视为"放弃利息"；若企业借款购买存货，便要支付利息费用，视为"付出利息"）、仓库费用、保险费用、存货破损和变质损失等，通常用 T_c 来表示。

储存成本也分为固定成本和变动成本。固定成本与存货的多少无关，如仓库折旧、仓库职工的固定月工资等，常用 F_2 表示；变动成本与存货的数量有关，如存货资金的应计利息、存货的破损和变质损失、存货的保险费用等，单位成本用 K_c 表示。假设储存单位存货的变动成本是固定的，则储存成本与订货批量同方向变化而与订货次数成反方向变化。

综上所述，储存成本的计算公式为

$$T_C = F_2 + K_c \frac{Q}{2}$$

（3）缺货成本。缺货成本是指由于存货供应中断而造成的损失，包括材料供应中断造成的停工损失、产成品库存缺货造成的拖欠发货损失和丧失销售机会的损失（还应包括需要主观估计的商誉损失）等；如果生产企业以紧急采购代用材料解决库存材料中断之急，那么缺货成本表现为紧急额外购入成本（紧急额外购入的开支会大于正常采购的开支）。缺货成本用 TC_s 表示。

如果以 TC 来表示储备存货的总成本，则其计算公式为

$$TC = TC_a + T_C + TC_s$$
$$= F_1 + \frac{D}{Q}K + DU + K_c\frac{Q}{2} + TC_s$$

6.3.2 存货决策

存货决策的内容通常分为两大类：一类是研究怎样把存货的数量控制在最优化水平上，视为"存货控制的决策"；另一类是研究为了保持适当的存货，一年分几次订货，每次订货多少数量最经济，在什么情况下再订货比较合适等，视为"存货规划的决策"。企业只有正确作好存货的控制决策和规划决策，才能使存货所占的资金得到最经济、最合理、最有效地使用。

1. 存货控制的决策

企业的不同职能部门，对于存货如何进行控制，往往由于其立场不同而使其观点迥异。例如，就财务部门来说，为了灵活调度流动资金，加速资金周转，总是力求存货占用的资金越少越好；销售部门为了能随时满足顾客的需要，增强竞争能力，总是希望存货多多益善；采购部门为了享受大量购买的折扣和优惠的运费，大多希望尽量扩大每次的采购数量；生产部门为了使生产进度尽可能持续不变，总是力图建立较高的库存量，以便应付生产上的急需。正因为如此，企业管理当局对存货的控制，必须在充分考虑各方面的意见和需要的基础上，想方设法、妥善地作出适当的决策。

存货控制最常用的方法有：

（1）挂签制度。这是一种传统的存货控制方法。其基本思路是：针对库存的商品材料物资的每一项目，均挂上一张带有编号的标签。当存货售出或发给生产单位使用时，即将标签取下，记入"永续盘存记录"上，以便控制。在这种情况下，为了保证不至于发生停工待料或临时无货供应，必须在"永续盘存记录"上注明最低储存量（即保险储存量），一旦实际结存余额达到最低水平，应立即提出购货申请。如果企业没有使用"永续盘存记录"，则应将每次取下的存货标签集中存放，到规定的订购日期，再将汇集存放的标签分类统计其发出数量，并据以作为申请订购的依据。

（2）ABC分析法。当工商企业的存货品种异常繁杂，单价高低悬殊，存量又多寡不一时，为了对存货控制不平均使用力量，而能突出重点、区别对待，那么采用ABC法较为简便易行。

ABC法的基本思路是：先把各种存货按其全年平均耗用量分别乘以它的单位成本，并根据一定金额标准把他们划分为A、B、C三类；然后计算各类存货所占耗用总数量、耗用总成本的百分率；再根据具体情况对这三类存货分别采用不同的控制措施。实践证明，凡是规模较大的企业，一经采用ABC分析法以后，对于商品材料物资存货的控制，不仅十分方便，而且效果也非常显著。

2. 存货规划的决策

上述ABC分析法，可以在存货管理中突出重点，区别对待，是分类控制存货数量的有效手段。但是对A类和B类存货究竟应该每次订购多少数量？在什么情况下再订货？这属于存货规划决策的问题。

（1）订货量基本模型。按照存货管理的目标，使储备存货总成本最低的订货批量就是经济订货批量。与存货成本有关的因素很多，为了使复杂的问题简化，就需要设立一些假设，在此基础上建立经济订货批量的基本模型，然后再逐一去掉假设来解决较复杂的问题。

经济订货批量基本模型需要设立的假设有：

1）企业能够及时补充存货，即需要订货时便可立即取得存货。

2）能集中到货，而不是陆续入库。

3）没有缺货，即无缺货成本，TC_s 为零，这是因为良好的存货管理本来就不应该出现缺货成本。

4）年需求量固定不变，即 D 为已知常量。

5）日需求量是固定不变的。

6）没有数量折扣，即 U 为已知常量。

7）企业现金充足，不会因现金短缺而影响进货。

8）所需存货市场供应充足，不会因买不到需要的存货而影响其他。

在上述假设前提条件下，存货总成本的公式可以简化为

$$TC = F_1 + \frac{D}{Q}K + DU + F_2 + K_c\frac{Q}{2}$$

当 F_1，K，D，U，F_2，K_c 为常数时，TC 的大小取决于 Q。为了求出 TC 的极小值，对其进行求导，可得出下列公式：

$$Q^* = \sqrt{2KD/K_c}$$

上式称为经济订货量的基本模型。

根据这个公式还可以求出与经济订货批量有关的其他指标，即

每年最佳订货次数：

$$N^* = \frac{D}{Q} = \sqrt{DK_c/2K}$$

最佳订货周期：

$$t^* = \frac{1}{N} = \sqrt{2K/DK_c}$$

存货总成本：

$$TC_{(Q^*)} = \sqrt{2KDK_c}$$

经济订货占用资金：

$$I^* = \frac{Q^*}{2}U = \sqrt{KD/2K_c}\,U$$

（2）基本模型的扩展。经济订货量的基本模型是在前述各假设条件下建立的，但现实生活中能够满足这些假设条件的情况十分罕见。为使模型更接近于实际情况，具有较高的可用性，须逐一放宽假设，同时改进模型。

1）订货提前期。一般情况下，企业的存货不能随时补充，因此不能等存货用光再去订货，而需要在没有用完时提前订货。提前订货的情况下，企业再次发出订货单时，尚有存货的库存量，称为再订货点，用 R 表示，如图 6.5 所示。其计算公式为

$$R = Ld$$

式中　L——交货时间；

　　　d——每日需用量。

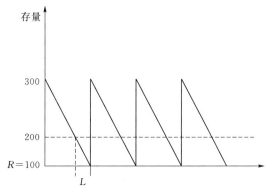

图 6.5 订货提前期描述

2）存货陆续供应和使用。在建立基本模型时，是假设存货一次全部入库，故存货增加时存量变化为一条垂直的直线。事实上，各批存货可能陆续入库，使存量陆续增加。尤其是产成品入库和在产品的转移，几乎总是陆续供应和陆续耗用的。这种情况下，须要对基本模型做一些修改，如图 6.6 所示。

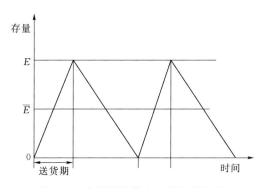

图 6.6 存货陆续供应和使用示意图

设每批订货数为 Q，每日送货量为 P，每日耗用量为，则送货期为 Q/P，送货期内的全部耗用量为 $(Q/P)d$。由于零件边用边送，所以每批送完时，最高库存量为 $[Q-(Q/P)d]$，平均库存量为 $[Q-(Q/P)\cdot d]/2$。图 6.6 中 E 为最高库存量，$\overline{E}$ 为平均库存量。

这样，与批量有关的总成本为

$$TC(Q) = \frac{D}{Q}K + \frac{1}{2}\left(Q - \frac{Q}{P}d\right)K_c$$

在订货变动成本与储存变动成本相等时，$TC(Q)$ 有最小值，故存货陆续供应和使用的经济订货量公式为

$$\frac{D}{Q}K = \frac{Q}{2}\left(1 - \frac{d}{P}\right)K_c$$

$$Q^* = \sqrt{\frac{2KD}{K_c}\left(\frac{P}{P-d}\right)}$$

$$TC(Q^*) = \sqrt{2KDK_c\left(1 - \frac{d}{P}\right)}$$

【**例 6.1**】　某零件年需用量（D）为 3 600 件，每日送货量（P）为 30 件，每日耗用量（d）为 10 件，单价（U）为 10 元，一次订货的变动成本（K）为 25 元，单位储备变动成本（K_c）为 2 元。则：

$$Q^* = \sqrt{\frac{2KD}{K_c}\left(\frac{P}{P-d}\right)} = \sqrt{\frac{2 \times 25 \times 3\ 600}{2} \times \left(\frac{30}{30-10}\right)} = 367（件）$$

$$TC(Q^*) = \sqrt{2KDK_c\left(1-\frac{d}{P}\right)} = \sqrt{2 \times 25 \times 3\ 600 \times 2 \times \left(1-\frac{10}{30}\right)} = 490（元）$$

3）保险储备。以前讨论时假定存货的供需稳定且确定的，即每日需求量不变，交货时间也固定不变。实际上，每日需求量可能变化，交货时间也可能变化。按照某一订货批量（如经济订货批量）和再订货点发出订单后，如果需求量增大或送货时间延迟，就会发生供货中断。为防止因此造成的损失，就需要多储备一些存货以备应急之需，称为保险储备。保险储备如图 6.7 所示。

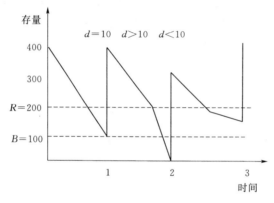

图 6.7　保险储备示意图

$$R = 交货时间 \times 平均日需求 + 保险储备$$

假设保险储备为 100，则

$$R = Ld + b$$
$$= 10 \times 10 + 100 = 200$$

由图 6.7 可看出：在第一个周期里，d 等于 10，不需要动用保险储备；在第二个周期里，d 大于 10，需求量大于供应量，需要动用保险储备；在第三个周期里，d 小于 10，不仅不需要动用保险储备，正常储备未用完，下次存货即已送到。

建立保险储备，固然可以使企业避免缺货或供应中断造成的损失，但是存货平均储备量加大却会使储备成本升高。研究保险储备的目的，就是要找出合理的保险储备量，使缺货或供应中断造成的损失和储备成本之和最小。方法上，可先计算出各不同保险储备的总成本，然后再对总成本进行比较，选定其中最低的。

如果设与此有关的总成本为 $TC(S, B)$，缺货成本 C_s，保险储备成本为 C_B，则：

$$C_s = K_u SN$$
$$C_B = BK_c$$
$$TC(S, B) = K_u SN + BK_c$$

式中 K_u——单位缺货成本；

　　　　K_c——单位变动成本；

　　　　S——缺货量；

　　　　B——保险储备量；

　　　　N——每年订货次数。

现实中，缺货量 S 具有概率性，其概率可根据历史经验估计得出；保险储备量 B 可选择而定。

【例 6.2】 假定某存货的年需要量 D 为 3 600 件，单位储备存变动成本 K_c 为 2 元，单位缺货成本 K_u 为 4 元，交货时间 L 为 10 天；交货期的存货需要量及其概率分布详见表 6.2。

表 6.2　　　　　　　　**交货期的存货需要量及其概率**

需要量	70	80	90	100	110	120	130
概率	0.01	0.04	0.20	0.50	0.20	0.04	0.01

分析：

(1) 计算出经济订货量为 Q 为 300 件，每年订货次数 N 为 12 次。

(2) 计算不同保险储备的总成本。

1) 设保险储备量为 0 时。

$$S_0 = (110-100) \times 0.2 + (120-100) \times 0.04 + (130-100) \times 0.01 = 3.1 \text{（件）}$$
$$TC(S,B) = K_u \times S_0 \times N + B \times K_c = 4 \times 3.1 \times 12 + 0 \times 2 = 148.8 \text{（元）}$$

2) 保险储备量为 10 件时。

$$S_{10} = (120-110) \times 0.04 + (130-110) \times 0.01 = 0.6 \text{（件）}$$
$$TC(S,B) = K_u \times S_0 \times N + B \times K_c = 4 \times 0.6 \times 12 + 10 \times 2 = 48.8 \text{（元）}$$

3) 保险储备量为 20 件时。

$$S_{20} = (130-120) \times 0.01 = 0.1 \text{（件）}$$
$$TC(S,B) = K_u \times S_0 \times N + B \times K_c = 4 \times 0.1 \times 12 = 44.8 \text{（元）}$$

4) 保险储备量为 30 件时。

$$S_{30} = 0$$
$$TC(S,B) = K_u \times S_0 \times N + B \times K_c = 4 \times 0 \times 12 + 30 \times 2 = 60 \text{（元）}$$

计算结果表明，当 $B=20$ 件，总成本为 44.8 元，是各总成本中最低的，故应确定保险储备量为 20 件，或者说应确定以 120 件为再订货点。

以上所举的例子是由于存货耗用量的不确定性所引起的缺货问题，至于交货期的不确定性所引起的缺货问题，也可以比照上述建立安全储备的方法来进行，具体了将延迟交货的天数折算为增加的耗用量。

6.4 流动资产管理案例

6.4.1 保险储备模本应用案例

【例 6.3】 假定某存货的年需要量 D 为 3 600 件，单位储备存变动成本 K_c 为 2 元，单

位缺货成本 L 为 4 元，交货时间 L 为 10 天。交货期的存货需要量及其概率分布详见表 6.3。

表 6.3　　　　　　　　　　交货期的存货需要量及其概率

需要量	70	80	90	100	110	120	130
概率	0.01	0.04	0.20	0.50	0.20	0.04	0.01

分析：

创建保险储备模本如下：

（1）打开工作簿"流动资金管理"，在该工作簿中创建一个工作表"保险储备"。

（2）在工作表"保险储备"中设计表格。

（3）按表 6.4 所示在工作表中输入公式。

表 6.4　　　　　　　　　　单 元 格 公 式

单元格	公　　式	备　　注
E1	＝SQRT(2＊B5＊B1/B2)	计算经济订货量
E2	＝B1/E1	计算经济订货次数
D8	＝IF(A8＜＄B＄16,"","B＝"&(A8＄B＄16))	生成中间格式
E8	＝IF(A8＜＄B＄16,"",SUMPRODUCT(A8:A＄16－A8,B8:B＄16))	中间值计算
F8	＝IF(D9="","NULL",E8＊＄B＄3－＄E＄2＋(A8－＄B＄16)＊＄B＄2)	计算总成本
B16	＝SUMPRODUCT(A8:A19＊B8:B19)	计算存货需求量概率平均值
F16	＝MIN(F8:F19)	计算最小总成本

（4）将单元格区域 D8：F8 中的公式复制到单元格区域 D8：F15。

1）选择单击单元格区域 D8：F8，单击"编辑"菜单，单击"复制"选项。

2）选择单元格区域 D8：F15，单击"编辑"菜单，单击"粘贴"选项。

这样便创建保险储备的模本，详见表 6.5。

（5）保存工作表"保险储备"。

表 6.5　　　　　　　　　　保险储备分析表（模本）

序号	A	B	C	D	E	F
1	年需求量			经济订货量	＝SQRT（2＊B5＊B1/B2）	
2	单位储备变动成本			订货次数	＝B1/E1	
	单位缺货成本					
3	交货时间					
4	单位订货成本					
5						
6	交货期的存货需求量及概率			不同保险储备下的总成本		
7	需求量 d	概率 P		保险储备	中间值	总成本
8				①		

续表

序号	A	B	C	D	E	F
9						
10						
11						
12						
13						
14						
15						
16	概率平均值			最小总成本		

① 因公式太长，故未在表格中显示出。在此 D8：F15 中的公式为描述性说明。

· 单元格 Di 中公式："＝IF(Ai＜＄B＄16,"","B＝"&(Ai－＄B＄16))"

· 单元格 Ei 中公式："＝IF(Ai＜＄B＄16,"",SUMPRODUCT(Ai：A＄16－Ai,Bi：B＄16))"

· 单元格 Fi 中公式："＝IF(D9＝"","NULL",E8＊＄B＄3＊＄E＄2+(A8－＄B＄16)＊＄B＄2)"

这样在工作表单元格区域 B1：C4 和单元格区域 A8：B19 中输入有关数据后，计算结果详见表 6.6。

由表 6.6 可看出：不同保险储备下的最小总成本为 44.8 元，因此再订货点为 120 元。

表 6.6 　　　　　　　　保险储备分析表（计算结果）

序号	A	B	C	D	E	F
1	年需求量	3 600		经济订货量	300	
2	单位储备变动成本	2		订货次数	12	
3	单位缺货成本	4		交货时间	10	
4	交货时间	10		单位订货成本	25	
5	单位订货成本	25				
6						
7	交货期的存货需求量及概率			不同保险储备下的总成本		
8	需求量 d	概率 P		保险储备	中间值	总成本
9	70	0.01			0	
10	80	0.04			0	
11	90	0.2			0	
12	100	0.5		B＝0	3.1	148.8
13	110	0.2		B＝10	0.6	48.8
14	120	0.04		B＝20	0.1	44.8
15	130	0.01		B＝30	0	60
16	概率平均值	100		最小总成本		44.8

6.4.2　自制和外购的决策模本应用案例

【例6.4】　某生产企业使用的 A 零件，既可以外购，也可以自制。如果外购，单价为 4 元，一次订货成本 10 元；如果自制，单位成本 3 元，每次生产准备成本 600 元，每日产量 50 件。零件的全年需求量为 3 600 件，储存变动成本为零件价值的 20%，每日需求量为 10 件。

分析：企业是自制零件还是外购零件关键取决于自制零件的总成本和外购零件的总成本孰小，自制零件的总成本小于外购零件的总成本，则自制零件；反之，外购零件较为合算。因此，自制和外购的决策模型的设计关键在于计算这两种总成本。

创建自制和外购的决策模本如下：

（1）打开工作簿"流动资金管理"，在该工作簿中创建一个工作表"自制和外购的决策"。

（2）进行必要的表格设计。

（3）按表 6.7 所示在工作表"自制和外购的决策"中输入公式。

表 6.7　　　　　　　　　　　　　单 元 格 公 式

单元格	公　　式	备　　注
B7	=B6 * B2	计算单位储存变动成本
E9	=E8 * B2	计算单位储存变动成本
B10	=SQRT(2 * B5 * $B$1/B7)	计算经济定货量
E10	=SQRT(2 * $B$1 * E5/E9 * (E6/(E6−E7)))	计算经济定货量
B11	=SQRT(2 * B5 * B7 * $B$1)+ $B$1 * B6	计算总成本
E11	=SQRT(2 * $B$1 * E5 * E9 * (E6−E7)/E6)+ $B$1 * E8	计算总成本

这样便创建自制和外购的决策的模本，详见表 6.8。

（4）保存工作表"自制和外购的决策"。

表 6.8　　　　　　　　　自制和外购的决策分析表（模本）

序号	A	B	C	D	E
1	年需求量				
2	单位储备变动成本率				
3					
4	外购总成本计算			自制总成本计算	
5	单位订货成本			每次生产准备成本	
6	单价			每日产量	
7	单位储备变动成本	=B2 * B6		每日需求量	
8				单位成本	
9				单位储备变动成本	=B2 * E8
10	经济订货量	=SQRT(2 * B5 * $B$1/B7)		经济订货量	=SQRT(2 * $B$1 * E5/E9 * (E6/(E6−E7)))
11	总成本	=SQRT(2 * B5 * B7 * $B$1)+ $B$1 * B6		总成本	=SQRT(2 * $B$1 * E5 * E9 * (E6−E7)/E6)+ $B$1 * E8

这样在工作表单元格区域 B1：C4 和单元格区域 A8：B19 中输入有关数据后，计算结果详见表 6.9。

表 6.9　　　　　　　　　　自制和外购的决策分析表（计算结果）

序号	A	B	C	D	E
1	年需求量	3 600			
2	单位储备变动成本率	0.2			
3					
4	外购总成本计算			自制总成本计算	
5	单位订货成本	10		每次生产准备成本	600
6	单价	4		每日产量	50
7	单位储备变动成本	0.8		每日需求量	10
8				单位成本	3
9				单位储备变动成本	0.6
10	经济订货量	300		经济订货量	3 000
11	总成本	14 640		总成本	12 240

由表 6.9 可看出：自制总成本为 12 240 元，小于外购总成本 14 640 元，因此自制零件较外购零件合算。

6.4.3　应收账款台账和账龄分析应用案例

如果单位是在 Excel 环境中编制应收账款台账的话，那么可直接利用这些信息来进行账龄分析。本案例将应收账款台账管理和账龄分析结合起来。

【例 6.5】　假定某公司发生了详见表 6.10 的应收账款。

表 6.10　　　　　　　　　　某公司应收账款一览表

单位名称	票据号码	应收账款	开票日期	付款日期	还账否
大洋	NN3124	50	5 月 25 日	20	N
三三	TY4267	25	5 月 16 日	30	N
恒力	SK9389	90	6 月 28 日	30	N
台历	PU2341	33	4 月 5 日	15	Y
荣昌	AA0836	80	3 月 27 日	0	N
顺德	DJ1234	100	1 月 10 日	30	Y
大亚	AP5321	55	4 月 12 日	30	N
安正	EQ5233	200	3 月 22 日	30	Y

分析：

1. 建立应收账款台账

（1）在 Excel 工作表（命名为"应收账款台账"）中建立台账。台账中各字段名称及类型定义详见表 6.11。

表 6.11　　　　　　　　　　　　　　台账中各字段名称及类型

字段名	单位名称	票据号码	应收账款	开票日期	付款日期	还账否
类型	字符	字符	数字	日期	日期	字符

根据原始数据建立好的台账详见表 6.12。

表 6.12　　　　　　　　　　　　　　应 收 账 款 台 账

序号	A	B	C	D	E	F	G
1		今天日期	1998 - 06 - 06				
2	单位名称	票据号码	应收账款	开票日期	付款日期	还账否	
3	大洋	NN3124	50	5 月 25 日	20	N	0
4	三三	TY4267	25	5 月 16 日	30	N	0
5	恒力	SK9389	90	6 月 28 日	30	N	−2
6	台历	PU2341	33	4 月 5 日	15	N	3
7	荣昌	AA0836	80	3 月 27 日	0	N	4
8	顺德	DJ1234	100	1 月 10 日	30	Y	*
9	大亚	AP5321	55	4 月 12 日	30	N	2
10	安正	EQ5233	200	3 月 22 日	30	Y	*

顺便指出，为了便于应收账款账龄分析在单元格区域 G3：G2000 中输入公式。这些公式是这样生成的：

1) 在单元格 G3 中输入公式：＝IF(F3＝"Y"," * ",IF(F3＝"N",INT(($ C $ 1−E3−D3)/20)＋1,""))。

2) 单击单元格 G3，单击"编辑"菜单，单击"复制"选项。

3) 选择单元格区域 G3：G2000。

4) 单击"编辑"菜单，单击"粘贴"选项。

公式计算结果含义如下：

结果≤0，表示在信用期内。

结果＝1，表示超过信用期 1～20 天。

结果＝2，表示超过信用期 21～40 天。

结果＝3，表示超过信用期 41～60 天。

结果＝4，表示超过信用期 61～80 天。

结果＝5，表示超过信用期 81～100 天。

结果＝6，表示超过信用期 100 天以上

（2）利用 Excel 提供的"筛选"功能可对台账进行各种查询。例如使用"筛选"来查询所有已收到的应收账款的过程如下：

1) 单击"数据"菜单，单击"筛选"命令，单击"自动筛选"选项；

2) 单击"还账否▼"，单击"Y"选项。

这样便筛选出所有已收到的应收账款，其结果如图 6.8 所示。

1		今天日期	1998-6-6				
2	单位名称▼	票据号码▼	应收账款▼	开票日期▼	付款日期▼	还账▼	▼
8	顺德	DJ1234	100	1月10日	30	Y	*
10	安正	EQ5233	200	3月22日	30	Y	*
14							
15							

图 6.8　筛选结果

2. 建立账龄分析模本

（1）打开工作簿"流动资金管理"，在该工作簿中创建一个工作表"账龄分析法"。

（2）在工作表"账龄分析法"中设计表格。

（3）在表 6.13 中单元格区域 B3：E3 和 B10：D10 中输入公式。

表 6.13　　　　　　　　　　　　单 元 格 公 式

单元格	公　　　式	备　　注
B2	=COUNTIF(应收账款台账！G＄3：G＄2000,"＜=0")	计算输入规定信用期的客户数
C2	=SUMIF(应收账款台账！G＄3：G＄2000,"＜=0", 应收账款台账！C＄3：C＄2000)	计算输入规定信用期的应收账款
D2	=C2/＄C＄9	计算规定信用期的应收账款所占比例
B9	=SUM（B2：B8）	求和
C9	=SUM（C2：C8）	求和
D9	=SUM（D2：D8）	求和

（4）将单元格区域 B2：D3 中的公式复制到单元格区域 B2：D8。

1）选择在单元格区域 B2：D2。

2）单击"编辑"菜单，单击"复制"选项。

3）选择单元格区域 B2：D8。

4）单击"编辑"菜单，单击"粘贴"选项。

这样便创建了账龄分析法的模本，详见表 6.14。

（5）保存工作表"账龄分析法"。

表 6.14　　　　　　　　　　账龄分析法分析表（模本）

序号	A	B	C	D
1	应收账款账龄	账户数量	金额/千元	百分率/%
2	信用期内	=COUNTIF(应收账款台账！G＄3：G＄2000,"＜=0")	=SUMIF(应收账款台账！G＄3：G＄2000,"＜=0",应收账款台账！C＄3：C＄2000)	=D2/D9
3	超过信用期1～20天	=COUNTIF(应收账款台账！G＄3：G＄2000,"1")	=SUMIF(应收账款台账！G＄3：G＄2000,"1",应收账款台账！C＄3：C＄2000)	=D3/D9
4	超过信用期21～40天	=COUNTIF(应收账款台账！G＄3：G＄2000,"2")	=SUMIF(应收账款台账！G＄3：G＄2000,"2",应收账款台账！C＄3：C＄2000)	=D4/D9

序号	A	B	C	D
5	超过信用期 41～60 天	=COUNTIF(应收账款台账! G＄3；G＄2000,"3")	=SUMIF(应收账款台账! G＄3；G＄2000, "3",应收账款台账! C＄3；C＄2000)	＝D5/D9
6	超过信用期 61～80 天	=COUNTIF(应收账款台账! G＄3；G＄2000,"4")	=SUMIF(应收账款台账! G＄3；G＄2000, "4",应收账款台账! C＄3；C＄2000)	＝D6/D9
7	超过信用期 81～100 天	=COUNTIF(应收账款台账! G＄3；G＄2000,"5")	=SUMIF(应收账款台账! G＄3；G＄2000, "5",应收账款台账! C＄3；C＄2000)	＝D7/D9
8	超过信用期 100 天以上	=COUNTIF(应收账款台账! G＄3；G＄2000,"6")	=SUMIF(应收账款台账! G＄3；G＄2000, "6",应收账款台账! C＄3；C＄2000)	＝D8/D9
9	应收账款总额	=SUM(C2；C8)	=SUM(D2；D8)	＝SUM(E2；E8)

根据模本得到的计算结果详见表 6.15。

表 6.15　　　　　　　　　　账龄分析法分析表（计算结果）

序号	A	B	C	D
1	应收账款账龄	账户数量	金额/千元	百分率/%
2	信用期内	3	165	49.55
3	超过信用期 1～20 天	0	0	0
4	超过信用期 21～40 天	1	55	16.52
5	超过信用期 41～60 天	1	33	9.91
6	超过信用期 61～80 天	1	80	24.02
7	超过信用期 81～100 天	0	0	0
8	超过信用期 100 天以上	0	0	0
9	应收账款总额	6	333	100.00

由表 6.15 可以看到：

（1）有价值 1 650 000 元的应收账款处在信用期内，占全部应收账款的 49.55％。这些款项未到偿付期，欠款是正常的；但到期后能否收回，还要到时再定，故即时监督是必要的。

（2）有价值 1 350 000 元的应收账款已超过了信用期，占全部应收账款的 50.45％。其中，其中拖欠时间 20～40 天内有 550 000 元，占全部应收账款的 16.52％，这部分欠款收回的可能性较大；拖欠时间 60～100 天有 800 000 元，占全部应收账款的 24.02％，这部分欠款收回的有一定难度。该企业没有拖欠时间 100 天以上的应收账款。

6.4.4　信用期限比较案例

【例 6.6】　某公司现在采用 30 天按发票金额付款的信用政策，拟将信用期放宽至 60 天，仍然按发票金额付款即不给折扣，该公司投资的最低报酬率为 15％，其他有关的数据详见表 6.16。

表 6.16 　　　　　　　　　　　**不同信用期的有关数据**

项　　目	30 天	60 天
销售量/件	100 000	120 000
销售额/元（单价 5 元）	500 000	600 000
销售成本/元		
变动成本（每件 4 元）	400 000	480 000
固定成本/元	50 000	70 000
毛利/元	50 000	50 000
可能发生的收款费用/元	3 000	4 000
可能发生的坏账损失/元	5 000	9 000

分析：

比较不同信用期实质上就是计算不同信用期限下企业获得的净收益。

设计不同信用期下的净收益模本的过程如下：

（1）打开工作簿"流动资金管理"，在该工作簿中创建一个工作表"信用期比较模型"。

（2）在工作表"信用期比较模型"中设计表格。

（3）按表 6.17 所示在工作表"信用期比较模型"中输入公式。

表 6.17 　　　　　　　　　　　**单 元 格 公 式**

单元格	公　　　式	备　　注
C2	＝B2	最低报酬率
C3	＝B3	单位变动成本
C4	＝B4	销售价格
B6	＝B5＊B4	计算销售额
C6	＝C5＊C4	计算销售额
B8	＝B5＊B3	计算变动成本
C8	＝C5＊C3	计算变动成本
B10	＝B6－B7－C8－C9	计算毛利
C10	＝C6－C7－C8－C9	计算毛利
B13	＝B6/360＊B1＊B3/B4＊B2/100	计算应收账款应计利息
C13	＝C6/360＊C1＊C3/C4＊C2/100	计算应收账款应计利息
B14	＝B10－B11－B12－B13	计算净收益
C14	＝C10－C11－C12－C13	计算净收益

这样便创建了计算信用期比较模型的模本，详见表 6.18。

（4）保存工作表"信用期比较模型"。

表 6.18 信用期比较模型分析表（模本）

序号	A	B	C
1	信用期/天	*	*
2	最低报酬率/%	*	＝B2
3	单位变动成本/(元/件)	*	＝B3
4	销售价格/(元/件)	*	＝B4
5	销售量/件	*	*
6	销售额/元	＝B5＊B4	＝C5＊C4
7	销售成本/元	*	*
8	变动成本/元	＝B5＊B3	＝C5＊C3
9	固定成本/元	*	*
10	毛利/元	＝B6－B7－B8－B9	＝C6－C7－C8－C9
11	可能发生的收款费用/元	*	*
12	可能发生的坏账损失/元	*	*
13	应收账款应计利息/元	＝B6/360＊B1＊B3/B4＊B2/100	＝C6/360＊C1＊C3/C4＊C2/100
14	净损益	＝B10－B11－B12－B13	＝C10－C11－C12－C13

在工作表相应单元格输入数据后，计算结果详见表 6.19。

表 6.19 信用期比较模型分析表（计算结果）

序号	A	B	C
1	信用期/天	30	60
2	最低报酬率/%	15	15
3	单位变动成本/(元/件)	4	4
4	销售价格/(元/件)	5	5
5	销售量/件	100 000	120 000
6	销售额/元	500 000	600 000
7	销售成本/元	0	0
8	变动成本/元	400 000	480 000
9	固定成本/元	50 000	50 000
10	毛利/元	50 000	70 000
11	可能发生的收款费用/元	3 000	7 000
12	可能发生的坏账损失/元	5 000	4 000
13	应收账款应计利息/元	5 000	12 000
14	净收益	37 000	47 000

从表 6.19 中计算结果可看出：信用期为 60 天时，企业将获得更大的收益。故企业应采用 60 天的信用期。

6.4.5 存货ABC分类应用案例

【例6.7】 假定晨光机械制造公司生产140型钻床共使用12种零件存货项目，若所有零件均系向外界购入，其单位购入成本及全年平均耗用量的资料，详见表6.20。

表6.20　　　　　　　　　　　　　　　存货的ABC分类

零件存货编号	单位购入成本/元	全年平均耗用量/kg	耗用总成本/元	ABC分类[①]
101	1	15 000	15 000	C
102	8	2 000	16 000	B
103	20	3 000	60 000	A
104	22	2 000	44 000	A
105	2	11 000	22 000	B
106	3	10 000	30 000	B
107	0.50	30 000	15 000	C
108	12	8 000	96 000	A
109	9	5 000	45 000	A
110	0.10	60 000	6 000	C
111	2	18 000	36 000	B
112	0.30	45 000	13 500	C

① 分类标准为：凡全年耗用总成本的金额在40 000元以上的属于A类；凡全年耗用总成本的金额在40 000元以下15 000元以上属于B类；凡全年耗用总成本的金额在15 000元以上的属于C类。

分析：

（1）打开工作簿"流动资金管理"，在该工作簿中创建一个工作表"ABC分析法"。

（2）在工作表"ABC分析法"设计表格。

（3）按表6.21所示在工作表"ABC分析法"中输入公式。

表6.21　　　　　　　　　　　工作表"ABC分析法"中公式

单元格	公　式	备　注
D3	=B3*C3	计算费用总成本
E3	=IF(D3<=\$C\$1,"C",IF(D3<=\$B\$1,"B","A"))	判断存货类型
B19	=SUMIF(E3:E14,"A",C3:C14),	计算A类存货耗用总数量
B20	=SUMIF(E3:E14,"B",C3:C14),	计算B类存货耗用总数量
B21	=SUMIF(E3:E14,"C",C3:C14),	计算C类存货耗用总数量
B22	=SUM(B19:B21)	计算存货耗用总数量
C19	=B19/B22*100	计算A类存货耗用总数量所占比例
C20	=B20/B22*100	计算B类存货耗用总数量所占比例
C21	=B21/B22*100	计算C类存货耗用总数量所占比例

续表

单元格	公　式	备　注
C22	＝SUM(C19:C21)	计算存货耗用总数量总比例
D19	＝SUMIF(E3:E14,"A",D3:D14)	计算 A 类存货耗用总成本数量
D20	＝SUMIF(E3:E14,"B",D3:D14)	计算 B 类存货耗用总成本数量
D21	＝SUMIF(E3:E14,"C",D3:D14)	计算 C 类存货耗用总成本数量
D22	＝SUM(D19:D21)	计算存货耗用总成本数量
E19	＝D19/D22＊100	计算 A 类存货耗用总成本数量所占比例
E20	＝D20/D22＊100	计算 B 类存货耗用总成本数量所占比例
E21	＝D21/D22＊100	计算 C 类存货耗用总成本数量所占比例
E22	＝SUM(E19:E21)	计算存货耗用总成本数量所占比例

（4）将单元格区域 D3：E3 中的公式复制到单元格区域 D3：E14。

1）单击单元格 D3，按住鼠标器左键，向右拖动鼠标器直至单元格 E3，然后单击"编辑"菜单，最后单击"复制"选项。此过程将单元格区域 D3：E3 中的公式放入到剪切板准备复制。

2）单击单元格 D3，按住鼠标器左键，向下拖动鼠标器直至单元格 E14，然后单击"编辑"菜单，最后单击"粘贴"选项。此过程将剪切板中公式复制单元格区域 D3：E14。

这样便创建了 ABC 分析法的模本，详见表 6.22。

（5）保存工作表"ABC 分析法"。

表 6.22　　ABC 分析法分析表（模本）

序号	A	B	C	D	E
1	分类标准②	＊	＊		
2	零件存货编号	单位购入成本/元	全年平均耗用量/kg	耗用总成本/元	ABC 分类
3	＊	＊	＊	＝B3＊C3	①
4	＊	＊	＊	＝B4＊C4	
5	＊	＊	＊	＝B5＊C5	
6	＊	＊	＊	＝B6＊C6	
7	＊	＊	＊	＝B7＊C7	
8	＊	＊	＊	＝B8＊C8	
9	＊	＊	＊	＝B9＊C9	
10	＊	＊	＊	＝B10＊C10	
11	＊	＊	＊	＝B11＊C11	
12	＊	＊	＊	＝B12＊C12	
13	＊	＊	＊	＝B13＊C13	

续表

序号	A	B	C	D	E
14					
15					
16	ABC 分析				
17	零件类别	耗用数量		耗用成本	
18		耗用总数量	所占百分比	耗用总成本数量	所占百分比
19	A	=SUMIF(E3:E14, "A",C3:C14)	=B19/B22＊100	=SUMIF(E3: E14,"A",D3:D14)	=D19/D22＊100
20	B	=SUMIF(E3:E14, "B",C3:C14)	=B20/B22＊100	=SUMIF(E3: E14,"B",D3:D14)	=D19/D22＊100
21	C	=SUMIF(E3:E14, "B",C3:C14)	=B21/B22＊100	=SUMIF(E3: E14,"B",D3:D14)	=D19/D22＊100
22	合计	=SUM(B19:B21)	=SUM(C19:C21)	=SUM(D19:D21)	=SUM(E19:E21)

① 因公式太长，故未在表格中显示出。在此 E3:E14 中的公式为描述性说明。

单元格 Ei（i=3，5，…14）中的公式为：

"=IF(Di<=＄C＄1,"C",IF(Di<=＄B＄1,"B","A"))"。

在单元格 B1 中输入 ABC 分类的上限（本例为 40 000），在单元格 C1 中输入 ABC 分类的下限（本例为 15 000）。

这样，在表 6.22 所示的工作表单元格区域 A3：C14 和单元格 B1 与 C1 中输入有关数据后，计算结果详见表 6.23。

表 6.23　　　　　**ABC 分析法（计算结果）**

序号	A	B	C	D	E
1	分类标准				
2	零件存货编号	单位购入成本/元	全年平均耗用量/kg	耗用总成本/元	ABC 分类
3	101	1	15 000	15 000	C
4	102	8	2 000	16 000	B
5	103	20	3 000	60 000	A
6	104	22	2 000	44 000	A
7	105	2	11 000	22 000	B
8	106	3	10 000	30 000	B
9	107	0.50	30 000	15 000	C
10	108	12	8 000	96 000	A
11	109	9	5 000	45 000	A
12	110	0.10	60 000	6 000	C
13	111	2	18 000	36 000	B

续表

序号	A	B	C	D	E
14	112	0.30	45 000	13 500	C
15					
16			ABC 分析		

序号	零件类别	耗用数量		耗用成本	
17		耗用数量		耗用成本	
18		耗用总数量	所占百分比	耗用总成本数量	所占百分比
19	A	18 000	8.6	245 000	61.5
20	B	41 000	19.6	104 000	26.1
21	C	150 000	71.8	49 500	12.4
22	合计	209 000	100	398 500	100

由表 6.23 可看出：A 类零件虽占总耗用量的 8.6%，但其耗用的成本金额却占总耗用成本的 61.5%，可算是量少而价高的最重要的存货项目；C 类零件耗用量高达总耗用量的 71.8%，而其耗用的成本金额只占总耗用成本的 12.4%，是属于量多而价低的存货项目；B 类零件的情况正好介于 A 类和 C 类之间。

6.4.6　综合案例

【例 6.8】　某服饰公司收到斯特百货公司的大量订单。这家百货公司有大约 300 家连锁店。服饰公司正在考虑对斯特百货公司扩大赊销交易。作为信用核查的一部分，服饰公司需了解斯特百货公司三年的资产负债表和损益表，有关资料详见表 6.24 和表 6.25。

表 6.24　　　　　　　　　　斯特百货公司的资产负债表　　　　　　　　单位：万元

项　目	2000 年	2001 年	2002 年
资产			
货币资金	9 283	13 785	23 893
应收账款	162 825	179 640	140 543
存货	119 860	135 191	129 707
其他流动资产	1 994	2 190	1 956
流动资产合计	293 962	330 806	296 099
固定资产：			
固定资产原价	27 426	30 295	30 580
减：累计折旧	0	0	0
固定资产净值	27 426	30 295	30 580
其他长期资产	11 821	14 794	16 687
资产合计	333 209	375 895	343 366
负债及所有者权益：			

续表

项 目	2000 年	2001 年	2002 年
流动负债:			
短期借款	0	0	0
应付票据	117 010	135 929	165 299
应付账款	23 637	21 861	15 020
其他流动负债	49 273	49 229	29 653
流动负债合计	189 920	207 019	209 972
长期负债:			
长期借款	0	28 440	29 701
应付债券	38 001	36 101	35 201
其他长期负债	4 986	853	655
长期负债合计	42 987	65 394	65 557
负债合计	232 907	272 413	275 529
所有者权益:			
普通股	5 576	5 576	5 576
优先股	2 580	2 580	2 580
留存收益	92 146	95 326	59 681
所有者权益合计	100 302	103 482	67 837
负债及所有者权益合计	333 209	375 895	343 366

表 6.25	斯特百货公司的损益表		单位：万元
项 目	2000 年	2001 年	2002 年
销售收入	494 550	556 132	545 000
减：销售成本	337 580	384 899	387 165
毛利润	156 970	171 233	157 835
减：销售和管理费用	133 330	155 494	157 230
税前利润	23 640	15 739	605
减：所得税	7 801.2	5 193.87	199.65
税后利润	15 838.8	10 545.13	405.35
股利	6 343	6 637	133
增加的留存收益	9 495.8	3 908.13	272.35

斯特百货公司的 D&B（邓白氏）等级为 5A 级。经过向斯特百货公司的商业债权人调查发现：在接受报价时，斯特百货公司接受任何形式的现金折扣，但对两个供应商的付款平均都超过了 30 天，而实际信用条件为 30 天。

D&B 出版的斯特百货公司所从事的这类行业的主要经营水平如下：

流动资产对流动负债　　　　2.82

税后收益对销售　　　　　　1.89%

税后收益对净值　　　　　　5.65%

总负债对净值　　　　　　　1.48

在评估斯特百货公司申请商业信用时，请回答下列问题：

（1）什么有利的财务因素使得服饰公司决定对斯特百货公司扩大信用？

（2）什么不利的财务因素使得服饰公司决定不对斯特百货公司扩大信用？

（3）在进行分析时，你认为斯特百货公司的那些额外信息是有用的？

分析：

（1）下列有利的财务因素使得服饰公司决定对斯特百货公司扩大信用：

1）估计的财务实力被 D&B 评为最高等级为 5A。

2）在接受报价时，斯特百货公司接受任何形式的现金折扣。

（2）下列不利的财务因素使得服饰公司决定不对斯特百货公司扩大信用：

1）斯特百货公司的综合信用被 D&B 评为"一般"。

2）对两个供应商的付款平均都超过了 30 天。

3）财务比率（变现能力、获利能力和杠杆运用）在过去三年已恶化，并且在当前比行业平均水平更糟。

假定斯特百货公司的财务核算使用 Excel 进行的，2000—2002 年的资产负债表（即表 6.25）存放在工作表"资产负债表"，2000—2002 年的损益表（即表 6.26）存放在工作表"损益表"。

设计计算财务比率的计算模本，详见表 6.26。

表 6.26　　　　　　　　　　　财 务 比 率 计 算 模 本

序号	A	B	C	D	E
1		行业平均水平	2000 年	2001 年	2002 年
2	流动资产/ 流动负债	2.82	=资产负债表！B7/ 资产负债表！B20	=资产负债表！C7/ 资产负债表！C20	=资产负债表！D7/ 资产负债表！D20
3	税后收益/ 销售	1.89%	=利润表！B8/ 利润表！B2	=利润表！C8/ 利润表！C2	=利润表！D8/ 利润表！D2
4	税后收益/ 净值	5.65%	=利润表！B8/ 资产负债表！B31	=利润表！C8/ 资产负债表！C31	=利润表！D8/ 资产负债表！D31
5	总负债/ 净值	1.48	=资产负债表！B26/ 资产负债表！B31	=资产负债表！C26/ 资产负债表！C31	=资产负债表！D26/ 资产负债表！D31

根据上述模本计算的财务比率详见表 6.27。

表 6.27　　　　　　　　　　　财 务 比 率 计 算 结 果

序号	A	B	C	D	E
1		行业平均水平	2000 年	2001 年	2002 年
2	流动资产/流动负债	2.82	154.78%	159.79%	141.02%
3	税后收益/销售	1.89%	3.20%	1.90%	0.07%

续表

序号	A	B	C	D	E
4	税后收益/净值	5.65％	15.79％	10.19％	0.60％
5	总负债/净值	1.48	2.32	2.63	4.06

（3）还需要 2003 年预测的财务报表，即资产负债表、收益表和现金预算表。另外还需要了解该百货公司对其他供应商的付款情况。

第7章 财务预算

财务预算是企业全面预算的一部分，它和其他预算是联系在一起的，整个全面预算是一个数据相互衔接的整体。本章介绍了财务预算的编制方法和如何使用 Excel 进行预算编制。

7.1 全面预算体系

7.1.1 全面预算过程简介

预算是计划工作的成果，它既是决策的具体化，又是控制生产经营活动的依据。

全面预算是由若干相互关联的预算组成的有机整体。财务目标一旦确定，企业就要根据各个预算之间的约束关系，按照一定的程序编制预算。全面预算比较复杂，很难用一个简单的方法准确描述。图 7.1 是一个简化了的例子，反映了各预算之间的主要联系。从图 7.1 可知，企业应首先根据长期市场预测和生产能力，编制长期销售预算；以此为基础，确定本年度的销售预算，并根据企业财力确定资本支出预算。销售预算是年度预算的编制起点，根据"以销定产"的原则确定生产预算，具体包括直接材料预算、直接人工预算、制造费用预算，同时确定所需要的销售费用及管理费用。在编制生产预算时，除了考虑计划销售量外，还要考虑现有存货和年末存货。产品成本预算和现金预算是有关预算的汇总。预计利润表、资产负债表和现金流量表是全部预算的综合。

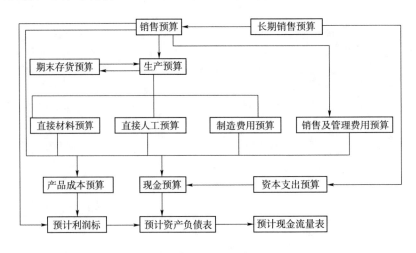

图 7.1 简化的全面预算体系

7.1.2 编制全面预算的作用

1. 明确目标

财务预算是具体化的财务目标。编制财务预算有助于企业内部各个部门的主管和职工了解本部门的经济活动与整个企业经营目标之间的关系；有助于各部门的工作在业务量、收入和成本各方面应达到的水平和努力的方向，促使企业职工想方设法从各自的角度去完成企业的战略目标。

2. 协调作用

预算围绕着企业的财务目标，把企业经营过程中的各个环节，各个方面的工作严密地组织起来。通过编制全面预算使各个职能部门向着共同的、总的战略目标前进，它们的经济活动必须密切配合，相互协调，统筹兼顾，全面安排，搞好综合平衡。

3. 控制作用

财务预算的控制作用主要体现在三个方面：事先控制、事中控制和事后控制。事前控制，主要是控制预算单位的业务范围和规模，以及可用资金限额。事中控制是指在预算执行过程中，各有关部门和单位应以全面预算为根据，通过计量、对比，及时提供实际偏离预算的差异数额并分析其原因，以便采取有效措施，挖掘潜力，巩固成绩，纠正缺点，保证预定目标的完成。事后控制主要是将预算数和实际数对比，分析产生差异的原因，进行业绩评价，为今后预算工作的编制提供依据。

总之，编制全面预算是沟通企业内部情况的最重要的过程，它有助于全体职工明确奋斗目标，把各个职能部门的工作协调起来，均衡地为达成企业的总目标而奋斗；同时也是控制日常经济活动的依据，评定工作业绩的标准。

7.2 现金预算的编制

现金预算是全面预算中用来反映预算期内企业现金流转状况的预算，此处的现金包括库存现金和银行存款等货币资金。编制现金预算的目的是为了合理地安排企业的现金收支业务，保证企业的日常经营正常进行。

现金预算的内容包括现金收入、现金支出、现金多余或不足的计算，以及多余部分的利用方案和不足部分的筹措方案。现金预算的编制，要以其他各项预算（销售预算、生产预算、直接材料预算、直接人工预算、制造费用预算、产品成本预算、销售费用和管理费用预算等）为基础，或者说其他预算在编制时要为现金预算做好准备。

下面以 M 公司为例分别介绍各项预算的编制，以及他们如何为编制现金预算准备数据。

7.2.1 销售预算

只要商品经济存在，任何企业都必须实行以销定产。因此，销售预算就成为编制全面预算的关键，是整个预算的起点，其他预算都以销售预算作为基础。产品的生产数量、材料、人工、设备和资金的需要量，推销及管理费用和其他财务支出等，都要受预期的商品销售量的制约。如果销售预算编制不当，则整个全面预算即将成为毫无意义的东西，并会给管理人员造成时间和精力上的极大浪费。

企业在编制销售预算时，应通过本量利分析，确定有可能使企业经济效益最佳的销售量和销售单价，同时还应考虑企业企业生产能力等因素。销售预算编制的根据主要是科学的销售预测、产品的销售单价和产品销售的收款条件。

销售预算中通常还包括预计现金收入的计算，其目的是为编制现金预算提供必要的资料。表 7.1 是 M 公司的销售预算和预计现金收入。

表 7.1　　　　　　　　　　M 公司的销售预算和预计现金收入

季　　度	1	2	3	4	全年
预计销售量/件	100	150	200	150	600
预计单位售价/元	180	180	180	180	180
销售收入/元	18 000	27 000	36 000	27 000	108 000
预计现金收入/元					
上年应收账款	6 200				6 200
第一季度	10 800	7 200			18 000
第二季度		16 200	10 800		27 000
第三季度			21 600	14 400	36 000
第四季度				16 200	16 200
现金合计	17 000	23 400	32 400	30 600	103 400

注　在本例中，假定每季度销售收入中，本季收到现金 60%，另外的 40% 要到下季度才能收到现金。

7.2.2　生产预算

生产预算是在销售预算的基础上编制出来的，其主要内容有销售量、期初和期末存货、生产量。

由于存在许多不确定性，一般情况下，企业的生产和销售不能做到时间上和数量上完全一致，需要储备一定的存货，以保证在有意外需求时能够按时供货，并保证均衡生产，尽量避免发生赶工的额外支出。在本例中，预计销货量来自销售预算，其他数据可计算得出。假设企业产品期末存货为下期销售量的 10%，即：

$$预计期末存货＝下季度销售量×10\%$$
$$预计期初存货＝上季度期末存货$$
$$预计生产量＝预计销售量＋预计期末存货－预计期初存货$$

则 M 公司生产预算可编制如下，详见表 7.2。

表 7.2　　　　　　　　　　M 公 司 的 生 产 预 算　　　　　　　　　　单位：件

季　　度	1	2	3	4	全年
预计销售量	100	150	200	150	600
加：预计期末存货	15	20	18	17	17

续表

季　　度	1	2	3	4	全年
合计	115	170	218	167	617
减：预计期初存货	10	15	20	18	10
预计生产量	105	155	198	149	607

注　年末产成品存货的估计数为17件。

7.2.3　直接材料预算

直接材料预算是以生产预算为基础编制的，同时要考虑原材料存货水平。

直接材料预算的主要内容有直接材料的单位产品用量、生产需用量、期初和期末存量等。"预计生产量"的数据来自生产预算。"单位产品用量"的数据来自标准成本资料或消耗定额资料。"生产需用量"是"预计生产量"和"单位产品用量"的乘积。年初存货量是根据编制预算当时的情况预计的，年末存货量是根据长期销售趋势进行估计的。各季度"期末材料存量"是根据下一季度生产量的一定比例确定的，在本例中假设各季度"期末材料存量"为下季度生产量的20％。各季度"期初材料存量"是上季度的期末存货量。"预计采购量"由下式计算确定：

$$预计采购量＝生产需用量＋期末存量－期初存量$$

在编制直接材料预算的同时还要预计材料各季度的现金支出，目的是便于以后编制现金预算。每一季度的现金支出包括偿还上期应付账款和本期应支付的采购货款。本例假设材料采购的货款有50％在本季内支付，另外50％在下季度支付。

表7.3是M公司的直接材料预算和预计现金支出。

表7.3　　　　　　　　M公司的直接材料预算和预计现金支出

季　　度	1	2	3	4	全年
直接材料预算					
预计生产量/件	105	155	198	149	607
单位产品材料用量/kg	10	10	10	10	10
生产需用量/件	1 050	1 550	1 980	1 490	6 070
加：预计期末存量/件	310	396	298	400	400
合计/件	1 360	1 946	2 278	1 890	6 470
减：预计期初存量/件	300	310	396	298	300
预计材料采购量/件	1 060	1 636	1 882	1 592	6 170
单价/元	4	4	4	4	4
预计采购金额/元	4 240	6 544	7 528	6 368	24 680
预计现金支出/元					
上年应付账款	2 350				2 350
第一季度	2 120	2 120			4 240

续表

季 度	1	2	3	4	全年
预计现金支出/元					
第二季度		3 272	3 272		6 544
第三季度			3 764	3 764	7 528
第四季度				3 184	3 184
现金支出合计	4 470	5 392	7 036	6 948	23 846

注 年末材料存货估计数为 40kg。

7.2.4 直接人工预算

直接人工预算也是以生产预算为基础编制的,其主要内容有预计产量、单位产品工时、人工总工时、每小时人工成本和人工总成本。"预计产量"数据来自生产预算;"单位产品人工工时"和"每小时人工成本"数据来自标准成本资料;人工总工时"和"人工总成本"是计算得出的。

表 7.4 是 M 公司的直接人工预算。

表 7.4　　　　　　　　　　　M 公司的直接人工预算

季 度	1	2	3	4	全年
预计产量/件	105	155	198	149	607
单位产品工时/小时	10	10	10	10	10
人工总工时/小时	1 050	1 550	1 980	1 490	6 070
每小时人工成本/元	2	2	2	2	2
人工总成本/元	2 100	3 100	3 960	2 980	12 140

7.2.5 制造费用预算

制造费用包括变动制造费用和固定制造费用,其预算的编制稍有不同。变动制造费用是以生产预算为基础来编制的。如果有完善的标准成本资料,用单位产品的标准成本与产量相乘,即可得到相应的预算金额,本例假设数值见表 7.5;如果没有标准成本资料,就需要逐项预计计划产量需要的各项制造费用。由于固定制造费用与产量无关,因此则需要逐项进行预计,通常按每季实际需要的支付额预计,然后求出全年数。表 7.5 是 M 公司的制造费用预算。

表 7.5　　　　　　　　　　　M 公司的制造费用预算　　　　　　　单位:元

季 度	1	2	3	4	全年
变动制造费用:					
间接人工/(1 元/件)	105	155	198	149	607
间接材料/(1 元/件)	105	155	198	149	607

季　度	1	2	3	4	全年
修理费/(2元/件)	210	310	396	298	1 214
水电费/(1元/件)	105	155	198	149	607
合计	525	775	990	745	3 035
固定费用：					
修理费	1 000	1 140	900	900	3 940
折旧	1 000	1 000	1 000	1 000	4 000
管理人员工资	200	200	200	200	800
保险费	75	85	110	190	460
财产税	100	100	100	100	400
固定费用合计	2 375	2 525	2 310	2 390	9 600
费用总计	2 900	3 300	3 300	3 135	12 635
减：折旧	1 000	1 000	1 000	1 000	4 000
现金支出的费用	1 900	2 300	2 300	2 135	8 635

7.2.6　产品成本预算

　　产品成本预算，是生产预算、直接材料预算、直接人工预算和制造费用预算的汇总。其主要内容是产品的单位成本和总成本。单位产品成本的有关数据来自于直接材料预算、直接人工预算和制造费用预算；生产量、期末存货量来自生产预算；销售量来自销售预算、生产成本、存货成本和销货成本等数字，根据单位成本和有关数据计算得出。表7.6是M公司的成本预算。

表 7.6　　　　　　　　　　M 公 司 的 成 本 预 算

项目	单位成本			生产成本/元	期末成本/元	销货成本/元
	每千克或每小时	投入量	成本/元			
直接材料	4	10	40	24 280	680	24 000
直接人工	2	10	20	12 140	340	12 000
变动制造费用	0.50	10	5.00	3 035.00	85.00	3 000.00
固定制造费用	1.582	10	15.82	9 600.00	268.86	9 489.29
合计			81	49 055	1 374	48 489

7.2.7　销售费用和管理费用预算

　　销售费用预算是指为了实现销售预算所需支付的费用预算。它以销售预算为基础，要分析销售收入、销售利润和销售费用的关系，力求实现销售费用的最有效使用。在安排销售费用时，要利用本量利分析方法，费用的支付应能获取更多的收益。

　　管理费用是搞好一般管理业务所必要的费用。随着企业规模的扩大，一般管理职能日益显得重要，从而其费用也相应增加。在编制管理费用预算时，要分析企业的业务和一般经济状况，务必做到费用合理化。管理费用多属于固定成本，所以，一般是以过去的实际开支为基础，按预算期的可预见变化来调整。

表 7.7 是 M 公司的销售费用和管理费用预算。

表 7.7   M 公司的销售费用和管理费用预算   单位：元

销售费用：	
销售人员工资	1 600
广告费	4 400
包装运输费	2 400
保管费	2 160
管理费：	
管理人员薪金	3 200
福利费	640
保险费	480
办公费	1 120
合计	16 000
每季度支出	4 000

7.2.8 现金预算

现金预算是有关预算的汇总，由现金收入、现金支出、现金多余或不足、资金的筹集和运用四个部分组成。

"现金收入"部分包括期初现金余额和预算期现金收入，现金收入的主要来源是销货收入。年初的"现金余额"是在编制预算时预计的；"销货现金收入"的数据来自销售预算；"可供使用现金"是期初现金余额与本期现金收入之和。

"现金支出"部分包括预算的各项现金支出。其中"直接材料""直接人工""制造费用""销售与管理费用"的数据，分别来自前述有关预算；"所得税""购置设备""股利分配"等现金支出的数据分别来自另行编制的专门预算。

"现金多余或不足"是现金收入合计与现金支出合计的差额。差额为正，说明收入大于支出，现金有多余，可用于偿还借款或用于短期投资；差额为负，说明支出大于收入，现金不足，需要向银行取得新的借款。本例中，该期企业需要保留的现金余额为 6 000 元，不足数时需要向银行借款。假设银行借款的金额要求为 1 000 元的倍数。因此，第二季度借款额为

$$借款额＝最低现金余额＋现金不足额$$
$$＝6\ 000＋5\ 192$$
$$＝11\ 192 \geqslant 12\ 000（元）$$

第三季度现金多余，可用于偿还借款。一般按"每期期初借入，每期期末归还"来预计利息，故本例借款期为 6 个月。假设利率为 10%，则应计利息为 550 元。即

$$利息＝12\,000×10\%×6÷12＝600（元）$$

表 7.8 是 M 公司的现金预算。

表 7.8　　　　　　　　　**M 公司的现金预算**　　　　　　　单位：元

季　　度	1	2	3	4	全年
期初现金余额	8 000	8 200	6 060	6 290	8 000
加：销货现金收入	17 000	23 400	32 400	30 600	103 400
可供使用现金	25 000	31 600	38 460	36 890	111 400
减各项支出：					
直接材料	4 470	5 392	7 036	6 948	23 846
直接人工	2 100	3 100	3 960	2 980	12 140
制造费用	1 900	2 300	2 300	2 135	8 635
销售及管理费用	4 000	4 000	4 000	4 000	16 000
所得税	4 000	4 000	4 000	4 000	16 000
购买设备		10 000			10 000
股利		8 000		8 000	16 000
支出合计	16 470	36 792	21 296	28 063	102 621
现金多余或不足	8 530	−5 192	17 164	8 827	8 779
向银行借款		12 000			12 000
还银行借款			12 000		12 000
借款利息			600		600
合计	0	0	12 600	0	12 600
期末现金余额	8 530	6 808	4 564	8 827	8 179

7.3　预算财务报表的编制

预计财务报表是全部预算的综合，包括预计利润表、预计资产负债表和预计现金流量表。因现金流量表相对复杂，所以这里仅介绍预计利润表、预计资产负债表的编制。

预计财务报表的作用与实际的财务报表不同。所有企业都要在年终编制实际的财务报表，这是有关法规的强制性规定，其主要目的是向外部报表使用人提供财务信息。而预计财务报表主要为企业财务管理服务，是控制企业资金、成本和利润总量的重要手段。

7.3.1　预计利润表的编制

表 7.9 是 M 公司的预计利润表，它是根据上述各有关预算编制的。

表 7.9　　　　　　　　　　　M 公司的预计利润表　　　　　　　　　　单位：元

销售收入	108 000	利息	600
销货成本	48 489	利润总额	42 911
毛利	59 511	所得税（估计）	16 000
销售及管理费用	16 000	税后净收益	26 911

　　其中，"销售收入"项目的数据，来自销售收入预算；"销货成本"项目的数据，来自销货成本预算；"毛利"项目的数据是前两项之差；"销售及管理费用"项目的数据，来自销售及管理费用预算；"利息"项目的数据，来自现金预算。

　　"所得税"项目是在利润规划时估计的，并已列入现金预算。它通常不是根据"利润"和所得税税率计算出来的，因为有诸多纳税调整的事项存在。

7.3.2　预计资产负债表

　　预计资产负债表，与实际的资产负债表内容、格式相同，只不过数据是反映预算期末的财务状况。编制预计资产预算表的目的，在于判断预算反映的财务状况的稳定性和流动性。如果通过预计资产负债表的分析，发现某些财务比率不佳，必要时可修改有关预算，以改善财务状况。

　　预计资产负债表是利用本期期初资产负债表，根据销售、生产、资本等预算的有关数据加以调整编制的。表 7.10 是 M 公司的预计资产负债表。

表 7.10　　　　　　　　　　M 公司的预计资产负债表　　　　　　　　　单位：元

资　产			负债及所有者权益		
项目	年初	年末	项目	年初	年末
现金	8 000	8 179	应付账款	2 350	3 184
应收账款	6 200	10 800	长期借款	9 000	9 000
直接材料	1 200	1 600	普通股	20 000	20 000
产成品	808	1 374	未分配利润	16 250	27 161
土地	15 392	15 392			
房屋及设备	20 000	30 000			
累计折旧	4 000	8 000			
资产总额	47 600	59 345	权益总额	47 600	59 345

　　其中，"现金"项目的数据，来自现金预算；"应收账款"项目的数据，来自销售预算中预计现金收入部分；"直接材料"项目的数据，来自直接材料预算；"产成品"项目的数据，来自成本预算；"房屋及设备"项目的数据，来自现金预算；"累计折旧"项目的数据，来自制造费用预算；"应付账款"项目的数据，来自直接材料预算。

　　此外，"土地""普通股""长期借款"三项本年度没有变化。"年末未分配利润"是这样计算出来的：

$$期末未分配利润＝期初未分配利润＋本期利润—本期股利$$
$$＝16\ 250＋26\ 911 — 16\ 000＝27\ 161（元）$$

7.4 财务预算编制的模型设计

在财务预算编制中，一种预算往往以其他预算为基础。在 Excel 中，一个工作表通过链接技术调用另一个工作表。工作簿中工作表之间的数据链接调用方式是"工作表绝对引用！单元格引用"，例如，工作表 Sheet1 中单元格 B1 要调用工作表 Sheet2 中单元格 A1 的内容，则只需在工作表单元格 B1 中输入链接调用公式"＝Sheet2！A1"，这样便在两个工作表的单元格之间建立了链接关系，如图 7.2 所示。建立链接关系的好处在于：一旦工作表 Sheet2 中单元格 A1 的值发生改变，则工作表 Sheet1 中单元格 B1 的值也将随之发生同样改变。这样应用 Excel 编制财务预算，不仅能节省许多人力，而且还使得预算具有更大的弹性。

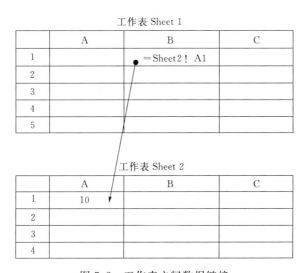

图 7.2 工作表之间数据链接

一般说来，用 Excel 进行财务预算编制的基本过程为：

（1）设计各预算表格。

（2）定义各预算工作表单元格之间的链接关系。

（3）在工作表中有关单元格输入计算公式。

（4）输入必要的外部数据。

下面将具体说明如何使用 Excel 进行 M 公司的财务预算编制。

7.4.1 销售预算编制模型设计

（1）创建新工作簿"财务预算"。

（2）打开工作簿"财务预算"，创建新工作表"销售预算"。

（3）在工作表"销售预算"中设计见表 7.11。

表 7.11　　　　　　　　　　"财务预算"工作簿：工作表"销售预算"（表样）

序号	A	B	C	D	E	F
1	销售预算					
2	季度	1	2	3	4	全年
3	预计销售量/件					
4	预计单位售价/元					
5	销售收入/元					
6	预计现金收入/元					
7	上年应收账款					
8	第一季度					
9	第二季度					
10	第三季度					
11	第四季度					
12	现金合计					

（4）按表 7.12 所示在工作表"销售预算"中输入公式。

表 7.12　　　　　　　　　　　　单 元 格 公 式

单元格	公　式	备　注
C4，D4，E4，F4	＝B4	预计单位售价
B5	＝B3 * B4	计算销售收入
B8	＝B5 * 0.6	计算第一季度本季度应收账款
C8	＝B5 * 0.4	计算第一季度下季度应收账款
C9	＝C5 * 0.6	计算第一季度本季度应收账款
D9	＝C5 * 0.4	计算第一季度下季度应收账款
D10	＝D5 * 0.6	计算第一季度本季度应收账款
E10	＝D5 * 0.4	计算第一季度下季度应收账款
E11	＝E5 * 0.6	计算第一季度本季度应收账款
B12	＝SUM(B7:B11)	计算第一季度现金合计
F7	＝SUM(B7:E7)	计算全年合计

（5）将单元格 B12 中的公式复制到单元格区域 B12：F12。

1）单击单元格 B12，然后单击"编辑"菜单，最后单击"复制"选项。此过程将单元格 B12 中的公式放入到剪切板准备复制。

2）单击单元格 A1，按住鼠标器左键，向下拖动鼠标器直至单元格 B20，然后单击"编辑"菜单，最后单击"粘贴"选项。此过程将剪切板中公式复制到单元格区域 A1：B20。

采用同样的复制方法，将单元格 B5 中的公式复制到单元格区域 B5：F5，将单元格 F7 中公式复制到单元格区域 F7：F11。

这样便建立了一个"销售预算"模本，详见表7.13。

表7.13　　　　　"财务预算"工作簿：工作表"销售预算"（模本）

序号	A	B	C	D	E	F
1	销售预算					
2	季度	1	2	3	4	全年
3	预计销售量/件					=SUM(B3:E3)
4	预计单位售价/元		=B4	=B4	=B4	=B4
5	销售收入/元	=B3*B4	=C3*C4	=D3*D4	=E3*E4	=F3*F4
6	预计现金收入/元					
7	上年应收账款	6 200				=SUM(B7:E7)
8	第一季度	=B5*0.6	=B5*0.4			=SUM(B8:E8)
9	第二季度		=C5*0.6	=C5*0.4		=SUM(B9:E9)
10	第三季度			=D5*0.6	=D5*0.4	=SUM(B10:E10)
11	第四季度				=E5*0.6	=SUM(B11:E11)
12	现金合计	=SUM(B7:B11)	=SUM(C7:C11)	=SUM(D7:D11)	=SUM(E7:E11)	=SUM(B12:E12)

（6）在工作表"销售预算"中单元格区域输入数据。

（7）取消公式输入方式，则工作表"销售预算"中的数据见表7.14。

（8）保存工作表"销售预算"。

表7.14　　　　　"财务预算"工作簿：工作表"销售预算"（计算结果）

序号	A	B	C	D	E	F
1	销售预算					
2	季度	1	2	3	4	全年
3	预计销售量/件	100	150	200	150	600
4	预计单位售价/元	180	180	180	180	180
5	销售收入/元	18 000	27 000	36 000	27 000	108 000
6	预计现金收入/元					
7	上年应收账款	6 200				6 200
8	第一季度	10 800	7 200			18 000
9	第二季度		16 200	10 800		27 000
10	第三季度			21 600	14 400	36 000
11	第四季度				16 200	16 200
12	现金合计	17 000	23 400	32 400	30 600	103 400

7.4.2　生产预算模型设计

使用Excel编制生产预算的过程与销售预算的编制过程基本上相同。在此不再详细说

续表

序号	A	B	C	D	E	F
8	减：预计期初存量	300	=B6	=C6	=D6	=B8
9	预计材料采购量	=B7－B8	=C7－C8	=D7－D8	=E7－E8	=F7－F8
10	单价/元	4	=B10	=B10	=B10	=B10
11	预计采购金额/元	=B9＊B10	=C9＊C10	=D9＊D10	=E9＊E10	=F9＊F10
12	预计现金支出/元					
13	上年应付账款	2 350				=SUM(B13:E13)
14	第一季度	=B11/2	=B11/2			=SUM(B14:E14)
15	第二季度		=C11/2	=C11/2		=SUM(B15:E15)
16	第三季度			=D11/2	=D11/2	=SUM(B16:E16)
17	第四季度				=E11/2	=SUM(B17:E17)
18	现金支出合计	=SUM(B13:B17)	=SUM(C13:C17)	=SUM(D13:D17)	=SUM(E13:E17)	=SUM(F13:F17)

注　直接材料预算以生产预算为基础，因此这里采用链接公式调用生产预算的数据。

表 7.18　　　"财务预算"工作簿：工作表"直接材料预算"（计算结果）

序号	A	B	C	D	E	F
1	直接材料预算					
2	季度	1	2	3	4	全年
3	预计生产量/件	105	155	198	149	607
4	单位产品材料用量/kg	10	10	10	10	10
5	生产需用量	1 050	1 550	1 980	1 490	6 070
6	加：预计期末存量/件	310	396	298	400	400
7	合计	1 360	1 946	2 278	1 890	6 470
8	减：预计期初存量/件	300	310	396	298	300
9	预计材料采购量/件	1 060	1 636	1 882	1 592	6 170
10	单价/元	4	4	4	4	4
11	预计采购金额/元	4 240	6 544	7 528	6 368	24 680
12	预计现金支出/元					
13	上年应付账款	2 350				2 350
14	第一季度	2 120	2 120			4 240
15	第二季度		3 272	3 272		6 544
16	第三季度			3 764	3 764	7 528
17	第四季度				3 184	3 184
18	现金支出合计	4 470	5 392	7 036	6 948	23 846

7.4.4 直接人工预算模型设计

使用 Excel 编制直接人工预算的过程与销售预算的编制过程基本上相同。在此不再详细说明，而只给出设计好的直接人工预算模本（详见表 7.19）及最后的计算结果（详见表 7.20）。

表 7.19　　　　　"财务预算"工作簿：工作表"直接人工预算"（模本）

序号	A	B	C	D	E	F
1	直接人工预算					
2	季度	1	2	3	4	全年
3	预计产量/件	=生产预算!B7	=生产预算!C7	=生产预算!D7	=生产预算!E7	=生产预算!F7
4	单位产品工时/小时	10	=B4	=B4	=B4	=B4
5	人工总工时/小时	=B3*B4	=C3*C4	=D3*D4	=E3*E4	=F3*F4
6	每小时人工成本/元	2	=B6	=B6	=B6	=B6
7	人工总成本/元	=B5*B6	=C5*C6	=D5*D6	=E5*E6	=F5*F6

注　直接人工预算以生产预算为基础，因此这里采用链接公式调用生产预算的数据。

表 7.20　　　　　"财务预算"工作簿：工作表"直接人工预算"（计算结果）

序号	A	B	C	D	E	F
1	直接人工预算					
2	季度	1	2	3	4	全年
3	预计产量/件	105	155	198	149	607
4	单位产品工时/小时	10	10	10	10	10
5	人工总工时/小时	1 050	1 550	1 980	1 490	6 070
6	每小时人工成本/元	2	2	2	2	2
7	人工总成本/元	2 100	3 100	3 960	2 980	12 140

7.4.5 制造费用预算模型设计

使用 Excel 编制制造费用预算的过程与销售预算的编制过程基本上相同。在此不再详细说明，而只给出设计好的制造费用预算模本（详见表 7.21）及最后的计算结果（详见表 7.22）。

表 7.21　　　　　"财务预算"工作簿：工作表"制造费用预算"（模本）　　　　单位：元

序号	A	B	C	D	E	F
1	制造费用预算					
2	季度	1	2	3	4	全年
3	变动制造费用：					
4	间接人工/(1元/件)	=生产预算!B7	=生产预算!B7	=生产预算!B7	=生产预算!B7	=SUM(B4:E4)

续表

序号	A	B	C	D	E	F
5	间接材料/(1元/件)	=生产预算!B7	=生产预算!B7	=生产预算!B7	=生产预算!B7	=SUM(B5:E5)
6	修理费/(2元/件)	=生产预算!B7*2	=生产预算!B7*2	=生产预算!B7*2	=生产预算!B7*2	=SUM(B6:E6)
7	水电费/(1元/件)	=生产预算!B7	=生产预算!B7	=生产预算!B7	=生产预算!B7	=SUM(B7:E7)
8	合计	=SUM(B4:B7)	=SUM(C4:C7)	=SUM(D4:D7)	=SUM(E4:E7)	=SUM(F4:F7)
9	固定费用:					
10	修理费	1 000	1 140	900	900	=SUM(B10:E10)
11	折旧	1 000	1 000	1 000	1 000	=SUM(B11:E11)
12	管理人员工资	200	200	200	200	=SUM(B12:E12)
13	保险费	75	85	110	190	=SUM(B13:E13)
14	财产费	100	100	100	100	=SUM(B14:E14)
15	固定费用合计	=SUM(B10:B14)	=SUM(C10:C14)	=SUM(D10:D14)	=SUM(E10:E14)	=SUM(B15:E15)
16	费用总计	=B8+B15	=C8+C15	=D8+D15	=E8+E15	=F8+F15
17	减:折旧	=B11	=C11	=D11	=E11	=SUM(B17:E17)
18	现金支出费用	=B16－B17	=C16－C17	=D16－D17	=E16－E17	=F16－F17

表 7.22　　　"财务预算"工作簿：工作表"制造费用预算"（计算结果）　　单位：元

序号	A	B	C	D	E	F
1	制造费用预算					
2	季度	1	2	3	4	全年
3	变动制造费用:					
4	间接人工/(1元/件)	105	155	198	149	607
5	间接材料/(1元/件)	105	155	198	149	607
6	修理费/(2元/件)	210	310	396	298	1 214
7	水电费/(1元/件)	105	155	198	149	607
8	合计	525	775	990	745	3 035
9	固定费用:					
10	修理费	1 000	1 140	900	900	3 940
11	折旧	1 000	1 000	1 000	1 000	4 000
12	管理人员工资	200	200	200	200	800
13	保险费	75	85	110	190	460
14	财产费	100	100	100	100	400
15	固定费用合计	2 375	2 525	2 310	2 390	9 600
16	费用总计	2 900	3 300	3 300	3 135	12 635
17	减：折旧	1 000	1 000	1 000	1 000	4 000
18	现金支出费用	1 900	2 300	2 300	2 135	8 635

7.4.6 成本预算模型设计

使用 Excel 编制成本预算的过程与销售预算的编制过程基本上相同。在此不再详细说明，而只给出设计好的成本预算模本（详见表 7.23）及最后的计算结果（详见表 7.24）。

表 7.23　　　　　"财务预算"工作簿：工作表"成本预算"（模本）

序号	A	B	C	D	E	F	
1			成本预算				
2			单位成本		生产成本/元	期末成本/元	销货成本/元
3		每千克或每小时	投入量	成本/元			
4	直接材料	=直接材料预算！B10①	=直接材料预算！B4	=B3*C3	=生产预算！$F$7*D3	=生产预算！$F$4*D3	=销售预算！$F$3*D3
5	直接人工	=直接人工预算！B6	=直接人工预算！B4	=B4*C4	=生产预算！$F$7*D4	=生产预算！$F$4*D4	=销售预算！$F$3*D4
6	变动制造费用	=制造费用预算！F8/直接人工预算！F5	=(C5+C4)/2	=B5*C5	=生产预算！$F$7*D5	=生产预算！$F$4*D5	=销售预算！$F$3*D5
7	固定制造费用	=制造费用预算！F15/直接人工预算！F5	=C6	=B6*C6	=生产预算！$F$7*D6	=生产预算！$F$4*D6	=销售预算！$F$3*D6
8	合计			=SUM(D3:D6)	=SUM(E3:E6)	=SUM(F3:F6)	=SUM(G3:G6)

① 成本预算以生产预算、制造费用预算、直接人工预算、直接材料预算为基础，因此这里采用链接公式调用这些预算的数据。

表 7.24　　　　　"财务预算"工作簿：工作表"成本预算"（计算结果）

序号	A	B	C	D	E	F	
1			成本预算				
2			单位成本		生产成本/元	期末成本/元	销货成本/元
3		每千克或每小时	投入量	成本/元			
4	直接材料	4	10	40	24 280	680	24 000
5	直接人工	2	10	20	12 140	340	12 000
6	变动制造费用	0.50	10	5.00	3 035.00	85.00	3 000.00
7	固定制造费用	1.58	10	15.82	9 600.00	268.86	9 489.29
8	合计			81	49 055	1 374	48 489

7.4.7 销售及管理费用预算模型设计

使用 Excel 编制销售及管理费用预算的过程与销售预算的编制过程基本上相同。在此不再详细说明，而只给出设计好的销售及管理费用预算模本（详见表 7.25）及最后的计算结果（详见表7.26）。

表 7.25　　　"财务预算"工作簿：工作表"销售及管理费用预算"（模本）　　　单位：元

序号	A	B	C
1		销售费用和管理费用预算	
2	销售费用：		
3	销售人员工资		
4	广告费		
5	包装运输费		
6	保管费		
7	管理费：		
8	管理人员薪金		
9	福利费		
10	保险费		
11	办公费		
12	合计		=SUM(C3:C11)
13	每季度支出		=C12/4

表 7.26　　　"财务预算"工作簿：工作表"销售及管理费用预算"（计算结果）　　　单位：元

序号	A	B	C
1		销售费用和管理费用预算	
2	销售费用：		
3	销售人员工资		1 600
4	广告费		4 400
5	包装运输费		2 400
6	保管费		2 160
7	管理费：		
8	管理人员薪金		3 200
9	福利费		640
10	保险费		480
11	办公费		1 120
12	合计		16 000
13	每季度支出		4 000

7.4.8　现金预算模型设计

使用 Excel 编制现金预算的过程与销售预算的编制过程基本上相同。在此不再详细说明，而只给出设计好的现金预算模本（详见表7.27）及最后的计算结果（详见表7.28）。

表 7.27   "财务预算"工作簿：工作表"现金预算"（模本）   单位：元

序号	A	B	C	D	E	F
1				现金预算		
2	季度	1	2	3	4	全年
3	期初现金余额	8 000	8 200	6 060	6 290	=B3
4	加：销货现金收入	=销售预算！B12①	=销售预算！C12	=销售预算！D12	=销售预算！E12	=销售预算！F12
5	可供使用现金	=B3＋B4	=C3＋C4	=D3＋D4	=E3＋E4	=F3＋F4
6	减各项支出：					
7	直接材料	=直接材料预算！B18	=直接材料预算！C18	=直接材料预算！D18	=直接材料预算！E18	=直接材料预算！F18
8	直接人工	=直接人工预算！B7	=直接人工预算！C7	=直接人工预算！D7	=直接人工预算！E7	=直接人工预算！F7
9	制造费用	=制造费用预算！B18	=制造费用预算！C18	=制造费用预算！D18	=制造费用预算！E18	=制造费用预算！F18
10	销售及管理费用	=销售及管理费用预算！C13	=B10	=B10	=B10	=SUM(B10:E10)
11	所得税	②				=SUM(B11:E11)
12	购买设备					=SUM(B12:E12)
13	股利					=SUM(B13:E13)
14	支出合计	=SUM(B7:B13)	=SUM(C7:C13)	=SUM(D7:D13)	=SUM(E7:E13)	=SUM(F7:F13)
15	现金多余或不足	=B5－B14	=C5－C14	=D5－D14	=E5－E14	=F5－F14
16	向银行借款	=IF(B15>6000,"",INT((6000－B15+500)/1000)＊1000)	=IF(C15>6000,"",INT((6000－C15+500)/1000)＊1000)	=IF(D15>6000,"",INT((6000－D15+500)/1000)＊1000)	=IF(E15>6000,"",INT((6000－E15+500)/1000)＊1000)	=SUM(B16:E16)
17	还银行借款					=SUM(B17:E17)
18	借款利息					=SUM(B18:E18)
19	合计	=B17＋B18	=C17＋C18	=D17＋D18	=E17＋E18	=F17＋F18
20	期末现金余额	=SUM(B15:B16)－B19	=SUM(C15:C16)－C19	=SUM(D15:D16)－D19	=SUM(E15:E16)－E19	=SUM(F15:F16)－F19

① 现金预算以前面预算为基础，因此这里采用链接公式调用前面各预算的数据。

② "所得税""购买设备""股利""还银行借款""借款利息"等项目的数据由专项预算得到，这里可直接输入到对应的表格单元。

表 7.28   "财务预算"工作簿：工作表"现金预算"（计算结果）   单位：元

序号	A	B	C	D	E	F
1				现金预算		
2	季度	1	2	3	4	全年
3	期初现金余额	8 000	8 200	6 060	6 290	8 000
4	加：销货现金收入	17 000	23 400	32 400	30 600	103 400

续表

序号	A	B	C	D	E	F
5	可供使用现金	25 000	31 600	38 460	36 890	111 400
6	减各项支出：					
7	直接材料	4 470	5 392	7 036	6 948	23 846
8	直接人工	2 100	3 100	3 960	2 980	12 140
9	制造费用	1 900	2 300	2 300	2 135	8 635
10	销售及管理费用	4 000	4 000	4 000	4 000	16 000
11	所得税	4 000	4 000	4 000	4 000	16 000
12	购买设备		10 000			10 000
13	股利		8 000		8 000	16 000
14	支出合计	16 470	36 792	21 296	28 063	102 621
15	现金多余或不足	8 530	−5 192	17 164	8 827	8 779
16	向银行借款		12 000			12 000
17	还银行借款			12 000		12 000
18	借款利息			600		600
19	合计	0	0	12 600	0	12 600
20	期末现金余额	8 530	6 808	4 564	8 827	8 179

7.4.9 预计利润表模型设计

使用 Excel 编制预计利润表的过程与销售预算的编制过程基本上相同。在此不再详细说明，而只给出设计好的预计利润表模本（详见表 7.29）及最后的计算结果（详见表 7.30）。

表 7.29　　　　　"财务预算"工作簿：工作表"预计利润表"（模本）　　　　单位：元

序号	A	B
1		预计利润表
2	销售收入	＝销售预算！F5
3	销货成本	＝成本预算！G7
4	毛利	＝B2−B3
5	销售及管理费用	＝销售及管理费用预算！C12
6	利息	＝现金预算！F18
7	利润总额	＝B4−B5−B6
8	所得税（估计）	
9	税后净收益	＝B7−B8

注　预计利润表以前面各预算为基础，因此这里采用链接公式调用前面各预算的数据。

表 7.30　　　　　"财务预算"工作簿：工作表"预计利润表"（计算结果）　　　单位：元

序号	A	B
1	预计利润表	
2	销售收入	108 000
3	销货成本	48 489
4	毛利	59 511
5	销售及管理费用	16 000
6	利息	600
7	利润总额	42 911
8	所得税（估计）	16 000
9	税后净收益	26 911

7.4.10　预计资产负债表模型设计

使用 Excel 编制预计资产负债的过程与销售预算的编制过程基本上相同。在此不再详细说明，而只给出设计好的预计资产负债表模本（详见表 7.31）及最后的计算结果（详见表 7.32）。

表 7.31　　　　　"财务预算"工作簿：工作表"预计资产负债表"（模本）　　　单位：元

序号	A	B	C	D	E	F
1	预计资产负债表					
2	资产			权益		
3	项目	年初	年末	项目	年初	年末
4	现金	＝现金预算！B3	＝现金预算！F20	应付账款	＝直接材料预算！B13	＝直接材料预算！E11＊0.5
5	应收账款	＝销售预算！B7	＝销售预算！E5＊0.4	长期借款	9 000	9 000
6	直接材料	＝直接材料预算！F8＊直接材料预算！F10	＝直接材料预算！F6＊直接材料预算！F10	普通股	20 000	20 000
7	产成品	＝生产预算！F6＊成本预算！D7	＝生产预算！F4＊成本预算！D7	未分配利润	16250	＝E7＋预计利润表！B9－现金预算！F13
8	土地	15 392	15 392			
9	房屋及设备	20 000	＝B9＋现金预算！F12			
10	累计折旧	4 000	＝制造费用预算！F11＋B10			
11	资产总额	＝SUM（B4：B9）－B10	＝SUM（C4：C9）－C10	权益总额	＝SUM（E4：E10）	＝SUM（F4：F10）

注　预计资产负债表以前面各预算为基础，因此这里采用链接公式调用前面各预算的数据。

238

表 7.32　　　**"财务预算"工作簿：工作表"预计资产负债表"（计算结果）**　　单位：元

序号	A	B	C	D	E	F
1	预计资产负债表					
2	资产			权益		
3	项目	年初	年末	项目	年初	年末
4	现金	8 000	8 179	应付账款	2 350	3 184
5	应收账款	6 200	10 800	长期借款	9 000	9 000
6	直接材料	1 200	1 600	普通股	20 000	20 000
7	产成品	808	1 374	未分配利润	16 250	27 161
8	土地	15 392	15 392			
9	房屋及设备	20 000	30 000			
10	累计折旧	4 000	8 000			
11	资产总额	47 600	59 345	权益总额	47 600	59 345

第8章 财 务 分 析

8.1 财务分析概述

财务分析是指以财务报表等会计资料为依据，采用专门方法，系统分析和评价企业的过去和现在的财务状况、经营成果及其变动，目的是了解过去、评价现在、预测未来。财务分析的最基本功能是将大量的财务报表及相关的数据转换为对特定决策有用的信息，减少决策的不确定性。

8.1.1 财务分析目标

财务报表的使用者包括投资人、债权人、经理、政府、雇员和工会、中介机构等利益关系人，不同人所关心的问题和侧重点不同，因此进行财务分析的目的也有所不同。但总的来讲主要有以下一些方面。

1. 评价企业的财务状况

通过对企业的财务报表等会计资料进行分析，了解企业资产的流动性、负债水平和偿债能力，从而评价企业的财务状况和经营成果，为企业管理者、投资者和债权人等提供财务信息。

2. 评价企业的资产管理水平

企业的生产经营过程就是利用资产取得收益的过程，资产是企业生产经营活动的经济资源，资产的管理水平直接影响到企业的收益，它体现了企业的整体素质。通过财务分析可以了解到企业资产的管理水平和资金周转情况，为评价企业经营管理水平提供依据。

3. 评价企业的获利能力

通过财务分析，评价企业的获利能力。利润是企业经营的最终成果的体现，是企业生存和发展的根本。因此，不同的利益关系人都十分关心企业的获利能力。

4. 评价企业的发展趋势

通过财务分析，可以判断出企业的发展趋势，预测企业的经营前景，从而避免因决策失误而带来的重大经济损失。

8.1.2 财务报表分析方法

通览财务报表虽然可以得到大量的财务信息，但很难获取各种直接有用的信息，有时甚至还会被会计数据引入歧途，被表面假象所蒙蔽。为了能使报表使用者正确揭示各种会计数据之间存在着的重要关系，为了能全面反映企业财务状况和经营成果，通常采用以下方法进行报表分析：

1. 财务报表纵向分析

纵向分析又称动态分析或趋势分析，是指不同时期财务报表间相同项目变化的比较分析，即将企业连续两年（或多年）的财务报表的相同项目并行排列在一起，并计算相同项目增减的绝对额和增减的百分比，编制出比较财务报表，以揭示各会计项目在这段时期内所发生的绝对金额变化和百分率变化情况。在计算相同项目增减的绝对额和增减的百分比时，基期（被比较的时期）可以是固定（例如基期固定在第一年）也可以是变动的（例如将计算期的第一期作为基期）。若基期是固定的，则称为定基趋势分析；若基期是变动的，则称为环比趋势分析。

2. 财务报表横向分析

横向分析又称静态分析，是指同一时期财务报表中不同项目间的比较和分析，主要是通过编制"共同比财务报表"（或称百分比报表）进行分析。即将财务报表中的某一重要项目（如资产负债表中的资产总额或权益总额，利润表中的销售收入，现金流量表中现金来源总额等）的数据作为 100%，然后将报表中其余项目的金额都以这个重要项目的百分率的形式做纵向排列，从而揭示出各个项目的数据在企业财务中的相对意义。不仅如此，采用这种形式编制的财务报表还使得在规模不同的企业之间进行经营和财务状况比较成为可能。因为把报表中各个项目的绝对金额都转化成百分数，在经营规模不同的企业之间就形成了可比的基础，这就是"共同比"的含义。当然，要在不同企业之间进行比较，其前提条件是这些企业应属于同一行业，它们所采用的会计核算方法和财务报表编制程序也必须大致相同，否则就不会得到任何有实际意义的结果。

3. 财务比率分析

财务比率是相互联系的指标项目之间的比值，用以反映各项财务数据之间的相互关系，从而揭示企业的财务状况和经营成果，是财务分析中最重要的部分。财务比率包括同一张报表中不同项目之间的比较和不同财务报表的相关项目之间的比较；其比值有的是用系数表示的，有的是用百分数表示。

4. 因素分析

因素分析是利用各种因素之间的数量依存关系，通过因素替换，从数量上测定各因素变动对某项综合性经济指标的影响程度的一种方法，具体包括差额分析法、指标分解法、连环替代法和定基替代法等。

8.2 财务比率的分析

财务比率分析是指将财务报表中的相关项目进行对比，以此来揭示企业财务状况的一种方法。常用的财务比率可分为五大类：①变现能力比率；②资产管理比率；③负债比率；④盈利能力比率；⑤市价比率。

8.2.1 变现能力比率

变现能力是企业产生现金的能力，从而可以反映企业的短期偿债能力，它取决于可以在近期转变为现金的流动资产的多少。由于短期债务的偿还要减少现金，因此在计算变现能力指标时要扣除短期负债。反映变现能力的财务比率主要有流动比率、速动比率和现金比率。

1. 流动比率

流动比率是流动资产与流动负债的比值，其计算公式为

$$流动比率＝流动资产÷流动负债$$

不同行业的流动比率有所不同。一般认为，制造业合理的最低流动比率为 2。这是因为处于流动资产中变现能力最差的存货金额约占制造业流动资产总额的 1/2，剩下的流动性较大的流动资产至少要等于流动负债，企业的短期偿债能力才会有保证。计算出来的流动比率，要与同业平均比率、本企业历史的流动比率等进行比较，才能知道这个比率是高还是低。一般情况下，营业周期、流动资产中的应收账款和存货的周转速度是影响流动比率的主要因素。因此在分析流动比率时还要结合流动资产的周转速度和构成情况来进行。

2. 速动比率

由于流动资产中存货的变现能力是最差的，因此在分析企业短期偿债能力时就有必要计算剔除存货后的流动比率，这就是速动比率。速动比率是从流动资产中扣除存货部分后与流动负债的比值，其计算公式为

$$速动比率＝(流动资产－存货)÷流动负债$$

通常认为制造业正常的速动比率为 1，低于 1 的速动比率被认为是短期偿债能力偏低。影响速动比率可信性的重要因素是应收账款的变现能力。上式中的"流动资产－存货"称为速动资产。

除了以上财务比率外，还应结合影响变现能力的其他因素来分析企业的短期偿债能力。增强变现能力的因素主要有可动用的银行贷款指标、准备很快变现的长期资产、企业偿债能力的声誉等；减弱变现能力的因素主要有未做记录的或有负债、担保责任引起的负债等。

8.2.2 资产管理比率

资产管理比率又称运营效率比率，是用来衡量公司在资产管理方面效率的财务比率。资产管理比率包括：营业周期、存货周转率、应收账款周转率、流动资产周转率和总资产周转率。

1. 营业周期

营业周期是指从取得存货开始到销售存货并收回现金为止的这段时间。营业周期的长短取决于存货周转天数和应收账款周转天数，其计算公式为

$$营业周期＝存货周转天数＋应收账款周转天数$$

营运周期的含义是将期末存货转变成现金所需要的时间。营业周期短，说明资金周转速度快；营业周转长，说明资金周转速度慢。从计算公式可以看出，营运周期是由存货周转率和应收账款周转率所决定的。

2. 存货周转率

在流动资产中，存货所占的比重较大。存货的变现能力将直接影响企业资产的利用效率，因此必须特别重视对存货的分析。存货的变现能力，一般用存货的周转率来反映。存

货周转率是衡量和评价企业购入存货、投入生产、销售收回等各环节管理状况的综合性指标，具体有存货周转次数和存货周转天数。存货周转次数是销货成本与平均存货余额的比值；存货周转天数是用时间表示的存货周转率指标。其计算公式为

$$存货周转次数＝销货成本÷平均存货余额$$
$$存货周转天数＝360÷存货周转次数$$

一般来讲，存货周转速度越快，存货的占用水平越低，资产流动性越强，存货转换为现金或应收账款的速度越快。提高存货周转率可以提高企业资产的变现能力。但是存货周转率过高，可能说明企业存货水平过低或销售价格过高等。因此，对于存货周转率的分析，应结合企业存货的构成和销售价格情况作出恰当判断。

3. 应收账款周转率

应收账款和存货一样，在流动资产中具有举足轻重的地位。应收账款的及时收回，不仅增强了企业的短期偿债能力，也反映了企业管理应收账款方面的效率。

反映应收账款周转速度的指标是应收账款周转率，具体有应收账款周转次数和应收账款周转天数。应收账款周转次数是销售收入与平均应收款余额的比值，反映了年度内应收账款转为现金的平均次数；用时间表示的周转速度是应收账款周转天数，又称为平均应收款回收期或平均收现期，它表示企业从取得应收账款的权利到收回款项所需的时间。其计算公式为

$$应收账款周转次数＝销售收入÷平均应收款余额$$
$$应收账款周转天数＝360÷应收账款周转次数$$

公式中的"销售收入"数来自利润表，是指扣除折扣和折让后的销售净额；"平均应收账款"是指未扣除坏账准备的应收账款金额，它是资产负债表中"期初应收账款余额"与"期末应收账款余额"的平均数。

一般来说，应收账款周转率越高，平均收账期越短，说明应收账款的收回越快，否则，说明企业的营运资金会过多地呆滞在应收账款上，会影响企业资金的正常周转。在运用这个指标时，要注意某些因素可能会影响到该指标的正确计算。这些因素主要有：①季节性经营；②大量使用分期付款结算方式；③大量销售使用现金结算；④年末大量销售或年末销售大幅度下降。

存货周转率和应收账款周转率以及两者相结合的营运周期是反映企业资产运营效率的最主要的指标，以下是反映企业资产运营效率的另外两个指标。

4. 流动资产流动周转率

流动资产周转率是销售收入与全部流动资产平均余额的比值。其计算公式为

$$流动资产周转率＝销售收入÷平均流动资产余额$$

资产流动周转率是反映流动资产的周转速度。周转速度快，会相对节约流动资产，等于相对扩大长期资产投入，增强企业盈利能力；而延缓周转速度，则说明流动资产占用资金较多，形成资金浪费，降低企业盈利能力。流动资产流动周转率最终是由存货周转率和应收账款周转率所决定的。

5. 总资产周转率

总资产周转率是销售收入与平均资产总额的比值。其计算公式为

$$总资产周转率＝销售收入÷平均资产总额$$

该指标是从总体上反映企业资产利用的效率。总资产周转率越高，说明资产周转速度越快，反映销售能力越强。企业可以通过薄利多销的方法，加速资产的周转，带来利润绝对值的增加。与流动资产流动周转率相同，总资产周转率最终也是由存货周转率和应收账款周转率所决定的。

8.2.3 负债比率

负债比率是指债务与资产和净资产的关系，是反映企业长期债务偿还能力的主要指标。

企业的长期债务主要有长期借款、应付长期债券、长期应付款等。分析一个企业的长期债务偿还能力，主要是为了确定该企业偿还债务本金与债务利息的能力。这种能力是通过财务报表中的有关数据之间的关系来反映的，如权益与资产之间的关系、不同权益之间的内在关系、权益与收益之间的关系等。通过这些关系可以看出来企业的资本结构是否健全合理，获利能力是否强，从而评价企业的长期偿债能力的高低。

反映长期偿债能力的负债比率主要有资产负债率、产权比率、有形净值债务率和已获利息倍数。

1. 资产负债率

资产负债率又称举债经营比率，是负债总额与资产总额的比率，它反映了在总资产中有多大比例的资金来源是通过借债筹集的，也可以衡量企业在清算时保护债权人利益的程度。其计算公式为

$$资产负债率＝（负债总额÷资产总额）\times100\%$$

本着稳健原则，公式中负债既包括长期负债，也包括短期负债。这是由于从长期来看，短期负债作为一个整体，企业总是要长期占用的，可以视同长期资金来源。公式中资产总额则是扣除累计折旧后的净额。

不同的企业利益关系人对资产负债率的评价是不同的。债权人所关心的是债权的安全，因此其认为这个指标越低越好；投资人所关心的是投资收益的高低，在资产收益率高于负债利率的情况下，为了获得杠杆利益，投资人认为资产负债率越高越好；企业经营者对于资产负债率的态度则比较复杂，经营者要在负债经营的收益与风险之间进行权衡，选择合适的资产负债率。

2. 产权比率

产权比率又称为债务股权比率，也是衡量企业长期偿债能力的一个指标。它是负债总额与股东权益总额之比。其计算公式为

$$产权比率＝（负债总额÷股东权益总额）\times100\%$$

产权比率反映由债权人提供的资本与股东提供的资本的相对关系，反映企业基本财务结构是否稳定。一般说来，股东资本大于借入资本较好，但也不能一概而论。从股东来看，在通货膨胀加剧时期，企业多借债可以把损失和风险转嫁给债权人；在经济繁荣时期，多借债可以获得额外的利润；在经济萎缩时期，少借债可以减少利息负担和财务风险。产权比率高，是高风险、高报酬的财务结构；产权比率低，是低风险、低报酬的财务

结构。产权比率同时也表明债权人投入的资本受到股东权益保障的程度。

3. 有形净值债务率

有形净值债务率是企业负债总额与有形净值的百分比。有形净值是股东权益减去无形资产净值。其计算公式为

$$有形净值债务率＝[负债总额÷(股东权益－无形资产净值)]×100\%$$

有形净值债务率指标实质上是产权比率的延伸，是更为谨慎、保守地反映在企业清算中债权人投入的资产受到股东权益的保障程度。因为保守的观点认为无形资产不宜用来偿还债务，所以将其从股东权益中扣除。从长期偿债能力来讲，该比率越低说明企业的财务风险越小。

4. 已获利息倍数

已获利息倍数又称为利息保障倍数，是企业经营业务收益与利息费用的比值，用以衡量偿付借款利息的能力。其计算公式为

$$已获利息倍数＝税息前利润÷利息费用$$

公式中的"税息前利润"是指利润表中未扣除利息费用和所得税之前的利润。它可以用"利润总额加利息费用"计算得到，其中的"利息费用"是指本期发生的全部应付利息，不仅包括财务费用中的利息费用，还应包括计入固定资产成本的资本化利息。由于我国现行利润表"利息费用"没有单列，而是混在"财务费用"之中，外部报表使用人只好用"利润总额加财务费用"来估算。

已获利息倍数反映了企业的经营收益支付债务利息的能力。这个比率越高说明偿债能力越强。但是，在利用这个指标时应该注意到会计上是采用权责发生制来核算收入和费用的，这样本期的利息费用未必就是本期的实际利息支出，而本期的实际利息支出也未必是本期的利息费用；同时，本期的息税前利润与本期经营活动所获得的现金也未必相等。因此已获利息倍数的使用应该与企业的经营活动现金流量结合起来；另外最好比较本企业连续几年的该项指标，并选择最低指标年度的数据作为标准。

除了用以上相关项目之间的比率来反映长期偿债能力外，还应该注意一些影响长期偿债能力的因素，如经营租赁、担保责任或有负债等。

8.2.4 盈利能力比率

盈利能力比率就是企业赚取利润的能力。不论是投资人、债权人还是企业经理人员等企业的利益关系人都非常关心企业的盈利能力。

一般说来，只有正常的营业状况才能说明企业的盈利能力。非正常的营业状况，虽然也会给企业带来收益或损失，但它不是经常和持久的，不能说明企业的能力。因此，在分析企业的盈利能力时，应当排除证券买卖等非正常项目、已经或将要停止的营业项目、重大事故或法律更改等特别项目和会计准则和财务制度变更带来的累计影响等因素。

反映企业盈利能力的主要指标有销售净利率、销售毛利率、资产报酬率、净值报酬率等。

1. 销售净利率

销售净利率是净利与销售收入的百分比，其计算公式为

$$销售净利率＝（净利润÷销售收入）×100\%$$

销售净利率反映每一元销售收入带来的净利润的多少，表示销售收入的收益水平。企业在增加销售收入的同时，必须相应地获得更多的净利润，才能使销售净利率保持不变或有所提高。通过分析销售净利率的升降变动，可以促使企业在扩大销售的同时，注意改进经营管理，提高盈利水平。销售净利率受行业特点影响较大，因此，在利用这个指标时应结合不同行业的具体情况进行分析。

2. 销售毛利率

销售毛利率是销售毛利占销售收入的比率，其中销售毛利是销售收入与销售成本的差额。其计算公式为

$$销售毛利率＝[（销售收入－销售成本）÷销售收入]×100\%$$

销售毛利率表示每一元销售收入扣除销售成本后，有多少剩余可以用于各项期间费用的补偿和形成盈利。毛利率是企业销售净利率的最初基础，没有足够大的毛利率便不能盈利。毛利率越大，说明在销售收入中销售成本所占比重越小，企业通过销售获取利润的能力就越强。

3. 资产报酬率

资产报酬率是企业净利润与平均资产的比率。其计算公式为

$$资产报酬率＝（净利润÷平均资产总额）×100\%$$

资产净利率表明了企业资产利用的综合效果，该指标越高，表明资产的利用率越高，说明企业在增加收入和节约资金使用等方面的效果越好。

企业的资产是由投资人投入和举债形成的。净利润的多少与企业资产的多少、资产的结构、经营管理水平有着密切的关系。资产报酬率是一个综合指标，为了正确评价企业经济效益的高低，挖掘提高利润水平的潜力，可以用该项指标与本企业前期、与计划、与本行业平均水平和本行业内先进企业进行对比，分析形成差异的原因。影响资产报酬率高低的主要因素有：产品价格、单位成本的高低，产品的产量和销售的数量，资金占用量的大小等。考虑到企业的资产是由投资人投入和举债形成的，也可以用净利润和利息之和与资产总额相比来计算资产报酬率。

4. 净资产报酬率

净资产报酬率又称为股东权益报酬率或净值报酬率，是净利润与平均股东权益（所有者权益）的比率。其计算公式为

$$净资产报酬率＝（净利润÷平均股东权益）×100\%$$

公式中的股东权益是指股份制企业股东对企业净资产的要求权，股份制企业的全部资产减负债后的净资产属于股东权益，包括股本、资本公积、盈余公积和未分配利润。平均股东权益则指年初股东权益与年末股东权益的平均数。

净资产报酬率反映股东权益的收益水平，该指标越高，说明投资给股东带来的收益越高。净资产报酬率可以分解成资产报酬率与平均权益乘数的乘积，平均权益乘数是资产总额与股东权益总额的比率。因此，提高平均权益乘数可以有两个途径：一个是在权益乘数一定的情况下，通过提高资产利用效率来提高净资产报酬率；另一个是在资产报酬率一定和在资产报酬率大于负债利率的情况下，通过扩大权益乘数来提高净资产报酬率。

8.2.5 市价比率

市价比率又称为市场价值比率，实质是普通股每股市价和公司盈余、每股账面价值的比率。对于股份有限公司来说，它是前述四个指标的综合反映，管理者可据此了解股东对公司的评价。

市价比率分析包括每股盈余分析、市盈率分析、每股股利分析、留存盈利比例分析、股利支付率分析和每股账面价值分析。

1. 每股盈余

每股盈余是本年盈余与普通股流通股数的比值。其计算公式为

每股盈余＝（净利润－优先股股息）÷发行在外的加权平均普通股股数

由于我国公司法没有关于发行优先股的规定，故一般不存在扣除优先股息问题，净利润除以发行在外的股份数就是每股盈余。

每股盈余是衡量股份制企业盈利能力的指标之一，该指标反映普通股的获利水平，该指标越高，每股可获得的利润越多，股东的投资效益越好，反之则越差。由于每股盈余是一个绝对指标，因此在分析时，还应结合流通在外的普通股股数的变化及每股股价的高低的影响。

2. 市盈率

市盈率是市价与每股盈余比率，又称或本益比。其计算公式为

市盈率＝每股市价÷每股盈余

公式中的市价是指普通股每股在证券市场上的买卖价格。

市价与每股盈余比率是衡量股份制企业盈利能力的重要指标，该指标反映投资者对每元利润愿支付的价格。该指标高，意味着投资者对公司的发展前景看好，愿意支付较高的价格购买该公司的股票，说明该公司未来成长的潜力较大。但每股盈余过低或市价过高所导致的高市盈率，则意味着较高的投资风险。因此使用该指标时不能只看该指标本身，还应该分析影响该指标的一些因素。

3. 每股股利

每股股利是股利总额与普通股流通股数的比值。其计算公式为

每股股利＝股利总额÷流通股数

公式中的股利总额是指用于分配普通股现金股利的总数。

每股股利高低，不仅取决于企业的获利能力，还取决于公司的股利政策和现金流量是否充裕。例如企业为扩大再生产，多留公积金，那么每股股利必然会减少，反之则会增加。因此在使用这个指标时还应结合公司的股利政策和现金流量情况进行具体的分析。

4. 留存盈利比例

留存盈利比例是企业税后净利减去全部股利的余额与企业净利润的比率。其计算公式为

留存盈利比例＝（净利润－全部股利）÷净利润×100%

留存盈利是指企业的税后留利。企业经常要留用一部分利润用于扩大再生产和集体福利，剩下来的才发放股利。留用的利润便称留存利润，包括法定盈余公积金、公益金和任

意盈余公积金等。留存盈利不是指每年累计下来的盈利，而是当年利润中留下的部分。

留存盈利直接关系到分发到投资人（股东）手中股利的多少，因此投资人要对留存盈利与净利润的比例进行分析。

留存盈利比例指标用于衡量当期净利润总额中有多大的比例留在企业中用于发展。同时，留存盈利比例的高低体现了企业的经营方针。如果企业认为有必要积累资金，高速发展，尽快扩大经营规模，经董事会同意，从长远利益考虑，可能决定留存盈利的比例大一些。因此，在正常情况下，留存盈利比例较高意味着公司有较好的成长性。如果认为可以通过其他方式筹集资金，而不宜过多影响投资人的当前利润，则可能留存盈利比例小一些。

5. 股利支付率

股利支付率是普通每股股利与每股盈余的比率。其计算公式为

$$股利支付率＝（每股股利÷每股盈余）×100\%$$

股利支付率反映公司的净利润中有多少用于股利的分派。就单独的普通股投资人来讲，这个指标比每股盈余更能直接体现当前利益，因此与个人联系更为紧密。

股利支付率主要取决于公司的股利政策和现金流量，没有什么具体的标准来衡量股利支付率的高低。而且企业与企业之间也没有什么可比性，因为这要依据各企业对资金需要量的具体情况而定。股东对股利的要求也不一致。有的股东愿意当期多拿股利，也有的股东愿意让企业把更多的利润用于再投资，以期将来获得更高的股利收入。

6. 每股账面价值

每股账面价值是股东权益总额减去优先股权益后的余额与发行在外的普通股股数的比值。其计算公式为

$$每股账面价值＝（股东权益总额－优先股权益）÷发行在外的普通股股数$$

每股账面价值反映的是发行在外的每股普通股所代表的企业记在账面上的股东权益额。对投资人来讲，这一指标使他们了解了每股权益的多少并有助于它们进行投资分析。投资人认为，当股票市价低于其账面价值时，这个企业没有发展前景；而市价高于账面价值时，则认为这个企业有希望、有潜力。因此，投资人非常重视这个指标，它反映了企业发展的潜力。

8.3 不同时期的分析

一个会计年度中可能有较多的非常或偶然事项，这些事项既不能代表企业的过去，也不能说明其未来，因此只分析一个会计年度的财务报表往往不够全面。如果对企业若干年的财务报表按时间序列作分析，就能看出其发展趋势，有助于规划未来，同时也有助于判断本年度是否具有代表性。

不同时期的分析有三种常用方法：多期比较分析、结构百分比分析和定基百分比趋势分析。

不同时期的分析，主要是判断发展趋势，故亦称趋势分析；分析时主要使用百分率，故亦称百分率分析。

8.3.1　多期比较分析

多期比较分析是研究和比较连续几个会计年度的会计报表及相关项目。其目的是查明变化内容、变化原因及其对企业的未来有何影响。在进行多期比较时，可以用前后各年每个项目金额的差额进行比较，也可以用百分率的变化进行比较，还可以计算出各期财务比率进行多期比较。比较的年度数一般为 5 年，有时甚至要列出 10 年的数据。

8.3.2　结构百分比分析

结构百分比分析是把常规的财务报表换算成结构百分比报表，然后逐项比较不同年份的报表，查明某一特定项目在不同年度间百分比的差额。

同一报表中不同项目的结构分析的计算公式为

$$结构百分比＝（部分÷总体）×100\%$$

通常，利润表的"总体"是"销售收入"；资产负债表的"总体"是"总资产"。

8.3.3　定基百分比趋势分析

定基百分比趋势分析，首先要选取一个基期，将基期报表上各项数额的指数均定为 100，其他各年度财务报表上的数字也均用指数表示，由此得出定基百分比报表。通过定基百分比可以看出各项目的发展变化趋势。不同时期的同类报表项目的定基百分比的计算公式为

$$考察期指数＝（考察期数值÷基期数值）×100$$

8.4　不同企业之间的比较分析

8.4.1　企业之间的分析概述

在进行财务报表分析时，经常会碰到的一个问题是，计算出财务比率之后，无法判断它是偏高还是偏低。与本企业的历史数据比较，只能看出自身的变化，无法知道本企业在竞争中所处的地位；与同行业、同规模的其他企业进行比较，虽然可以看出与对方的区别，为发现问题和查找差距提供线索，但是，对方并不一定是好的，与之不同也未必不好。因此行业平均水平的财务比率可以作为比较的标准，常常被称为标准财务比率，例如标准的流动比率，标准的资产利润率等。标准财务比率，可以作为评价一个公司财务比率优劣的参照物。以标准财务比率作为基础进行比较分析，更容易发现企业的异常情况，便于揭示企业存在的问题。

8.4.2　标准财务比率

标准财务比率就是特定国家、特定时期、特定行业的平均财务比率。

一个标准的确定，通常有两种方法：一种方法是采用统计方法，即以大量历史数据的统计结果作为标准；这种方法是假定大多数是正常的，社会平均水平是反映标准状态的；

脱离了平均水平,就是脱离了正常状态;另一种方法是采用工业工程法,即以实际观察和科学计算为基础,推算出一个理想状态作为评价标准。这种方法假设设备变量之间有其内在的比例关系,并且这种关系是可以被认识的。实际上人们经常将以上两种方法结合起来使用,它们互相补充,互相印证,很少单独使用一种方法建立评价标准。

目前,标准财务比率的建立主要采用统计方法,工业工程法处于次要地位,这可能与人们对财务变量之间关系认识尚不充分有关。有资料表明,美国、日本等工业发达国家的某些机构和金融企业在专门的刊物上定期公布各行业的财务方面的统计指标,为报表使用人进行分析提供大量资料。我国尚无这方面的正式专门刊物。在各种统计年鉴上可以找到一些财务指标,但行业划分较粗,而且与会计的指标口径也不完全相同,不太适合直接用于当前的报表分析,在使用时要注意指标口径的调整。《中国证券报》提供了上市公司的一些财务比率,包括一些分行业的平均数据,表 8.1 中的数据是根据我国上海股市 67 家公司某年度报表整理出来的平均财务比率,在进行财务分析时可以参考。

表 8.1   上海股市上市公司分类财务比率

项目	工业	商业	房地产	公用	其他
流动比率	2.93	5.16	288	4.93	1.6
速动比率	1.34	4.52	169	4.77	1.36
资产负债率	0.42	0.27	0.40	0.20	0.43
应收账款周转率	0.62	116	117	35	39.6
总资产周转率	6.64	1.11	0.07	0.45	0.29
股东权益比率	0.58	0.73	0.60	0.80	0.57
股本净利率	96.7	43.3	59.8	53.1	52.2
每股净资产	2.44	3.86	2.18	2.03	4.26

对于行业的平均财务报表比率,在使用时应注意以下问题:

(1)行业平均指标是根据部分企业抽样调查来的,不一定能真实反映整个行业的实际情况。如果其中有一个极端的样本,则可能歪曲整个情况。

(2)计算平均数的每一个公司采用的会计方法不一定相同,资本密集型与劳动密集型企业可能在一起进行平均,负有大量债务的企业可能与没有债务的企业在一起进行平均。因此,在进行报表分析时往往要对行业平均财务比率进行修正,尽可能建立一个可比的基础。

8.4.3 理想财务报表

理想财务报表是根据标准财务比率和企业规模确定的财务报表,它代表企业理想的财务状况,为报表分析提供了更方便的依据。

1. 理想资产负债表

理想资产负债表的百分比结构,来自于行业平均水平,同时进行必要的推理分析和调整。表 8.2 是一个以百分比表示的理想资产负债表。

表 8.2   理 想 资 产 负 债 表

项目	理想比率/%	项目	理想比率/%
流动资产：	60	负债：	40
速动资产	30	流动负债	30
盘存资产	30	长期负债	10
固定资产：	40	所有者权益：	60
		实收资本	20
		公积金	30
		未分配利润	10
总计	100	总计	100

表中比例数据按如下过程确定：

（1）以资产总计为 100%，根据资产负债率确定负债百分率和所有者权益百分率。通常认为，负债应小于自有资本，这样的企业在经济环境恶化时能保持稳定。但是过小的负债率，会使企业失去经济繁荣时期获取额外利润的机会。一般认为，自有资本占 60%，负债占 40% 是比较理想的。这个比率会因国家、历史时期和行业的不同而不同。

（2）确定固定资产占总资产的百分率。通常，固定资产的数额应小于自有资本，占到自有资本的 2/3 为好。

（3）确定流动负债的百分率。一般认为流动比率以 2 为宜，那么在流动资产占 60% 的情况下，流动负债是其 1/2 占 30%，因此在总负债占 40%，流动负债占 30% 时，长期负债占 10%。

（4）确定所有者权益的内部百分比结构，其基本要求是实收资本应小于各项积累，以积累为投入资本的 2 倍为宜。这种比例，可以减少分红的压力，使企业有可能重视长远的发展，每股净资产达到 3 元左右，可在股市上树立良好的公司形象。因此，实收资本为所有者权益（60%）的 1/3 即 20%，公积金和未分配利润是所有者权益（60%）的 2/3 即 40%。至于公积金和未分配利润之间的比例，并非十分重要，因为未分配利润的数字经常变化。

（5）确定流动负债的内部结构。一般认为速动比率以 1 为宜，因此，速动资产占总资产的比率与流动负债相同，也为 30%，则盘存资产（主要是存货）亦占总资产的 30%，后者也符合存货占流动资产 1/2 的情况。

在确定了以百分率表示的理想资产负债后，可以根据具体企业的资产总额建立绝对数的理想资产负债表。然后再将企业报告期的实际资料与之进行比较分析，以判断企业财务状况的优劣。

2. 理想利润表

理想损益表的百分率是以销售收入为基础。一般来讲，毛利率因行业而异。周转快的企业奉行薄利多销方针，毛利率低；周转慢的企业毛利率定得比较高。实际上每行业都有一个自然形成的毛利率水平。表 8.3 是一个以百分比表示的理想利润表。

表 8.3 理想利润表

项 目	理想比率/%	项 目	理想比率/%
销售收入	100	营业外净损益	1
销售成本（包括销售税金）	75	税前利润	11
毛利	25	所得税	6
期间费用	13	税后利润	5
营业利润	12		

假设 ABC 公司所在行业的毛利率为 25%，则销售成本为 75%。在毛利当中，可用于期间费用的约占 1/2，也可以稍多一点，在本例中按 13% 处理，余下的 12% 是营业利润。

营业外收支净额的数量不大，本例按 1% 处理。

虽然所得税为 33%，但是由于有纳税调整等原因，实际负担在 1/2 左右，多数还可能超过 1/2，故本例按税前利润（11%）的 1/2 多一点处理，定为 6%，这样，余下的税后利润为 5%。

在确定了以百分比表示的理想损益表之后，就可以根据企业某期间的销售收入数额来设计绝对数额表示的理想损益表，然后再与企业的实际损益表进行比较，以判断其优劣。

8.5 综合分析与评价

综合分析与评价的方法有：杜邦财务分析体系与财务状况的综合评价。

8.5.1 杜邦财务分析体系

杜邦财务分析体系首先由美国杜邦公司的经理创造出来，称为杜邦系统（the du pont system）。下面借助杜邦系统，以 ABC 公司为例，说明其主要内容，如图 8.1 所示。

图 8.1 中的计算公式为

权益乘数＝1÷（1－资产负债率）

资产负债率＝负债总额÷资产总额

权益净利率＝资产净利率×权益乘数

资产净利率＝销售净利率×资产周转率

权益净利率＝销售净利率×资产周转率×权益乘数

其他公式已在前面所述，在此不再说明。

从公式中可以看出，决定权益净利率高低的因素有三个方面：销售净利率、资产周转率和权益乘数。

权益乘数主要受资产负债率的影响。负债比例大，权益乘数就高，说明企业有较高的负债程度，给企业带来较多的杠杆效益，同时也给企业带来较大的风险。

销售净利率和资产周转率高低的因素分析在前面已述，这里不再重复。

杜邦分析体系的作用在于解释指标变动的原因和变动趋势，为提高净资产报酬率指明方向。

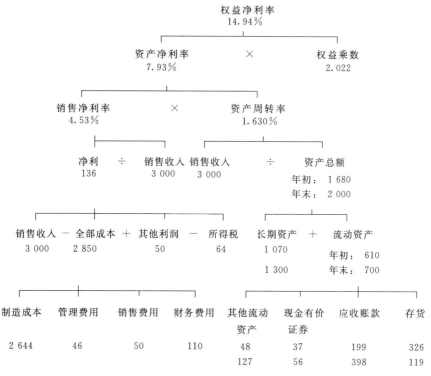

图 8.1 ABC 公司杜邦系统

假设通过前面的方法计算出 ABC 公司 2013 年和 2014 年的有关数据详见表 8.4。

表 8.4 ABC 公司的有关数据

年份	权益净利率/%	销售净利率/%	资产周转率	权益乘数
2013	14.94	4.53	1.630 4	2.02
2014	12.12	3	2	2.02

从表 8.4 可以看出，该公司的权益净利率 2013 年有所下降。通过将"权益净利率"分解为"资产净利率×权益乘数"，可以看到权益净利率下降的原因不是资本结构（权益乘数）的变化，而是资产利用效率和成本控制发生了问题。进一步将"资产净利率"分解为"销售净利率×资产周转率"，通过分解可以看出，资产的使用效率提高了，但由此带来的收益不足以抵补销售净利率下降造成的损失。至于销售净利率下降的原因是销价太低，成本太高还是费用过大，则须进一步通过分解指标来揭示。

8.5.2 财务状况的综合评价

1. 沃尔评分法

财务状况综合评价的先驱者之一是亚历山大·沃尔。他在 20 世纪初出版的《信用晴雨表研究》和《财务报表比率分析》中提出了信用能力指数的概念，把若干个财务比率用线性关系结合起来，以此评价企业的信用水平。他选择了 7 种财务比率，分别给定了在总评价中占的比重，总和为 100 分。然后确定标准比率，并与实际比率相比较，评出每项指标的得分，最后求出总评分。表 8.5 显示了沃尔所选用的 7 个指标及标准比率。

表 8.5   沃尔指标及标准比重

财 务 比 率	比重	标准比率
流动比率 X_1	25	2.00
净资产/负债 X_2	25	1.50
资产/固定资产 X_3	15	2.50
销售成本/存货 X_4	10	8
销售额/应收账款 X_5	10	6
销售额/固定资产 X_6	10	4
销售额/净资产 X_7	5	3

则综合财务指标 Y 为

$$Y = 25\% X_1 + 25\% X_2 + 15\% X_3 + 10\% X_4 + 10\% X_5 + 10\% X_6 + 5\% X_7$$

2. 综合评价方法

机械能财务状况的综合评价时，一般认为企业财务评价的内容主要是盈利能力，其次是偿债能力，此外还有成长能力。他们之间大致可按 5∶3∶2 来分配比重。盈利能力的主要指标是资产净利率、销售净利率和净值报酬率。虽然净值报酬率很重要，但前两个指标已经分别使用了净资产和净利，为了减少重复影响，3 个指标可按 2∶2∶1 安排。偿债能力有 4 个常用指标：自有资本比率、流动比率、应收账款周转率和存货周转率。成长能力有 3 个常用指标：销售增长率、净利增长率和人均净利增长率。

综合评价方法的关键技术是"标准评分值"的确定和"标准比率"的建立。标准比率应以本行业平均数为基础，适当进行理论修正。

3. 国有资本金效绩评价

国有资本金效绩评价的对象是国有独资企业、国家控股企业；评价的方式分为例行评价和特定评价；评价的指标体系分为工商企业和金融企业两类。

评价的过程可以分为以下 5 个步骤：

(1) 基本指标的评价。

(2) 修正系数的计算。

(3) 修正后得分的计算。

(4) 定性指标的计分方法。

(5) 综合评价的计分方法和最终评价结果的分级。

8.6 现金流量分析

8.6.1 现金流量分析的意义

近代理财学的一个重要结论是：资产的内在价值是其未来现金流量的现值，但是，传统会计不提供历史的现金流量信息，更不提供未来的现金流量信息，越来越不能满足投资人的信息需求。为改变这种局面，从 1987 年开始美国率先规定企业必须编制现金流量表，此后其他国家纷纷效仿。

现金流量表的主要作用是：提供本期现金流量的实际数据，提供评价本期收益质量的信息，有助于评价企业的财务弹性，有助于评价企业的流动性，用于预测企业的未来现金流量。

8.6.2 现金流量的结构分析

现金流量的结构分析包括流入结构、流出结构、流入流出比分析。

1. 流入结构分析

流入结构分析分为总流入结构和三项（经营、投资和筹资）活动流入的内部结构分析。

（1）总流入结构分析。总流入结构分析就是分析经营、投资和筹资活动现金流入所占的比重。

$$经营活动流入所占的比重 = \frac{经营活动流入}{总流入} \times 100\%$$

$$投资活动流入所占的比重 = \frac{投资活动流入}{总流入} \times 100\%$$

$$筹资活动流入所占的比重 = \frac{筹资活动流入}{总流入} \times 100\%$$

（2）流入的内部结构分析。流入的内部结构分析就是分析经营、投资和筹资这三项活动中各内部项目流入所占的比重。

$$经营活动某内部项目流入所占的比重 = \frac{该内部项目流入}{经营活动流入} \times 100\%$$

$$投资活动某内部项目流入所占的比重 = \frac{该内部项目流入}{投资活动流入} \times 100\%$$

$$筹资活动某内部项目流入所占的比重 = \frac{该内部项目流入}{筹资活动流入} \times 100\%$$

2. 流出结构分析

流出结构分析分为总流出结构和三项（经营、投资和筹资）活动流出的内部结构分析。

（1）总流出结构分析。总流出结构分析就是分析经营、投资和筹资活动流出所占的比重。

$$经营活动流出所占的比重 = \frac{经营活动流出}{总流出} \times 100\%$$

$$投资活动流出所占的比重 = \frac{投资活动流出}{总流出} \times 100\%$$

$$筹资活动流出所占的比重 = \frac{筹资活动流出}{总流出} \times 100\%$$

（2）流出的内部结构分析。流出的内部结构分析就是分析经营、投资和筹资这三项活动中各内部项目流出所占的比重。

$$经营活动某内部项目流出所占的比重 = \frac{该内部项目流出}{经营活动流出} \times 100\%$$

$$投资活动某内部项目流出所占的比重 = \frac{该内部项目流出}{投资活动流出} \times 100\%$$

$$筹资活动某内部项目流出所占的比重 = \frac{该内部项目流出}{筹资活动流出} \times 100\%$$

3. 流入流出比分析

$$经营活动流入流出比 = \frac{经营活动流入}{经营活动流出} \times 100\%$$

$$投资活动流入流出比 = \frac{投资活动流入}{投资活动流出} \times 100\%$$

$$筹资活动流入流出比 = \frac{筹资活动流入}{筹资活动流出} \times 100\%$$

8.6.3 流动性分析

所谓流动性是指将资产迅速转变为现金的能力。根据资产负债表确定的流动性虽然也能反映流动性但有很大局限性。这主要是因为：作为流动资产主要成分的存货并不能很快转变为可偿债的现金；存货用成本计价而不能反映变现净值；流动资产中的待摊费用并不能转变为现金。许多企业有大量的流动资产，但现金支付能力却很差，甚至无力偿债而破产清算。

真正能用于偿还债务的是现金流量。现金流量和债务的比较可以更好地反映偿还债务的能力。

1. 现金到期债务比

$$现金到期债务比 = \frac{经营现金净流入}{本期到期的债务}$$

式中本期到期的债务，是指本期到期的长期债务和本期应付票据。通常，这两种债务是不能展期的，必须如期如数偿还。

通常，和同业平均现金到期债务比相比，该比率较大说明偿还到期债务的能力较好。

2. 现金流动负债比

$$现金流动负债比 = \frac{经营现金净流量}{流动负债}$$

和同业平均现金流动负债比相比，该比率较大说明偿还流动负债的能力较好。

3. 现金债务总额比

$$现金债务总额比 = \frac{经营现金净流入}{债务总额}$$

和同业平均现金到期债务比相比，该比率越大说明该公司承担债务的能力越强。

8.6.4 获取现金能力分析

获取现金的能力是指经营现金净流入和投入资源的比值。投入资源可以是销售收入、总资产、净营运资金、净资产或普通股股数等。

1. 销售现金比率

$$销售现金比率 = \frac{经营现金流量}{销售额}$$

该比率反映每元销售得到的现金,其数值越大越好。

2. 每股营业现金流量

$$每股营业现金流量 = \frac{经营现金流量}{普通股股数}$$

它是企业最大的分派股利能力。超过每股营业现金流量限度,就要借款分红。

3. 全部资产现金回收率

全部资产现金回收率是经营现金净流入和全部资产的比值,说明企业资产产生现金的能力。

$$全部资产现金回收率 = \frac{经营现金净流入}{全部资产}$$

和同业平均全部资产现金回收率相比,该比率越大说明该公司资产产生现金的能力越强。

8.6.5 财务弹性分析

所谓财务弹性是指企业适应经济环境变化和利用投资机会的能力。这种能力来源于现金流量和支付现金需要的比较。现金流量超过需要,有剩余的现金,适应性就较强。因此,财务弹性的衡量是用经营现金流量与支付要求进行比较。支付要求可以是投资需求或承诺支付等。

1. 现金满足投资比率

$$现金满足投资比率 = \frac{近5年经营活动现金流量}{近5年资本支出、存货增加、现金股利之和}$$

该比率越高,说明资金自给率越高。

2. 股利保障倍数

$$股利保障倍数 = \frac{每股营业现金流量}{每股现金股利}$$

该比率越大,说明支付现金股利的能力越强。

8.6.6 收益质量分析

收益质量分析,主要是分析会计收益和净现金流量的比例关系。评价收益质量的财务比率是营运指数。营运指数是指企业净利润与经营活动现金净流量之比,即:

$$营运指数 = \frac{净利润}{经营活动现金净流量}$$

该指数反映企业经营活动创造或获取现金的能力。该指数越高,说明企业经营活动获取现金的能力越差,说明企业获取现金主要依赖于固定资产折旧、无形资产及递延资产的摊销、处置长期资产的损益、对外投资收益、存货及经营性应收和应付项目的变动等。而这些来源所获现金的能力往往不具备长期的稳定性。因此,营运指数应越低越好。

8.7 财务分析案例

8.7.1 财务比率分析应用案例

【例 8.1】 假设 A 公司 2014 年 12 月 31 日的资产负债表、利润表和现金流量表详见表 8.6～表 8.8。要求根据这些数据进行：①财务比率分析；②现金流量分析。

表 8.6　　　　　　　A 公司 2014 年 12 月 31 日的资产负债表　　　　　单位：万元

序号	A	B	C	D	E	F
1	资产	年初余额	年末数	负债及所有者权益	年初余额	年末数
2	货币资金	1 683 000	304 284	流动负债：		
3	短期投资	30 000	66 500	短期借款	320 000	270 000
4	减：短期投资跌价准备	0	0	应付票据	105 000	5 000
5	短期投资净值	30 000	66 500	应付账款	15 000	15 000
6	应收票据	247 780	47 780	预收账款	5 000	5 000
7	应收股利	0	1 000	代销商品款	0	0
8	应收利息	0	0	应付工资	−100	−100
9	应收账款	260 000	560 000	应付福利费	5 800	69 800
10	减：坏账准备	780	1 680	应付股利	15 000	15 000
11	应收账款净额	259 220	558 320	应交税金	39 000	204 239
12	预付账款	4 000	104 000	其他应交款	3 000	3 000
13	应收补贴款	0	0	其他应付款	900	1 200
14	其他应收款	4 250	4 250	预提费用	3 600	2 600
15	存货	287 665	152 365	一年内到期的长期负债	103 500	0
16	减：存货跌价损失	0	0	其他流动负债	0	0
17	存货净额	287 665	152 365	流动负债合计	615 700	590 739
18	待摊费用	102 300	2 300	长期负债		
19	待处理流动资产净损失	0	0	长期借款	1 198 000	861 500
20	一年内到期的长期债权投资	7 050	0	应付债券	0	0
21	其他流动资产	0	0	长期应付款	5 500	5 500
22	流动资产合计	2 625 265	1 240 799	住房周转金	0	0
23	长期投资：			其他长期负债	0	0
24	长期股权投资	169 500	419 500	长期负债合计	1 203 500	867 000
25	长期债权投资	0	1 187 050	递延税项：		

续表

序号	A	B	C	D	E	F
26	长期投资合计	169 500	1 606 550	递延税款贷项	0	0
27	减：长期投资减值准备	0	0	负债合计	1 819 200	1 457 739
28	长期投资净值	169 500	1 606 550	所有者权益：		
29	固定资产：			股本	3 629 765	3 779 765
30	固定资产原价	2 247 835	3 115 835	资本公积	260 000	260 000
31	减：累计折旧	483 835	193 835	盈余公积	4 000	109 000
32	固定资产净值	1 764 000	2 922 000	未分配利润分配	8 600	574 645
33	固定资产清理	0	0	所有者权益合计	3 902 365	4 723 410
34	工程物资	0	0			
35	在建工程	1 130 000	388 000			
36	待处理固定资产净损失	0	0			
37	固定资产合计	2 894 000	3 310 000			
38	无形资产及其他资产：					
39	无形资产	30 000	21 000			
40	开办费	0	0			
41	长期待摊费用	0	0			
42	其他长期资产	0	0			
43	无形资产及其他资产合计	30 000	21 000			
44	递延税项：					
45	递延税款借项	2 800	2 800			
46	资产合计	5 721 565	6 181 149	负债及所有者权益合计	5 721 565	6 181 149

表 8.7 **A 公司 2014 年 12 月 31 日的利润表**

序号	A	B	C	D
1	项　目	行次	上年数（略）	本年累计/万元
2	一、主营业务收入	1		1 250 000
3	减：折扣与折让	2		0
4	主营业务净收入	3		1 250 000
5	减：主营业务成本	4		750 000
6	主营业务税金及附加	5		2 000
7	二、主营业务利润	6		477 200
8	加：其他业务利润	7		−10 000
9	减：存货跌价损失	9		0
10	营业费用	10		0

序号	A	B	C	D
11	管理费用	11		158 900
12	财务费用	12		51 500
13	三、营业利润	13		256 800
14	加：投资收益	14		491 500
15	补贴收入	15		0
16	营业外收入	16		53 000
17	减：营业外支出	17		26 950
18	四、利润总额	18		774 350
19	减：所得税	19		103 305
20	五、净利润	20		671 045

表 8.8   **A 公司 2014 年 12 月 31 日的现金流量表**

序号	A	B	C
1	项　目	行次	金额/万元
2	一、经营活动产生的现金流量		
3	销售商品收到现金		1 251 000
4	提供劳务收到现金		0
5	收到的租金		0
6	收到增值税销项税额及退回的增值税		173 400
7	收到增值税以外的其他税费返还		1 000
8	收到的与经营业务有关的其他现金		300
9	现金流入合计		1 425 700
10	购买商品支付的现金		449 800
11	接受劳务支付的现金		0
12	经营租赁支付的现金		0
13	支付给职工以及为职工支付的现金		306 000
14	支付的增值税		142 466
15	支付的所得税		120 000
16	支付的除增值税、所得税以外的其他税费		2 000
17	支付的与经营活动有关的其他现金		76 700
18	现金流出合计		1 096 966
19	经营活动产生的现金流量净额		328 734
20	二、投资活动产生的现金流量		
21	收回投资所收到的现金		16 500
22	分得股利收到的现金		180 000

续表

序号	A	B	C
23	分得利润所收到的现金		0
24	取得债券利息收入所收到的现金		0
25	处置固定资产的现金净额		301 050
26	处置无形资产收到的现金净额		0
27	处置其他长期资产收到的现金净额		0
28	收到的与投资活动有关的其他现金		0
29	现金流入合计		497 550
30	购建固定资产支付的现金		510 000
31	购建无形资产支付的现金		0
32	购建其他长期资产支付的现金		0
33	权益性投资支付的现金		52 500
34	债权性投资支付的现金		1 120 000
35	支付的与投资活动有关的其他现金		0
36	现金流出合计		1 682 500
37	投资活动产生的现金流量净额		−1 184 950
38	三、筹资活动产生的现金流量		
39	吸收权益性投资收到的现金		150 000
40	发行债券收到的现金		0
41	借款收到的现金		600 000
42	收到的与投资活动有关的其他现金		0
43	现金流入合计		750 000
44	偿还债务所支付的现金		1 250 000
45	发生筹资费用所支付的现金		0
46	分配股利所支付的现金		0
47	分配利润所支付的现金		0
48	偿付利息所支付的现金		22 500
49	融资租赁支付的现金		0
50	减少注册资本支付的现金		0
51	支付的与筹资活动有关的其他现金		0
52	现金流出合计		1 272 500
53	筹资活动产生的现金流量净额		−522 500
54	四、汇率变动对现金的影响		0
55	五、现金量净额		−1 378 716
56			
57	附注：		

序号	A	B	C
58	项目		金额
59	1. 不涉及现金收支的投资和筹资活动		
60	以固定资产无形资产对外投资价值		
61	本期应计入在建工程长期借款利息		
62	本期应计入在建工程应付福利费		
63	本期应计入在建工程应付投资方向调节税		
64	本期提取盈余公积金		
65	2. 将净利润调整为经营活动的现金流量		
66	净利润		671 045
67	加：计提的坏账准备或转销的现金流量		900
68	固定资产折旧		100 000
69	无形资产摊销		60 000
70	处置固定资产、无形资产和其他长期资产的损失（减收益）		−52 000
71	固定资产报废损失		21 950
72	财务费用		31 500
73	投资损失（减收益）		−491 500
74	递延税款贷项（减借项）		0
75	存货的减少（减增加）		85 300
76	经营性应收账目的减少（减增加）		−49 000
77	经营性应付账目的增加（减减少）		−80 395
78	增值税增加额（减减少）		30 934
79	其他		0
80	经营活动产生的现金流量净额		328 734
81	3. 现金及其等价物净增加额		
82	现金、现金等价物的期末余额		304 284
83	减：现金、现金等价物的期初余额		1 683 000
84	现金及其等价物净增加额		−1 378 716

分析：

（1）假定 A 公司的会计核算是在 Excel 中进行的，其中资产负债表的数据存放在工作表"资产负债表"，利润表的数据存放在工作表"利润表"，现金流量表的数据存放在工作表"现金流量表"。

（2）资产负债表是用来反映企业某一特定时日（月末、季末、年末）财务状况的一种静态报表。通过资产负债表可以了解企业拥有的经济资源及其分布状况；分析企业资金来源及其构成；预测企业资金的变现能力、偿债能力和财务实力。

（3）利润表是用来反映企业某一特定时日（月末、季末、年末）的经营成果的动态报表。通过利润表可以了解企业一定时期的生产经营成果；预测企业的盈利能力，并以此为依据考核企业管理人员的经营业绩。

（4）现金流量表是用来反映企业一定期间现金流入量、流出量、净流量的动态报表。通过现金流量表可以分析企业一定时期内现金的生成能力和使用方向；反映现金在流动中的增减变动状况，说明资产、负债、所有者权益变动对现金的影响，从现金的角度揭示企业的财务状况。

（5）财务比率分析的数据来源于上述三个报表。在 Excel 中某个工作表可通过链接调用方式来获取其他工作表中的数据。链接调用的格式为：工作表名！单元格引用。例如，在计算流动比率时，需要用到流动资产的数据，则可用"资产负债表！C22"来获取流动资产数据。

1. 财务比率分析

（1）创建一个名为"财务比率分析"的工作表。

（2）在所创建的工作表中设计一个表格。

（3）创建模本。

按照表 8.9 所示在工作表"财务比率分析"中输入公式。

表 8.9　　　　　　　　　单 元 格 公 式

单元格	公 式	含 义
B7	＝资产负债表！C22/资产负债表！F17	计算流动比率
B8	＝（资产负债表！C22－资产负债表！C17）/资产负债表！F17	计算速动比率
B9		
B10	＝利润表！E5/（（资产负债表！B17＋资产负债表！C17）/2）	计算存货周转率
B11	＝利润表！E4/（（资产负债表！B11＋资产负债表！C11）/2）	计算应收账款周转率
B12	＝360/B10＋360/B11	计算营业周期
B13	＝利润表！E4/（（资产负债表！B22＋资产负债表！C22）/2）	计算流动资产周转率
B14	＝利润表！E4/（（资产负债表！B46＋资产负债表！C46）/2）	计算总资产周转率
B15		
B16	＝资产负债表！F27/资产负债表！C46	计算资产负债率
B17	＝资产负债表！F27/资产负债表！F33	计算产权比率
B18	＝资产负债表！F27/（资产负债表！F33－资产负债表！C39）	计算有形净值债务率
B19	＝（利润表！E18＋利润表！E12）/利润表！E12	计算已获利息倍数
B20		
B21	＝利润表！E20/利润表！E4	计算销售净利率
B22	＝（利润表！E4－利润表！E5）/利润表！E4	计算销售毛利率
B23	＝利润表！E20/（（资产负债表！B46＋资产负债表！C46）/2）	计算资产净利率
B24	＝利润表！E20/（（资产负债表！E33＋资产负债表！F33）/2）	计算净资产收益率
B25		

续表

单元格	公　式	含　义
B26	＝利润表！E20/B1	计算每股盈余
B27	＝B2/B1	计算每股股利
B28	＝（利润表！E20－25 000）/利润表！E20	计算留存盈利比率
B29	＝B27/B26	计算股利支付率
B30	＝B3/B26	计算市盈率

这样便创建了一个模本。

（4）在所创建的工作表中相应单元格中输入案例提供的数据，此时可得到计算结果，详见表8.10。

（5）保存工作表"财务比率分析"。

表 8.10　　　　　　　　　　计 算 结 果 表

序号	A	B	C
1	普通股数	50 000	
2	现金股利	25 000	
3	每股市价	6.50	
4			
5	财务比率	计算结果	行业平均水平
6	一、变现能力比率		
7	流动比率	2.10	2.00
8	速动比率	1.84	1.00
9	二、资产管理比率		
10	存货周转率	3.41	10.00
11	应收账款周转率	3.06	50.00
12	营业周期	223.33	43.20
13	流动资产周转率	0.65	5.00
14	总资产周转率	0.21	4.00
15	三、负债比率		
16	资产负债率	23.58％	55.00％
17	产权比率	30.86％	122.00％
18	有形净值债务率	31.00％	122.00％
19	已获利息倍数	16.04	10.00
20	四、盈利能力比率		
21	销售净利率	53.68％	8.00％
22	销售毛利率	40.00％	12.00％
23	资产净利率	11.28％	14.00％

续表

序号	A	B	C
24	净资产收益率	15.56%	20.00%
25	五、市价比率		
26	每股盈余	13.42	2.00
27	每股股利	0.50	0.50
28	留存盈利比率	96.27%	
29	股利支付率	3.73%	20.00%
30	市盈率	48.43%	300.00%

2. 现金流量结构分析

（1）创建一个名为"现金流量结构分析"的工作表。

（2）在所创建的工作表中一个表格。

（3）创建模本。

按照表 8.11 所示在工作表"现金流量结构分析"中输入公式。

表 8.11　　　　　　　　　　　　单 元 格 公 式

单元格	公　　式	复　　制	功　　能
B3	＝现金流量表！C3	复制到单元格区域 B3：B55	从现金流量表获取相应流入或流出量
C3	＝B3/＄B＄9	复制到单元格区域 C3：C9	计算经营现金流入内部比率
C10	＝B10/＄B＄18	复制到单元格区域 C10：C18	计算经营现金流出内部比率
C21	＝B21/＄B＄29	复制到单元格区域 C21：C29	计算投资现金流入内部比率
C30	＝B30/＄B＄36	复制到单元格区域 C30：C36	计算投资现金流出内部比率
C39	＝B39/＄B＄43	复制到单元格区域 C39：C43	计算筹资现金流入内部比率
C44	＝B44/＄B＄52	复制到单元格区域 C44：C52	计算筹资现金流出内部比率
D9	＝B9/（＄B＄9＋＄B＄29＋＄B＄43）		计算经营现金流入占总流入的比率
D29	＝B29/（＄B＄9＋＄B＄29＋＄B＄43）		计算投资现金流入占总流入的比率
D43	＝B43/（＄B＄9＋＄B＄29＋＄B＄43）		计算筹资现金流入占总流入的比率
E18	＝B18/（＄B＄18＋＄B＄36＋＄B＄52）		计算经营现金流出占总流出的比率
E36	＝B36/（＄B＄18＋＄B＄36＋＄B＄52）		计算投资现金流出占总流出的比率
E52	＝B52/（＄B＄18＋＄B＄36＋＄B＄52）		计算筹资现金流出占总流出的比率
F18	＝B9/B18		计算经营现金流入流出比
F36	＝B29/B36		计算投资现金流入流出比
F52	＝B43/B52		计算筹资现金流入流出比

注　将单元格 B3 中公式复制到单元格区域 B3：B55 中的步骤为：

·选择单元格 B3。

·单击"编辑"菜单，单击"复制"。

·选择单元格区域 B3：B55。

·单击"编辑"菜单，单击"粘贴"。

其他复制类似上述过程。

这样便创建了一个模本。

（4）在所创建的工作表中相应单元格中输入实例提供的数据，此时可得到计算结果，详见表 8.12。

（5）保存工作表"现金流量结构分析"。

表 8.12　　　　　　　　　　　　计 算 结 果 表

序号	A	B	C	D	E	F
1	项　　目	金额/万元	内部结构	流入结构	流出结构	流入流出比
2	一、经营活动产生的现金流量					
3	销售商品收到现金	1 251 000	87.75%			
4	提供劳务收到现金	0	0			
5	收到的租金	0	0			
6	收到增值税销项税额及退回的增值税	173 400	12.16%			
7	收到增值税以外的其他税费返还	1 000	0.07%			
8	收到的与经营业务有关的其他现金	300	0.02%			
9	现金流入合计	1 425 700	100.00%	53.33%		
10	购买商品支付的现金	449 800	41.00%			
11	接受劳务支付的现金	0				
12	经营租赁支付的现金	0	0			
13	支付给职工以及为职工支付的现金	306 000	27.90%			
14	支付的增值税	142 466	12.99%			
15	支付的所得税	120 000	10.94%			
16	支付的除增值税、所得税以外的其他税费	2 000	0.18%			
17	支付的与经营活动有关的其他现金	76 700	6.99%			
18	现金流出合计	1 096 966	100.00%		27.07%	1.299 7
19	经营活动产生的现金流量净额	328 734				
20	二、投资活动产生的现金流量					
21	收回投资所收到的现金	16 500	3.32%			
22	分得股利收到的现金	180 000	36.18%			
23	分得利润所收到的现金	0	0			
24	取得债券利息收入所收到的现金	0	0			
25	处置固定资产的现金净额	301 050	60.51%			
26	处置无形资产收到的现金净额	0	0			
27	处置其他长期资产收到的现金净额	0	0			
28	收到的与投资活动有关的其他现金	0	0			

续表

序号	A	B	C	D	E	F
29	现金流入合计	497 550	100.00%	18.61%		
30	购建固定资产支付的现金	510 000	30.31%			
31	购建无形资产支付的现金	0	0			
32	购建其他长期资产支付的现金	0	0			
33	权益性投资支付的现金	52 500	3.12%			
34	债权性投资支付的现金	1 120 000	66.57%			
35	支付的与投资活动有关的其他现金	0	0			
36	现金流出合计	1 682 500	100.00%		41.52%	0.295 7
37	投资活动产生的现金流量净额	−1 184 950				
38	三、筹资活动产生的现金流量					
39	吸收权益性投资收到的现金	150 000	20.00%			
40	发行债券收到的现金	0	0			
41	借款收到的现金	600 000	80.00%			
42	收到的与投资活动有关的其他现金	0	0			
43	现金流入合计	750 000	100.00%	28.06%		
44	偿还债务所支付的现金	1 250 000	98.23%			
45	发生筹资费用所支付的现金	0	0			
46	分配股利所支付的现金	0	0			
47	分配利润所支付的现金	0	0			
48	偿付利息所支付的现金	22 500	1.77%			
49	融资租赁支付的现金	0	0			
50	减少注册资本支付的现金	0	0			
51	支付的与筹资活动有关的其他现金	0	0			
52	现金流出合计	1 272 500	100.00%		31.40%	0.589 4
53	筹资活动产生的现金流量净额	−522 500				
54	四、汇率变动对现金的影响	0				
55	五、现金量净额	−1 378 716				
56	合计			100.00%	100.00%	

8.7.2 多期比较分析案例

【例8.2】 假定某B公司1998—2001年的利润表数据经汇总后详见表8.13。

表8.13 　　　　　　　　B公司1998—2001年的利润表数据 　　　　　　　单位：万元

项　　目	1998年	1999年	2000年	2001年
销售收入	2 850	3 135	3 323	3 389

续表

项 目	1998 年	1999 年	2000 年	2001 年
减：销售成本	1 425	1 581	1 685	1 966
毛利	1 425	1 554	1 638	1 423
期间费用	400	430	600	520
营业利润	1 025	1 124	1 038	903
加：营业外净损益	75	65	117	67
税前利润	1 100	1 189	1 155	970
减：所得税	363	392	381	320
税后利润	737	797	774	650
加：年初未分配利润	263	557	875	1 185
可供分配利润	1 000	1 354	1 649	1 835
减：提取公积金	74	80	77	65
股利	369	399	387	325
年末未分配利润	557	875	1 185	1 445

（1）打开工作簿"财务分析"，创建新工作表"利润表多期比较分析"。

（2）在工作表"利润表多期比较分析"中设计表格。

（3）按表 8.14 所示在工作表"利润表多期比较分析"中输入公式。

表 8.14 　　　　　　　　单 元 格 公 式

单元格	公 式	备 注
B14	＝C2－B2	计算不同期利润表项目差额
C14	＝B14/B2	计算不同期利润表项目百分比
D14	＝D2－C2	计算不同期利润表项目差额
E14	＝D14/C2	计算不同期利润表项目百分比
F14	＝E2－D2	计算不同期利润表项目差额
G14	＝E14/D2	计算不同期利润表项目百分比

（4）将单元格区域 B14：G14 中的公式复制到单元格区域 B14：G22。

1）单击单元格 B14，按住鼠标器左键，向右拖动鼠标器直至单元格 G14，然后单击"编辑"菜单，最后单击"复制"选项。此过程将单元格区域 B14：G14 中的公式放入到剪切板准备复制。

2）单击单元格 B14，按住鼠标器左键，向下拖动鼠标器直至单元格 G22，然后单击"编辑"菜单，最后单击"粘贴"选项。此过程将剪切板中公式复制到单元格区域 B14：G22。

这样便建立了一个"利润表多期比较分析"模本，详见表 8.15。

表 8.15 **"财务分析"工作簿：工作表"利润表多期比较分析"（模本）**

序号	A	B	C	D	E	F	G
1	项　目	2011 年	2012 年	2013 年	2014 年		
2	销售收入	＊	＊	＊	＊		
3	销售成本	＊	＊	＊	＊		
4	毛利	＊	＊	＊	＊		
5	期间费用	＊	＊	＊	＊		
6	营业利润	＊	＊	＊	＊		
7	营业外净损益	＊	＊	＊	＊		
8	税前利润	＊	＊	＊	＊		
9	所得税	＊	＊	＊	＊		
10	税后利润	＊	＊	＊	＊		
11	损益表多期比较分析区						
12	项　目	2012 年		2013 年		2014 年	
13		差额	％	差额	％	差额	％
14	销售收入	＝C2－B2	＝B14/B2	＝D2－C2	＝D14/C2	＝E2－D2	＝F14/D2
15	销售成本	＝C3－B3	＝B15/B3	＝D3－C3	＝D15/C3	＝E3－D3	＝F15/D3
16	毛利	＝C4－B4	＝B16/B4	＝D4－C4	＝D16/C4	＝E4－D4	＝F16/D4
17	期间费用	＝C5－B5	＝B17/B5	＝D5－C5	＝D17/C5	＝E5－D5	＝F17/D5
18	营业利润	＝C6－B6	＝B18/B6	＝D6－C6	＝D18/C6	＝E6－D6	＝F18/D6
19	营业外净损益	＝C7－B7	＝B19/B7	＝D7－C7	＝D19/C7	＝E7－D7	＝F19/D7
20	税前利润	＝C8－B8	＝B20/B8	＝D8－C8	＝D20/C8	＝E8－D8	＝F20/D8
21	所得税	＝C9－B9	＝B21/B9	＝D9－C9	＝D21/C9	＝E9－D9	＝F21/D9
22	税后利润	＝C10－B10	＝B22/B10	＝D10－C10	＝D22/C10	＝E10－D10	＝F22/D10

（5）按表 8.15 提供的数据在工作表"利润表多期比较分析"相应单元格输入数据。

（6）数据输入完毕后的计算结果见表 8.16。

（7）保存工作表"利润表多期比较分析"。

表 8.16 **利润表多期比较分析表（计算结果）** 单位：万元

序号	A	B	C	D	E	F	G
1	项　目	2011 年	2012 年	2014 年	2014 年		
2	销售收入	2 850	3 135	3 323	3 389		
3	销售成本	1 425	1 581	1 685	1 966		
4	毛利	1 425	1 554	1 638	1 423		
5	期间费用	400	430	600	520		
6	营业利润	1 025	1 124	1 038	903		
7	营业外净损益	75	65	117	67		

序号	A	B	C	D	E	F	G
8	税前利润	1 100	1 189	1 155	970		
9	所得税	363	392	381	320		
10	税后利润	737	797	774	650		
11	损益表多期比较分析区						
12	项　目	2012 年		2013 年		2014 年	
13		差额	%	差额	%	差额	%
14	销售收入	285	10	188	6	66	2
15	销售成本	156	11	104	7	281	17
16	毛利	129	9	84	5	−215	−13
17	期间费用	30	8	170	40	−80	−13
18	营业利润	99	10	−86	−8	−135	−13
19	营业外净损益	−10	−13	52	80	−50	−43
20	税前利润	89	8	−34	−3	−185	−16
21	所得税	29	8	−11	−3	−61	−16
22	税后利润	60	8	−23	−3	−124	−16

表 8.16 中的计算结果表明：

（1）销售收入的增长速度越来越慢。

（2）销售成本的增长快于销售收入的增长。

（3）毛利的下降速度很快，应查明 2014 年度销售成本上升 17％的具体原因。

（4）期间费用的趋势是增长，2014 年得到控制。

（5）营业外净损益，虽然变动的百分比较大，但绝对额不大。

（6）税后利润成下降趋势。

因此，可以认为该企业盈利能力在下将，主要原因是销售成本大幅度升高。

为了直观地说明上述变化，下面将绘制反映这种变化的折线图，如图 8.2 所示。

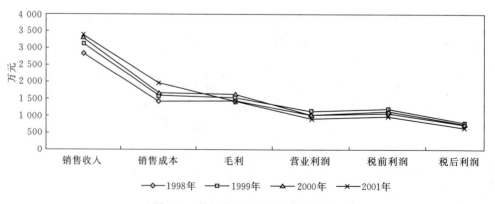

图 8.2　利润表多期比较分析折线图

8.7.3 结构百分比分析案例

【例8.3】 假定某A公司2012—2014年的资产负债表汇总后详见表8.17。

表8.17 　　　　　　　　A公司2012—2014年的资产负债表数据　　　　单位：万元

项　目	2012年	2013年	2014年
现金	628	616	600
应收账款	2 896	4 605	3 634
存货	5 181	7 139	6 632
流动资产	8 705	12 360	10 866
固定资产	3 153	3 588	4 588
减：累计折旧	730	1 050	1 430
固定资产净值	2 423	2 538	3 158
资产总额	11 128	14 898	14 024
应付票据	800	2 660	1 791
应付账款	1 468	3 137	2 510
应计项目	980	1 150	1 455
流动负债	3 248	6 947	5 756
长期负债	1 908	1 876	1 830
负债总额	5 156	8 823	7 586
普通股	3 650	3 650	3 650
留存收益	2 322	2 425	2 788
普通股权益	5 972	6 075	6 438
负债及权益总额	11 128	14 898	14 024

分析：结构百分比分析，是把常规的财务报表换算成结构百分比报表，然后将不同年份的报表逐项比较，查明某一特定项目在不同年度间百分比的差额。

同一报表中不同项目的结构分析的计算公式为

$$结构百分比＝（部分÷总体）×100\%$$

通常，利润表的"总体"是"销售收入"；资产负债表的"总体"是"总资产"；财务状况变动表的"总体"是"流动资金来源合计"；

（1）打开工作簿"财务分析"，创建新工作表"结构百分比分析"。

（2）在工作表"结构百分比分析"中设计表格。

（3）按表8.18在工作表"结构百分比分析"中输入公式。

表8.18 　　　　　　　　　　　　　单 元 格 公 式

单元格	公　式	备　注
E3	＝B3/＄B＄10	计算结构百分比
F3	＝C3/＄C＄10	计算结构百分比
G3	＝D3/＄D＄10	计算结构百分比

（4）将单元格区域 E3：G3 中的公式复制到单元格区域 E3：G20。

1）单击单元格 E3，按住鼠标器左键，向右拖动鼠标器直至单元格 G3，然后单击"编辑"菜单，最后单击"复制"选项。此过程将单元格区域 E3：G3 中的公式放入到剪切板准备复制。

2）单击单元格 E3，按住鼠标器左键，向下拖动鼠标器直至单元格 G20，然后单击"编辑"菜单，最后单击"粘贴"选项。此过程将剪切板中公式复制到单元格区域 E3：G20。

这样便建立了一个"结构百分比分析"模本，详见表 8.19。

表 8.19　　　　"财务分析"工作簿：工作表"结构百分比分析"（模本）

序号	A	B	C	D	E	F	G
1		数据输入区			结构百分比计算结果区		
2	项目	2012 年	2013 年	2014 年	2012 年	2013 年	2014 年
3	现金				＝B3/B10	＝C3/C10	＝D3/D10
4	应收账款				＝B4/B10	＝C4/C10	＝D4/D10
5	存货				＝B5/B10	＝C5/C10	＝D5/D10
6	流动资产				＝B6/B10	＝C6/C10	＝D6/D10
7	固定资产				＝B7/B10	＝C7/C10	＝D7/D10
8	减：累计折旧				＝B8/B10	＝C8/C10	＝D8/D10
9	固定资产净值				＝B9/B10	＝C9/C10	＝D9/D10
10	资产总额				＝B10/B10	＝C10/C10	＝D10/D10
11	应付票据				＝B11/B10	＝C11/C10	＝D11/D10
12	应付账款				＝B12/B10	＝C12/C10	＝D12/D10
13	应计项目				＝B13/B10	＝C13/C10	＝D13/D10
14	流动负债				＝B14/B10	＝C14/C10	＝D14/D10
15	长期负债				＝B15/B10	＝C15/C10	＝D15/D10
16	负债总额				＝B16/B10	＝C16/C10	＝D16/D10
17	普通股				＝B17/B10	＝C17/C10	＝D17/D10
18	留存收益				＝B18/B10	＝C18/C10	＝D18/D10
19	普通股权益				＝B19/B10	＝C19/C10	＝D19/D10
20	负债及权益总额				＝B20/B10	＝C20/C10	＝D20/D10

（5）按表 8.17 提供的数据在工作表"结构百分比分析"相应单元格输入数据。

（6）数据输入完毕后的计算结果见表 8.20。

（7）保存工作表"结构百分比分析"。

表 8.20 结构百分比分析表（计算结果）

序号	A	B	C	D	E	F	G
1		数 据 输 入 区			结构百分比计算结果区		
2	项目	2012 年	2013 年	2014 年	2012 年	2013 年	2014 年
3	现金	628	616	600	0.06	0.04	0.04
4	应收账款	2 896	4 605	3 634	0.26	0.31	0.26
5	存货	5 181	7 139	6 632	0.47	0.48	0.47
6	流动资产	8 705	12 360	10 866	0.78	0.83	0.77
7	固定资产	3 153	3 588	4 588	0.28	0.24	0.33
8	累积折旧	730	1 050	1 430	0.07	0.07	0.10
9	固定资产净值	2 423	2 538	3 158	0.22	0.17	0.23
10	资产总额	11 128	14 898	14 024	1.00	1.00	1.00
11	应付票据	800	2 660	1 791	0.07	0.18	0.13
12	应付账款	1 468	3 137	2 510	0.13	0.21	0.18
13	应计项目	980	1 150	1 455	0.09	0.08	0.10
14	流动负债	3 248	6 947	5 756	0.29	0.47	0.41
15	长期负债	1 908	1 876	1 830	0.17	0.13	0.13
16	负债总额	5 156	8 823	7 586	0.46	0.59	0.54
17	普通股	3 650	3 650	3 650	0.33	0.24	0.26
18	留存收益	2 322	2 425	2 788	0.21	0.16	0.20
19	普通股权益	5 972	6 075	6 438	0.54	0.41	0.46
20	负债及权益总额	11 128	14 898	14 024	1.00	1.00	1.00

8.7.4 定基百分比趋势分析案例

【例 8.4】 假定某 A 公司 2011—2014 年的资产负债表汇总后详见表 8.21。

表 8.21 A 公司资产负债表 单位：万元

项 目	2011 年	2012 年	2013 年	2014 年
流动资产：				
速动资产	300	400	350	300
存货	300	350	400	450
固定资产	900	1 300	2 200	2 500
减：折旧	100	210	387	588
资产总计	1 400	1 840	2 563	2 662
负债：				
流动负债	150	151	465	176
长期负债	119	160	182	245

续表

项 目	2011 年	2012 年	2013 年	2014 年
所有者权益				
实收资本	500	500	500	500
公积金	74	154	231	
未分配利润	557	875	1 185	
负债及权益总计	1 400	1 40	2 563	

分析：定基百分比趋势分析，首先要选取一个基期，将基期报表上各项数额的指数均定为 100，其他各年度财务报表上的数字也均用指标表示，由此得出定基百分比的报表，可以查明各项目的变化趋势。不同时期的同类报表项目的对比计算公式为

考察期指数＝（考察期数值÷基期数值）×100

（1）打开工作簿"财务分析"，创建新工作表"定基百分比分析"。

（2）在工作表"定基百分比分析"中设计表格。

（3）按表 8.22 在工作表"定基百分比分析"中输入公式。

表 8.22　　　　　　　　　　　单 元 格 公 式

单元格	公　式	备　注
F3	＝B3/B3	计算定基百分比
G3	＝C3/B3	计算定基百分比
H3	＝D3/B3	计算定基百分比
I3	＝E3/B3	计算定基百分比

（4）将单元格区域 F3：I3 中的公式复制到单元格区域 F3：I15。

1）单击单元格 F3，按住鼠标器左键，向右拖动鼠标器直至单元格 I3，然后单击"编辑"菜单，最后单击"复制"选项。此过程将单元格区域 E4：G4 中的公式放入到剪切板准备复制。

2）单击单元格 F3，按住鼠标器左键，向下拖动鼠标器直至单元格 I15，然后单击"编辑"菜单，最后单击"粘贴"选项。此过程将剪切板中公式复制到单元格区域 F3：I15。

这样便建立了一个"定基百分比分析"模本，详见表 8.23。

表 8.23　　　　　　　　　　定基百分比分析表（模本）

序号	A	B	C	D	E	F	G	H	I
1	项目	2011 年	2012 年	2013 年	2014 年	基年：2011 年	2011 年	2012 年	2013 年
2	流动资产：	数据输入区				定基百分比趋势分析计算结果区			
3	速动资产	＊	＊	＊	＊	＝B3/B3	＝C3/B3	＝D3/B3	＝E3/B3
4	存货	＊	＊	＊	＊	＝B4/B4	＝C4/B4	＝D4/B4	＝E4/B4
5	固定资产	＊	＊	＊	＊	＝B5/B5	＝C5/B5	＝D5/B5	＝E5/B5

序号	A	B	C	D	E	F	G	H	I
6	减：折旧	*	*	*	*	＝B6/B6	＝C6/B6	＝D6/B6	＝E6/B6
7	资产总计	*	*	*	*	＝B7/B7	＝C7/B7	＝D7/B7	＝E7/B7
8	负债：								
9	流动负债	*	*	*	*	＝B9/B9	＝C9/B9	＝D9/B9	＝E9/B9
10	长期负债	*	*	*	*	＝B10/B10	＝C10/B10	＝D10/B10	＝E10/B10
11	所有者权益	*	*	*	*	＝B11/B11	＝C11/B11	＝D11/B11	＝E11/B11
12	实收资本	*	*	*	*	＝B12/B12	＝C12/B12	＝D12/B12	＝E12/B12
13	公积金	*	*	*	*	＝B13/B13	＝C13/B13	＝D13/B13	＝E13/B13
14	未分配利润	*	*	*	*	＝B14/B14	＝C14/B14	＝D14/B14	＝E14/B14
15	负债及权益总计	*	*	*	*	＝B15/B15	＝C15/B15	＝D15/B15	＝E15/B15

（5）按表 8.21 提供的数据在工作表"定基百分比分析"相应单元格输入数据。

（6）数据输入完毕后的计算结果详见表 8.24。

（7）保存工作表"定基百分比分析"。

表 8.24　　　　　　　　　　　定基百分比分析表（计算结果）

序号	A	B	C	D	E	F	G	H	I
1	项目	2011 年	2012 年	2013 年	2014 年	基年：2011 年	2011 年	2012 年	2013 年
2	流动资产：		数据输入区				定基百分比趋势分析计算结果区		
3	速动资产	300	400	350	300	1.00	1.33	1.17	1.00
4	存货	300	350	400	450	1.00	1.17	1.33	1.50
5	固定资产	900	1 300	2 200	2 500	1.00	1.44	2.44	2.67
6	减：折旧	100	210	387	588	1.00	2.10	3.87	5.88
7	资产总计	1 400	1 840	2 563	2 662	1.00	1.31	1.83	1.90
8	负债：								
9	流动负债	150	151	465	176	1.00	1.00	3.10	1.17
10	长期负债	119	160	182	245	1.00	1.34	1.53	2.06
11	所有者权益								
12	实收资本	500	500	500	500	1.00	1.00	1.00	1.00
13	公积金	74	154	231	296	1.00	2.08	3.12	4.00
14	未分配利润	557	875	1 185	1 445	1.00	1.57	2.13	2.59
15	负债及权益总计	1 400	1 840	2 563	2 662	1.00	1.31	1.83	1.90

从表 8.24 中"资产"的变动可看出：

（1）总资产有较快增长。

（2）固定资产增长较快，是总资产增长的主要原因。

（3）存货持续稳步增长，可能是新设备投资引起的。

（4）速动资产下降，说明现金和有价证券等减少，被投入到固定资产和存货了，如图 8.3 所示。

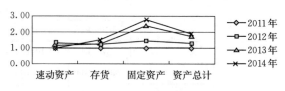

图 8.3　资产项目变化示意图

从表 8.24 中"负债"和"权益"的变动来看：

（1）实收资本没变。

（2）公积金和未分配利润持续增长，是企业筹措资金的主要来源。

（3）长期负债逐年下降增加，成为另一个筹措资金的来源，和内部筹资的数额相比并不过分。

（4）流动资产在 2013 年剧增，速动比率恶化，2014 年增加长期负债，解决了这些问题，如图 8.4 所示。

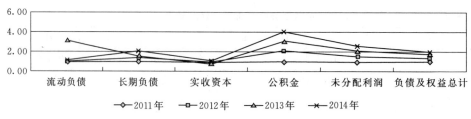

图 8.4　负债及所有者权益项目变化示意图

由此可见，该企业曾大规模扩充，资金主要靠内部积累，辅之以长期贷款，情况较好。但是，固定资产的大量增加并没有见到明显效果，销售增长缓慢，成本上升，利润下降，前景并不乐观。

附 录 宏 函 数 源 程 序

一、肯定当量法下的净现值

```
Function NPVA(no_risk，nyear，init_cost，flowin，possible)
     no_risk 为无风险的最低报酬率数值单元格
     has_risk 为有风险的最低报酬率数值单元格
     factor 为项目变化系数数值单元格
     init_cost 为原始成本数值单元格
     nyear 为总投资年数数值单元格
     flowin 为营业现金流入数值单元格区域，必须为列区域，单元格区域中的值必须为数值型
     possible 取得营业现金的概率数值单元格区域，必须为列区域，单元格区域中的值必须为数值型
Dim I As Integer，J As Integer，k As Integer
Dim initcost As Double，rate0 As Double
Dim ny As Integer
Dim mean0 As Double，std0 As Double
Dim mean1 As Double，std1 As Double
Dim tmp0 As Double，tmp1 As Double
Dim factor as double
Dim test As Integer
Dim I1 As Integer，J1 As Integer，I2 As Integer，J2 As Integer
Dim rate2 As Double，Npv0 As Double
test = 1
If TypeName(no_risk) <> "Range" Then
    test = 0
End If
If TypeName(init_cost) <> "Range" Then
    test = 0
End If
If TypeName(flowin) <> "Range" Then
    test = 0
End If
If TypeName(possible) <> "Range" Then
```

```
        test = 0
End If
Npv0 = ""
num = 0
mean1 = 0
std1 = 0
tmp1 = 1
If (test = 1) Then
    ny = nyear. Cells. Value
    rate0 = no_risk. Cells. Value
    initcost = init_cost. Cells. Value
    J1 = flowin. Rows. Count
    I1 = flowin. Columns. Count
    J2 = possible. Rows. Count
    I2 = possible. Columns. Count
    If (I1 = 1 And I2 = 1 And J2 = J1) Then
        For I = 1 To ny
            mean0 = 0
            For J = 1 To J1 / ny
                J0 = J1 / ny * (I - 1) + J
                mean0 = mean0 + flowin. Cells(J0, I1). Value * possible. Cells(J0, I1). Value
            Next J
            std0 = 0
            tmp1 = tmp1 / (1 + rate0)
            mean1 = mean1 + mean0 / tmp1
            tmp0 = 0
            For J = 1 To J1 / ny
                J0 = J1 / ny * (I - 1) + J
                tmp0 = flowin. Cells(J0, I1). Value - mean0
                std0 = std0 + tmp0 * tmp0 * possible. Cells(J0, I1). Value
            Next J
            IF (std0/mean0>0.00   and std0/mean0<0.07) tnen factor=1 end if
            IF (std0/mean0>0.08   and std0/mean0<0.15) tnen factor=0.9 end if
            IF (std0/mean0>0.16   and std0/mean0<0.23) tnen factor=0.8 end if
            IF (std0/mean0>0.24   and std0/mean0<0.32) tnen factor=0.7 end if
            IF (std0/mean0>0.33   and std0/mean0<0.42) tnen factor=0.6 end if
            IF (std0/mean0>0.43   and std0/mean0<0.54) tnen factor=0.5 end if
            IF (std0/mean0>0.55   and std0/mean0<0.70) tnen factor=0.4 end if
```

$$Tmp0 = tmp0/(1+risk0)$$
$$Npv0 = npv0 + factor * mean0/tmp0$$
  Next I
  Npv0 = npv0 - initcost
 End If
End If
NPVA = Npv0
End Function

二、风险调整贴现率下的净现值

  格式为：NPVB(no_risk,nyear,init_cost,flowin,possible)
  no_risk 为无风险的最低报酬率数值单元格
  init_cost 为原始成本数值单元格
  nyear 为总投资年数数值单元格
  flowin 为营业现金流入数值单元格区域,必须为列区域,单元格区域中的值必须为数值型
  possible 取得营业现金的概率数值单元格区域,必须为列区域,单元格区域中的值必须为数值型

```
Function NPVB(no_risk, has_risk, factor, nyear, init_cost, flowin, possible)
Dim I As Integer, J As Integer, k As Integer
Dim initcost As Double, rate0 As Double, rate1 As Double
Dim factor0 As Double
Dim ny As Integer
Dim mean0 As Double, std0 As Double
Dim mean1 As Double, std1 As Double
Dim tmp0 As Double, tmp1 As Double
Dim test As Integer
Dim I1 As Integer, J1 As Integer, I2 As Integer, J2 As Integer
Dim rate2 As Double, Npv0 As Double
test = 1
If TypeName(no_risk) <> "Range" Then
    test = 0
End If
If TypeName(has_risk) <> "Range" Then
    test = 0
End If
If TypeName(factor) <> "Range" Then
    test = 0
End If
```

```
If TypeName(init_cost) <> "Range" Then
    test = 0
End If
If TypeName(flowin) <> "Range" Then
    test = 0
End If
If TypeName(possible) <> "Range" Then
    test = 0
End If
Npv0 = ""
num = 0
mean1 = 0
std1 = 0
tmp1 = 1
If (test = 1) Then
    ny = nyear. Cells. Value
    rate0 = no_risk. Cells. Value
    factor0 = factor. Cells. Value
    rate1 = has_risk. Cells. Value
    initcost = init_cost. Cells. Value
    J1 = flowin. Rows. Count
    I1 = flowin. Columns. Count
    J2 = possible. Rows. Count
    I2 = possible. Columns. Count
    If (I1 = 1 And I2 = 1 And J2 = J1) Then
        For I = 1 To ny
            mean0 = 0
            For J = 1 To J1 / ny
                J0 = J1 / ny * (I - 1) + J
                mean0 = mean0 + flowin. Cells(J0, I1). Value * possible. Cells(J0, I1). Value
            Next J
            InputBox ("mean0==" & mean0)
            std0 = 0
            tmp1 = tmp1 / (1 + rate0)
            mean1 = mean1 + mean0 / tmp1
            tmp0 = 0
            For J = 1 To J1 / ny
                J0 = J1 / ny * (I - 1) + J
```

```
            tmp0 = flowin. Cells(J0, I1). Value − mean0
            std0 = std0 + tmp0 * tmp0 * possible. Cells(J0, I1). Value
        Next J
        tmp0 = 1
        For k = 1 To I
            tmp0 = tmp0 * (1 + rate0) * (1 + rate0)
        Next k
        std1 = std1 + std0 / tmp0
    Next I
    std1 = sqr(std1)
    rate2 = rate0 + ((rate1 − rate0) / factor0) * (std1 / mean1)
    tmp1 = 1
    Npv0 = 0
    For I = 1 To ny
        tmp1 = tmp1 / (1 + rate2)
        mean0 = 0
        For J = 1 To J1 / ny
        J0 = J1 / ny * (I − 1) + J
            mean0 = mean0 + flowin. Cells(J0, I1). Value * possible. Cells(J0, I1). Value
        Next J
        Npv0 = Npv0 + mean0 / tmp1
    Next I
    Npv0 = Npv0 − initcost
  End If
End If
NPVA = Npv0
End Function
```

三、会计回收期

```
Function HSQ(X, Y)
'X 为资金投入单元格区域
'Y 为资金收回单元格区域
Dim I As Integer, J As Integer
Dim sum1 As Double, num As Double
Dim JMAX As Integer, IMAX As Integer
num = 0
```

```
If TypeName(X) = "Range" Then
    JMAX = X. Columns. Count
    IMAX = X. Rows. Count
    sum1 = 0
    For I = 1 To IMAX
        For J = 1 To JMAX
            sum1 = sum1 + X. Cells(I, J). Value
        Next J
    Next I
Else
    sum1 = X. Cells. Value
End If
If TypeName(Y) = "Range" Then
    JMAX = Y. Columns. Count
    IMAX = Y. Rows. Count
    For I = 1 To IMAX
        For J = 1 To JMAX
            If (sum1 - Y. Cells(I, J). Value) > 0 Then
                num = num + 1
            Else
                num = num + sum1 / Y. Cells(I, J). Value
                J = JMAX
                I = IMAX
            End If
            sum1 = sum1 - Y. Cells(I, J). Value
        Next J
    Next I
Else
    If (sum1 - Y. Cells. Value) <= 0 Then
        num = num + 1
    End If
End If
If sum1 > 0 Then
    num = -1
End If
HSQ = num
End Function
```

四、经济寿命

Function life(pmt，init_cost，left_cost，run_cost)

格式为：LIFE(pmt，initcost，leftcost，runcost)

pmt 贴现率单元格

initcost 为原始成本数据单元格

leftcost 为折余价值数据单元格区域，必须为列区域

runcost 为运行成本数据单元格区域，必须为列区域

Dim I As Integer，J As Integer，num As Integer

Dim initcost As Double，runcost As Double，leftcost As Double

Dim avercost As Double

Dim pmt0 As Double，pmt1 As Double，pmt2 As Double

Dim I1 As Integer，J1 As Integer，I2 As Integer，J2 As Integer

avercost = 10000

pmt1 = 1

pmt2 = 0

runcost = 0

num = 0

leftcost = 0

If (TypeName(pmt) = "Range" And TypeName(init_cost) = "Range" And TypeName(left_cost) = "Range" And TypeName(run_cost) = "Range") Then

pmt0 = pmt.Cells.Value

initcost = init_cost.Cells.Value

J1 = left_cost.Rows.Count

I1 = left_cost.Columns.Count

J2 = run_cost.Rows.Count

I2 = run_cost.Columns.Count

I = 1

If (I1 = 1 And I2 = 1 And J2 = J1) Then

For J = 1 To J1

pmt1 = pmt1 / (1 + pmt0)

leftcost = left_cost.Cells(J, I).Value * pmt1

runcost = runcost + run_cost.Cells(J, I).Value * pmt1

pmt2 = pmt2 + pmt1

If (avercost > (initcost + runcost − leftcost) / pmt2) Then

num = J

avercost = (initcost + runcost − leftcost) / pmt2

```
        End If
      Next J
    End If
End If
life = num
End Function
```

五、会计分录检查宏函数

```
Function checkrec(lookrange)
'lookrange 为检查区域
Dim I As Integer, J As Integer, k As Integer
Dim Row0 As Integer, Col0 As Integer
Dim Debit0 As Double, Credit0 As Double
Dim str1 As String, str0 As String, str2 As String
sum0 = 0
J = 1
Row0 = lookrange. Rows. Count
Col0 = lookrange. Columns. Count
I = 1
While I <= Row0
   Debit0 = 0
   Credit0 = 0
   str0 = Trim(lookrange. Cells(I, 1). Value)
   If lookrange. Cells(I, 3). Value <> "" Then
       Debit0 = Debit0 + lookrange. Cells(I, 3). Value
   End If
   If lookrange. Cells(I, 4). Value <> "" Then
       Credit0 = Credit0 + lookrange. Cells(I, 4). Value
   End If
   I = I + 1
   If I <= Row0 Then
     While Trim(lookrange. Cells(I, 1). Value) = "" And I <= Row0
       If Trim(lookrange. Cells(I, 3). Value) <> "" Then
           Debit0 = Debit0 + lookrange. Cells(I, 3). Value
       End If
       If Trim(lookrange. Cells(I, 4). Value) <> "" Then
           Credit0 = Credit0 + lookrange. Cells(I, 4). Value
```

```
        End If
         I = I + 1
       Wend
       If Credit0 <> Debit0 Then
              str1 = str1 + "," + str0
       End If
    End If
  End If
Wend
MsgBox "Error Record=" & str1
checkrec = str1
End Function
```

六、关键路径法

```
Dim Top1 As Integer，Top2 As Integer
Dim Elemtop1(20) As Integer，Elemtop2(20)
Dim MaxValue As Integer
Dim ArrayRow As Integer，ArrayColumn As Integer
Dim NetNodeLink(20，20) As Integer
Dim InDegree(20) As Integer，Nodeindex(20) As Integer
Dim WorkCost(20，20) As Integer
Dim ve(20) As Integer，vl(20) As Integer
Dim ActionCount As Integer


Function InitKeyPath(CostValue)
Dim i As Integer，j As Integer
ArrayRow = CostValue. Rows. Count
ArrayColumn = CostValue. Columns. Count
'ReDim NetNodeLink(i1，j1) As Integer
'ReDim WorkCost(i1，j1) As Integer
'initializing Indegree(i) & NetNodeLink(i,j)
ActionCount = 0
MaxValue = 100
For i = 1 To ArrayRow
    InDegree(i) = 0
    Nodeindex(i) = 0
    For j = 1 To ArrayColumn
      NetNodeLink(i, j) = 0
```

```
        Next j
    Next i
    For i = 1 To ArrayRow
        For j = 1 To ArrayColumn
            WorkCost(i, j) = CostValue. Cells(i, j). Value
            If WorkCost(i, j) > 0 Then
                ActionCount = ActionCount + 1
                InDegree(j) = InDegree(j) + 1
                Nodeindex(i) = Nodeindex(i) + 1
                NetNodeLink(i, Nodeindex(i)) = j
            End If
        Next j
    Next i
End Function
Function InitTop1()
    Top1 = 0
End Function
Function InitTop2()
    Top2 = 0
End Function
Function PushTop1(x)
    If Top1 = MaxValue Then
        PushTop1 = False
    Else
        Top1 = Top1 + 1
        Elemtop1(Top1) = x
        PushTop1 = True
End If
End Function
Function PushTop2(x)
    If Top2 = MaxValue Then
        PushTop2 = False
    Else
        Top2 = Top2 + 1
        Elemtop2(Top2) = x
        PushTop2 = True
    End If
End Function
```

```
Function PopTop1()
    If Top1 = 0 Then
        PopTop1 = Null
    Else
        Top1 = Top1 − 1
        PopTop1 = Elemtop1(Top1 + 1)
    End If
End Function


Function PopTop2()
    If Top2 = 0 Then
        PopTop2 = Null
    Else
        Top2 = Top2 − 1
        PopTop2 = Elemtop2(Top2 + 1)
    End If
End Function
```

'活动最早开始时间：e(i)
'活动最迟开始时间：l(i)
'事件(顶点)最早开始时间：ve(i)
'事件最迟开始时间：vl(i)

```
Function TopOrder()
'{对有向网进行拓扑排序,求得各顶点事件的最早发生时间 ve 值,top1 和 top2'为 stacktp 型的栈}
'建入度为零的顶点栈 top1；
Dim Index1(20) As Integer
Dim m, i, j, x As Integer
m = 0
x = InitTop2()
For i = 1 To ArrayRow
    ve(i) = 0
Next i
While Top1 <> 0
    j = PopTop1()
    x = PushTop2(j)
    m = m + 1
    'Get first node
    Index1(j) = 1
```

```
        k = NetNodeLink(j, 1)
        While k <> 0
          InDegree(k) = InDegree(k) - 1
          If InDegree(k) = 0 Then
              x = PushTop1(k)
          End If
          If ve(j) + WorkCost(j, k) > ve(k) Then
              ve(k) = ve(j) + WorkCost(j, k)
          End If
          Index1(j) = Index1(j) + 1
          k = NetNodeLink(j, Index1(j))
        Wend
    Wend
    If m < ArrayRow Then
        TopOrder = False
    Else
        TopOrder = True
    End If
End Function


Function KeyPath(CostValue)
'{设 dig[1..N]为含 n 个顶点 e 条边的有向图的邻接表}
Dim Index1(20) As Integer
Dim ActionArray(20, 8)
Dim x, i, j, k, num, ee, el As Integer
num = 0
x = InitKeyPath(CostValue)
x = InitTop1()
For i = 1 To ArrayRow
    If InDegree(i) = 0 Then
        x = PushTop1(i)
    End If
Next i
If Not TopOrder() Then
    MsgBox "Has a cycle!!!"
Else
For i = 1 To ArrayRow
    vl(i) = ve(ArrayRow)
```

```
Next i
While Top2 <> 0
    j = PopTop2()
    'get first node
    Index1(j) = 1
    k = NetNodeLink(j, 1)
    While k <> 0
        If vl(k) - WorkCost(j, k) < vl(j) Then
            vl(j) = vl(k) - WorkCost(j, k)
        End If
        Index1(j) = Index1(j) + 1
        k = NetNodeLink(j, Index1(j))
        'k=NEXTADJ(dig,j,k)
    Wend
Wend
For i = 1 To 20
    For j = 1 To 8
        ActionArray(i - 1, j - 1) = ""
    Next j
Next i
For j = 1 To ArrayRow
    'get first node
    Index1(j) = 1
    k = NetNodeLink(j, 1)
    While k <> 0
        ee = ve(j)
        el = vl(k) - WorkCost(j, k)
        ActionArray(num, 3) = j
        ActionArray(num, 4) = k
        ActionArray(num, 5) = ee
        ActionArray(num, 6) = el
        If ee = el Then
            ActionArray(num, 7) = " * "
        End If
        num = num + 1
        Index1(j) = Index1(j) + 1
        k = NetNodeLink(j, Index1(j))
        'K=NEXTADJ(dig,j,k);
```

```
    Wend
Next j
End If
For i = 1 To ArrayRow
    ActionArray(i - 1, 0) = i
    ActionArray(i - 1, 1) = ve(i)
    ActionArray(i - 1, 2) = vl(i)
Next i
KeyPath = ActionArray
End Function
```

参 考 文 献

[1] 余绪缨．管理会计［M］．沈阳：辽宁人民出版社，1997．

[2] 余绪缨．企业理财学［M］．沈阳：辽宁人民出版社，1997．

[3] 李天民．现代管理会计学［M］．上海：立信会计出版社，1996．

[4] 李天民．管理会计研究［M］．上海：立信会计出版社，1997．

[5] 于卫兵．基础会计学［M］．上海：立信会计出版社，2014．

[6] 注册会计师考试教材编委会．财务成本管理［M］．北京：中国财政经济出版社，2016．

[7] 注册会计师考试教材编委会．会计［M］．北京：中国财政经济出版社，2016．

[8] 袁晓勇．现金流量表的编制方法与技巧［M］．北京：中国财经经济出版社，1999．

[9] 盛骤，等．概率论与数理统计［M］．北京：高等教育出版社，2005．